大数据案例精析

姚国章　编著

北京大學出版社
PEKING UNIVERSITY PRESS

内容简介

本书是从国际、国内大量大数据发展案例中，精选出12个案例编写而成。全书分为“基础篇”和“综合篇”两个部分。“基础篇”共包括7个案例，侧重于较为基本的应用，分别是东方航空大数据应用案例、ZARA大数据应用案例、科大讯飞大数据应用案例、Airbnb大数据应用案例、英国医疗健康大数据Care.data发展案例、红领（酷特智能）大规模定制案例和海尔大数据应用案例；“综合篇”的内容较为综合，涉及技术要求相对较高，分别是小米大数据应用案例、“今日头条”大数据应用案例、苏宁易购大数据应用案例、携程大数据应用案例和京东大数据应用案例。每个案例除共同包含“案例背景”和“案例评析”两个部分外，其他各部分都根据每个案例的不同情况对大数据的发展和应用进行分析。“基础篇”和“综合篇”各有侧重，互为补充，共同形成了一个相对完整的大数据案例体系。

本书适合高等院校与大数据相关各专业本科和研究生的案例教学，对相关内容做必要的调整后适合高职高专案例教学，同时适合政府、企业以及其他相关领域的读者学习参考。

图书在版编目（CIP）数据

大数据案例精析/姚国章编著. —北京：北京大学出版社，2019.4
ISBN 978-7-301-30334-4

Ⅰ.①大…　Ⅱ.①姚…　Ⅲ.①数据处理 – 案例 – 高等学校 – 教材　Ⅳ.①TP274

中国版本图书馆CIP数据核字（2019）第034771号

书　　名　大数据案例精析
　　　　　DASHUJU ANLI JINGXI
著作责任者　姚国章　编著
策划编辑　周　伟
责任编辑　周　伟
标准书号　ISBN 978-7-301-30334-4
出版发行　北京大学出版社
地　　址　北京市海淀区成府路205 号　100871
网　　址　http://www. pup. cn　　新浪微博：@ 北京大学出版社
电子信箱　zyjy@ pup. cn
电　　话　邮购部010-62752015　发行部010-62750672　编辑部010-62754934
印 刷 者　河北滦县鑫华书刊印刷厂
经 销 者　新华书店
　　　　　787毫米 × 1092毫米　16开本　22印张　386千字
　　　　　2019年4月第1版　2020年7月第2次印刷
定　　价　58.00元

前 言

美国《连线》杂志创始主编、有“互联网教父”之称的凯文·凯利于2016年在斯坦福大学的演讲中指出，“不管你现在做什么行业，未来都将是数据的行业，大数据将横扫一切”。在过去的数年中，大数据作为一种新的理念、思想、资源和技术，犹如熊熊烈火，燃遍全球，已成为推动人类社会从IT（Information Technology，信息技术）时代向DT（Data Technology，数字技术）时代演进的一个重要标志。在新一代信息通信技术主导的新经济时代，大数据已当之无愧地成为新的“石油”、新的“电力”，甚至是驱动整个经济和社会运转的“血液”，正在开启一次重大的时代变革。

在我国，大数据受到了全社会的高度重视，抢抓大数据发展机遇以促进经济转型升级和社会繁荣进步，已成为社会各界的共识。毋庸置疑，人才短缺是制约我国大数据发展的最大瓶颈，并且这一矛盾将会随着大数据发展和应用的深入而更为凸显。为了能让更多的大数据人才脱颖而出，加强案例的学习和研究自然是一种行之有效的手段。有鉴于此，作者在对国际、国内大量大数据发展案例研究的基础上，精选出12个案例编写成本书，希望能成为高校师生、技术研发人员和各类管理人员学习大数据、研究大数据以及发展大数据的重要教学资源。

值得注意的是，我们在开展大数据案例研究时发现，尽管大数据技术经过多年的快速发展已取得了突破性进展，但无论是政府还是企业，抑或是其他组织，在发展大数据的过程中基本上还没有统一的模式，甚至没有现成的技术可以直接利用，几乎每个发展主体都经历了较长的探索过程，基本都是从自身业务的实际需求出发，通过不断的试错，慢慢找到了行之有效的发展思路和发展模式，并随着技术的进步和自身业务的发展进行动态的优化和调整。因此，作者在案例编写的体系上，并没有囿于固定的模式，而是紧密结合每个案例的实际，试图去勾勒出一个又一个鲜活的大数据“生命体”，从中去探究其“生命”的成长规律。在此建议，在实际的案例教学和研讨学习的过程中，教师、学生以及各个领域的读者应更多地从每个个案中获得启发和思考，从中产生新的解决具体问题的思路，以期能真正提升对大数据的认知水平并进一步拓展实践应用能力。

本书由姚国章编著，李诗雅、吴玉雪、余星、王秀明、吴春虎等承担了其他部分工作。全书分为“基础篇”和“综合篇”两大部分，共计12个案例。“基础篇”和“综合篇”各有侧重，互为补充，共同形成了一个相对完整的大数据案例体系。在用作高校相关专业的教材时，建议安排48或64课时为宜，不宜少于32课时，且“基础篇”和“综合篇”的课时安排以各占一半为宜。

本书所选取的大数据案例素材主要来源于已公开的资料以及案例主体所提供的相关材料，由于技术进步以及案例主体业务调整等多方面的原因，再加上限于作者的能力和水平，所形成的案例并不能完整、系统地反映出各案例主体在大数据发展方面的全貌，恳请得到各案例主体和读者的谅解。在案例的编写过程中，作者参考了大量的相关资料，尤其是各案例主体技术研发人员的分享材料，也正是这些精彩而又宝贵的资料使得本书能最终成稿，在此向各位参考资料的贡献者表示由衷的敬意和衷心的感谢！书中所参考的相关资料大部分都在每个案例的末尾进行了标注，但可能由于文献原始作者不详以及时间久远导致相关数据已无法获得等原因而漏标，敬请相关作者谅解。

作者作为在大学从事教学与科研工作近20年的一线教师作者深知，无论是校内的研究生、本科生教学，还是校外面向各类对象的培训，案例教学资源的缺乏是一大“痛点”。作者希望能通过和各位有志于打造国内领先的“STEC”“案例智库”品牌的教师共同努力，真正为建设有中国特色高水平的案例教学资源库做出不懈的努力。

姚国章（yaogz@njupt.edu.cn）

2019年2月

目　录

基础篇

综合篇

基 础 篇

案例01

东方航空大数据应用案例

总部位于上海的中国东方航空集团有限公司（以下简称“东方航空”）与中国国际航空公司、中国南方航空股份有限公司一起共同位列我国航空业的“前三甲”，为我国航空事业的发展做出了重要的贡献。航空业涉及面广泛、影响面巨大、业务复杂，并且是数据资源极为丰富的行业。如何利用大数据技术提升管理水平和运营能力，更好地满足客户的服务需求，以全面提升企业的竞争力、发展力和服务力，是全球航空企业所共同追求的目标。东方航空经过多年卓有成效的努力，走出了一条有特色、富成效、可持续的发展道路，不但对航空企业具有较大的借鉴意义，而且对其他的企业同样具有不可多得的参考价值。

1 案例背景

1997年，东方航空成为首家在纽约、香港和上海三地上市的中国航空企业。目前，东方航空在全球范围内拥有约8万名员工，运营着由600多架客货运飞机组成的现代化机队，年旅客运输量超过1亿人次，位列全球第七位。2011年，东方航空提出了“推进客货运转型，打造现代航空服务集成商”的发展方针，并深入研究市场变化规律，把握市场主流方向，确定了“航空增值服务，出行集成服务，客户资产价值变现”三条业务发展路径，集合优势资源，加快产品、业务、技术等各方面的创新投入。在此基础上，东方航空明确了自身的战略定位——以产品转型实现服务转型（从卖座位到卖服务，从规范化到个性化，如图1-1所示）。2012年，东方航空提出了自己的“东航梦”，即实现“打造世界一流，建设幸福东航”的两大战略目标。2014年12月，东方航空成立了国内首家具有航空公司背景的电商公司——东方航空电子商务有限公司，加快了东方航空客运业务转型的步伐。2015年，东方航空在移动端/PC端平台更新迭代、空中互联网建设等方面都作了前瞻性的探索，并牵头组建了上海跨境电子商务行业协会，成为中国航空业涉足跨境电商发展的先行者。

图1-1 东方航空的战略定位

2017年，东方航空实现营业收入1017.21亿元人民币，利润总额为86.2亿元人民币，荣登《财富》杂志（中文版）“最具创新力中国公司25强”、企业社会责任排行榜十强，并连续多年被国际品牌机构WPP评为“中国最具价值品牌30强”。面向未来，东方航空按照“以全面深化改革为主线，以国际化、互联网化为引领，以打赢‘转型发展，品牌建设，能力提升’新三场战役为保障，以实现‘世界一流，幸福东航’为发展愿景”的“1232”发展新思路，以精准、精致、精细的服务为全球旅客不断地创造精彩体验，致力于打造“员工热爱，顾客首选，股东满意，社会信任”的世界一流航空企业。

东方航空是中国领先的航空企业，既有着非常宏大的发展愿景，又面临着十分严峻的挑战。如何充分地利用独特且丰富的大数据资源优势，积极把握大数据发展机遇，尽早实现自身的发展愿景是东方航空所面临的重大而又迫切的任务。

2 业务需求

东方航空作为国内领先的航空企业，长期以来十分重视信息化的建设与应用，取得的建设成效也较为显著，但在新的形势下又面临着新的业务需求。

2.1 信息化发展

东方航空围绕“世界一流服务集成商”的发展目标，将信息化作为企业的五大发展战略之一，全面推动“营销、服务、运行、机务、管控、物流、基础、移动”

等八大领域信息化应用建设，着力构建信息技术支撑下的“协同运作，高效运行，资源配置”三大能力，实现了由“东航信息化”向“信息化东航”的转变。为了更好地支撑业务发展的需要，东方航空构建了整合的六张网络应用架构，以支持全流程服务和一体化运营（如图1-2所示）。

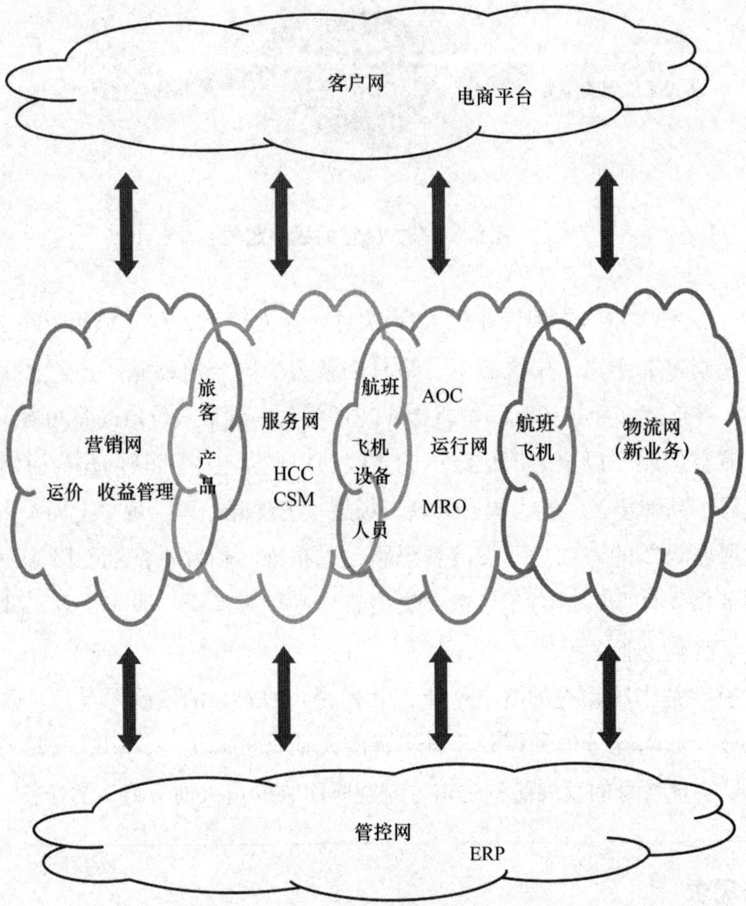

图1-2　东方航空的网络应用架构

根据图1-2，这六张网具体包括：

（1）客户网，面向客户，以电商平台为支撑；

（2）管控网，以ERP（Enterprise Resource Planning，企业资源计划）为支撑；

（3）营销网，以运价和收益管理为核心；

（4）服务网，以HCC（Hub Control Center，枢纽控制中心）和CSM（Customer

Service Management，服务管理体系）为主体；

（5）运行网，以AOC（Airplane Operating Control，运行控制中心）和MRO（Maintenance，Repair and Operations，维护、维修和运营）为主体；

（6）物流网，以物流新业务为主体。

2.2 数据开发历程

在国内，依托国家民航局为背景的中航信（系“中国民航信息集团公司暨中国民航信息网络股份有限公司”的简称）是所有民航数据的拥有者，该机构会随时通过XML（eXtensible Markup Language，可扩展标记语言）报文的方式把大量的数据传输给航空公司。过去，这些半结构化数据并没有得到很好的利用，各家航空公司耗资巨大的IT基础设施也只是个单纯的工具。如今，因为大数据技术的出现，使得这些数据变成了亟待开发的宝藏，IT设施也成为发掘数据金矿的支撑平台，众多航空公司都将实时大数据服务作为战略管理重点纳入IT基础架构进行部署，予以高标准建设、大力度推进。

东方航空在数据利用上已经走过了10多年的发展历程。早在2000年，东方航空就开始着手数据报表的开发。2002年，东航信息中心就开发完成了基于ASP（Active Server Page，动态服务器页面）的数据报告系统，经过5年的实际应用取得了良好的应用成效，并于2007年整合为东航商务数据中心。2009年，东方航空开发了东航航线经营管理分析系统，并于2012年整合了东航商务数据中心和Teradata数据仓库，成为东方航空新一代营销数据洞察系统，是当时中国民航最为先进的营销数据分析系统。在长期的运营中，东方航空的数据仓库积累了大量的旅客数据，这些数据涵盖了旅客在东方航空进行的订座、购票、成行、投诉和服务等各个环节。为了更有效地利用这些数据，东航商务数据中心构建了大量的分析应用，初步建立了数据服务体系，为客户服务提供了较为可靠的依据。2013年，东方航空信息部数据中心成立了统一的数据产品部，启动了东方航空大数据的全面建设，并制定了东方航空大数据的三大战略：数据、技术和思维，为全面实现大数据的应用奠定了基础。2014年，东方航空建设完成了高性能实时数据处理平台来处理订座，为获取大数据资源提供了可靠的来源。2015年，东方航空建立大数据云平台，开始了大数据的全方位的实际应用。

2.3 发展需求

东方航空作为全球的航空巨头，每日运营的航班量超过了2000班次，其航线网络通达全球近200个国家和地区的1000多个目的地，每年为全球近8000万名旅客提供服务。随着业务的扩张，这样一个极为庞大的服务群体面临着十分棘手的两大痛点。

2.3.1 业务痛点

在常规情况下，东方航空从中航信获得的是旅客的购票订座、值机离港等实时数据，其中，离港数据为1200条/秒，订座数据为9000条/秒。这样，每天的数据量可以达到1800多万条，而这些数据全部是报文形式的，是非结构化数据，需要进行解析。按照传统的处理方式，这样的数据必须先入库再进行分析，通常需要数个小时，如此东方航空就无法及时、准确地获知已出售的座位数以及航班离港的实时数据，导致场景应用不及时，从而使得从航班计划、收益管理、销售、运行保障一直到地面服务、客舱服务都难以得到可靠的决策支持。图1-3为东方航空所面临的业务挑战。①

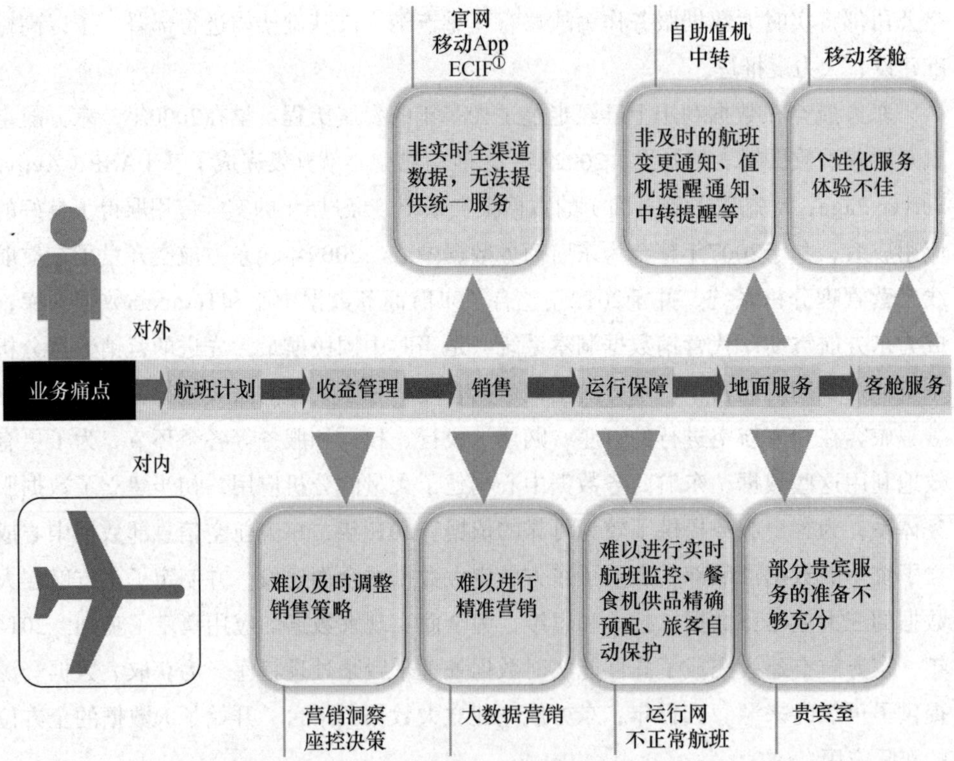

图1-3 东方航空所面临的业务挑战

① ECIF的英文全称是Enterprise Customer Information Facility，即企业客户信息工厂，是指企业对其客户信息进行全方位、多角度的整合，形成集中、全面的客户信息。

2.3.2　系统痛点

系统痛点主要是从系统层面来看，关系复杂、难扩展、难以满足业务发展需求，表现在订座、离港和电商三大平台之间相互割裂、无法融合（如图1-4所示）。

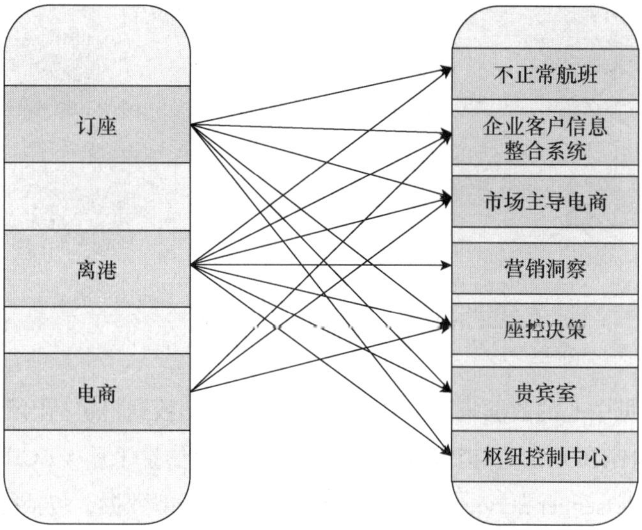

图1-4　东方航空面临的系统挑战

在传统条件下，东方航空的数据系统主要采取两种方式从中航信获取数据：一是eTerm（中航信开发的远程终端系统）仿真，以定时指令方式提取，存在的主要问题是实用配置资源多、数据非实时、稳定性差；二是中航信每日标准数据文件，以批量处理的方式获取，存在的问题是每日只提供一次，无法适应瞬息万变的新业务发展需要。

如何将中航信提供的实时数据应用于实时的决策和服务，是东方航空曾经面临的重大难题，也是其加快大数据技术发展和应用的重要源动力。

3　建设思路

为了解决业务和系统两大方面的痛点，提升数据处理效率，提高数据服务决策的水平，东方航空将原有的数据中心一分为二，建成了客户产品数据中心和生产运行数据中心两大体系，每个数据中心都由实时交易数据库和分析型数据仓库共同组成（如图1-5所示）。

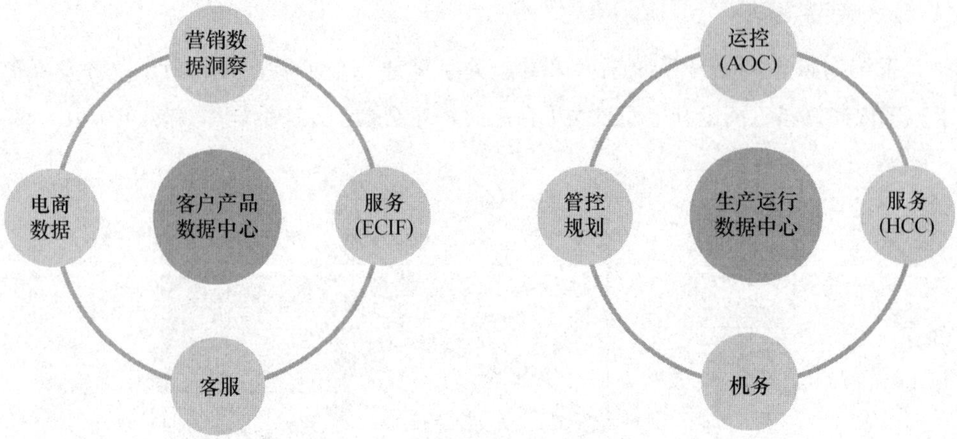

图1-5　数据中心的组成

这两大数据中心的数据来源主要有两个：一是内部数据，包括内部应用系统数据［结算数据库HABO系统、销售管理系统及企业客户信息工厂（ECIF）等］和中航信实时数据（Passenger Service System，PSS）；二是外部数据，包括行业内数据（如交通、旅游等）、行业外数据（如金融、电信等）和物联网数据（如社交媒体、电商、门户等）。通过搭建数据仓库Hadoop平台、SOA组件管理平台等措施，东方航空建立了操作性数据中心，用以进行实时数据处理，实现总体运营情况、变动成本实时计算、智能仓位控制决策支持以及基于个体旅客的精准营销等全方位应用，为真正达到“精准，精致，精细”的服务提供了基础保障。

经过反复论证，东方航空最终决定与IBM公司合作，引入流数据（指数据实时产生、实时处理）处理平台，实现实时数据处理，确保从中航信获取的座位库存（INV）、旅客订座（PNR）、旅客出票（TKT）、离港控制系统（DCS）以及航班计划（SCH）等五种类型的数据，通过InfoSphere Streams的处理，就能变成结构化数据，随时发送给业务部门，为业务部门的营销方式、定价策略、客户服务等提供数据参考。图1-6为InfoSphere Streams实时数据处理平台的架构。

InfoSphere Streams实时数据处理平台具有以下技术特性：

（1）不仅能够轻松地处理结构、非结构化或者是半结构化的数据，而且同时还能对这些数据进行深入的分析；

（2）提供了大量丰富的算法模型，同时能够将第三方的算法嵌入其中，能够保证拥有自主开发能力的企业顺畅地接入自身的算法；

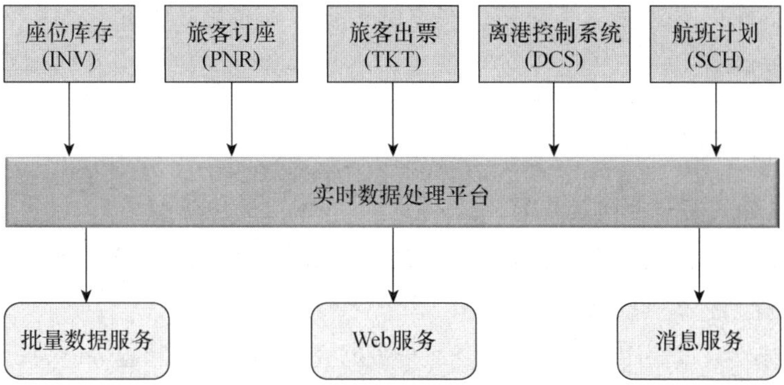

图1-6 InfoSphere Streams实时数据处理平台的架构

（3）能够对接任意的系统，可以实现和客户业务逻辑的链接，同样也可以实现消息队列的对接、数据库的对接，或者Hadoop平台的对接等；

（4）具有高度的可扩展性，能够通过增加节点或者是增加服务器等线性扩展方式应对持续增长的数据量，同时在响应上也将延迟控制在微秒或者是毫秒级别。

东方航空在搭建大数据平台的同时，还创建了东航数据实验室。该实验室拥有一个由业务专家、统计学家和软件工程师组成的“数据专家小组”，既关注实验室倡导数据价值的发现与分享，同时更关注数据探索所带来的经济效益，团队成员之间相互学习、协同合作，发挥各自的业务或技术的优势，共同解决业务上的难点问题。

4 建设目标

东方航空大数据项目的发展目标包括业务目标和技术目标两个方面。

4.1 业务目标

东方航空建设实时处理大数据平台，希望能达到以下业务目标：学习国内外先进的大数据项目成功经验，聚焦客户和产品中心，以“东方万里行会员”常旅客信息为基础，结合内部其他应用系统和新兴大数据，围绕客户和产品信息建立大数据分析体系，充分挖掘信息的价值，并应用于东方航空的应用和服务场景，切实辅助其他应用以提升业务处理能力，从而为会员用户提供更好的服务体验并实现会员收入提升。例如，为客服人员提供全方位的客户视图和推荐建议，为贵宾厅提供个性化服务建议，为领导者提供实时分析或趋势预测报告，支撑领导者进行重大决策等。

4.2 技术目标

构建统一的实时处理大数据平台，总体的技术目标包括：

（1）要与其他的系统紧密配合，实现数据融合，有利于对东方航空整个企业的所有数据进行统一管理和分析；

（2）提供数据应用，有利于为企业全数据提供统一展现和服务能力；

（3）为实时处理大数据平台提供数据分析模型和实时/联合数据访问支撑，为数据仓库提供数据卸载和高耗时数据处理能力卸载，从而降低在数据仓库等高价值系统上的成本，让数据仓库更好地为数据集市服务，从而实现整体成本的降低；

（4）进行大数据平台基础设施建设，为数据建模开发、界面展现及数据留存方面提供技术支撑。

在明确总体目标的基础上，东方航空还对实时处理大数据平台提出了以下具体的目标：

（1）DPI报文采集识别。

采用DPI（Deep Packet Inspect，深度报文识别）技术可以对互联网上用户使用互联网业务产生的各种流量数据，从底层传输协议到上层应用报文进行精确的识别和分类，从而将其中能体现用户的身份信息、访问内容等有价值的字段、数据片等信息提取出来，并且提取字段还可以根据用户的需求进行定制。

（2）数据挖掘分析。

通过分析用户上网报文，可以识别具体的客户端类型，可以分析和提取重要的航空客户端、OTA（Online Travel Agency，在线旅行社）商旅客户端的用户账户、手机信息、IP地址，可以分析用户手机的所在地、漫游的地市等信息，可以识别用户的订票行为，并确定是否是具备挖掘潜力的高价值用户。

（3）数据整合。

建立以运营商传输层全量镜像数据为基础，整合大数据联盟成员用户标识之间的直接或间接的关系映射，通过用户在互联网上的访问行为，提取用户账号信息、喜欢搜索的关键词、喜欢访问的站点类型等信息，对未知用户、潜在用户和存量用户分别建立画像。这些丰满、立体、动态的用户画像能够全面反映用户的行为习惯、需求和关注点。与此同时，为各种分析、推广场景提供技术手段和依据。通过对采集汇聚的源数据进行聚类、脱敏、加权、偏移、算法、筛选等加工，将数据标签化，保证无关方无法逆推倒至源数据；并利用实测/效果累计等方法，进行公允评价。

5 解决方案

针对业务和系统所面临的挑战，东方航空经过全方位的调研，并与合作方反复沟通，最终提出了相应的解决方案。

5.1 业务解决方案

业务解决方案的核心是要将从中航信获取的座位库存（INV）、旅客订座（PNR）、旅客出票（TKT）、离港控制系统（DCS）以及航班计划（SCH）等五种类型的数据经过实时处理后用于座控决策支持、不正常航班管理、企业客户信息系统、中转服务等管控和运营业务，同时还要输出给营销数据集市、移动App、现场保障、运行网、贵宾室和机供品应用，以确保数据能满足航空业务全方位运营的需要。

图1-7为业务解决方案的组成。

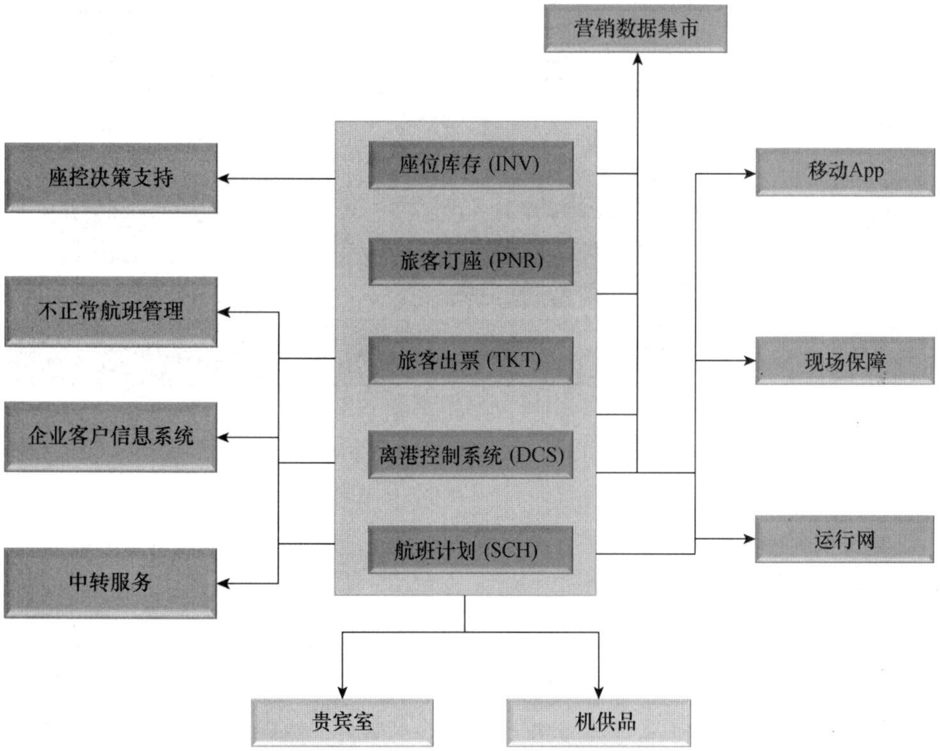

图1-7　业务解决方案的组成

5.2 系统解决方案

系统解决方案是要通过中航信实时数据的引入，实现订座、离港和电商三大平台之间的系统融合和数据共享，充分满足数据在不同业务系统之间实时处理的需要。图1-8为系统解决方案的架构。

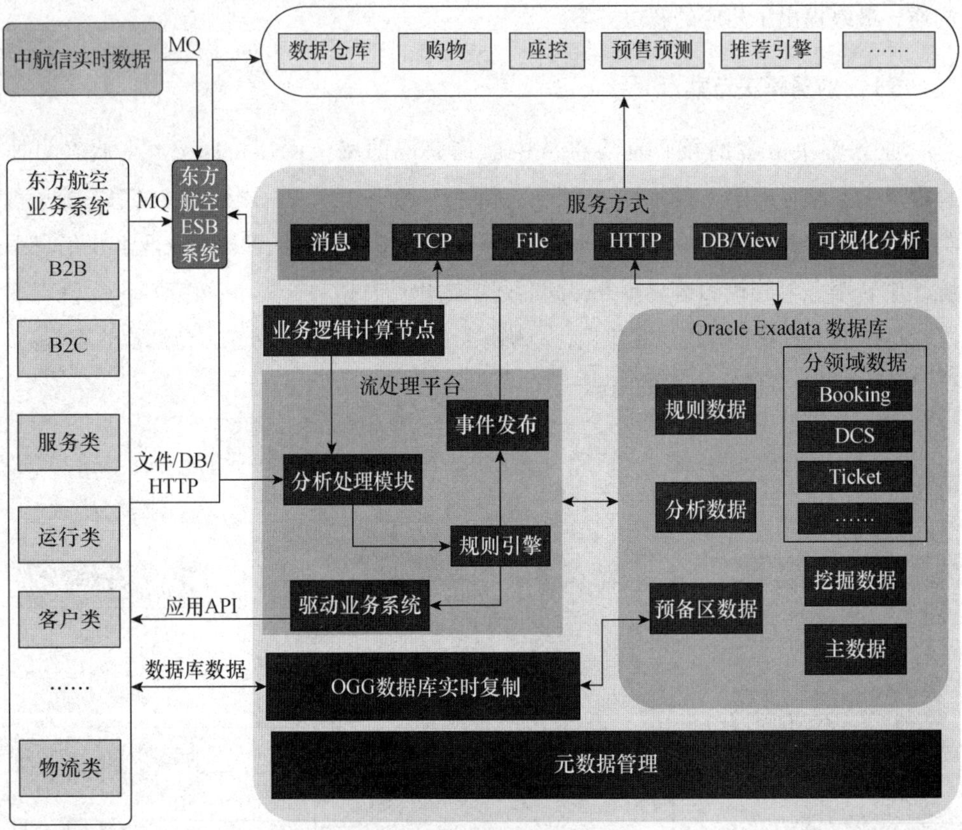

图1-8　系统解决方案的架构

基于这一系统解决方案，东方航空的大数据项目形成了如图1-9所示的数据流处理逻辑。

如图1-9所示，从中航信引入的XML消息一部分经过东航ESB（Enterprise Service Bus，企业级服务总线）系统的处理，实现XML消息的入库和分发。分发消息部分需要通过InfoSphere Streams实时数据处理平台的解析，然后进入到下一个环节进行后续处理；部分未进入ESB系统的订座离港事件数据直接进入Streams服务工程进行处理，然后进入到TCP服务、File服务、HTTP服务以及MQ（Messape Queue，消息队列）服务等，以满足下一个环节数据处理的需要。

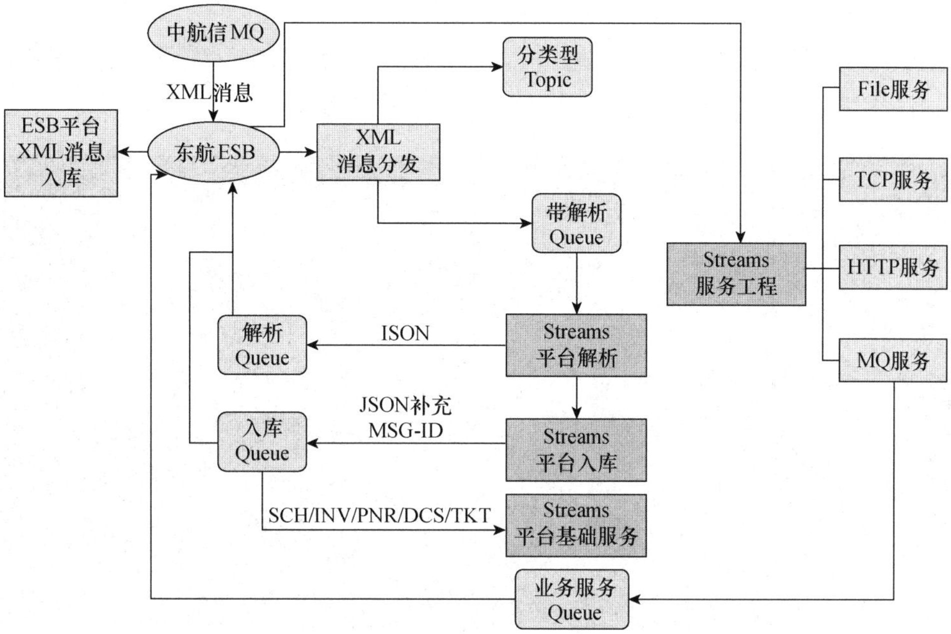

图1-9　数据流处理逻辑

6 大数据应用

为了加强数据管理，提升数据质量，东方航空在普元公司的帮助下建立起了统一的数据资产管理平台，通过元数据管理、数据标准梳理和建设、数据质量管理、数据地图建设，使数据支撑能力和行业竞争力得以显著提升。

6.1　全景数据资产地图

东方航空原来的数据地图基本只有技术人员才能看懂，但业务人员更关心和自身业务相关的事务，关心的是业务数据的分布。为此，东方航空在企业数据模型的基础上，建立了企业数据模型与信息系统数据项之间的映射关系，梳理了企业信息系统中的数据分布状况和数据质量状况，分析了数据加工关系和数据流转的全流程，形成了企业数据地图，为企业内部数据交换、数据安全、主数据管理、数据应用、数据质量提升提供了基础，形成了企业内部“数据导航仪”，并用业务人员能理解的方式展现各种数据。东方航空借鉴达美航空公司的经验，分析了航空领域模型中近2000个实体，逐个核对了1249张业务系统表数据，梳理出了包括数据主题域、数据实体和业务系统在内的三层结构的数据地图，包括航班、票务等13个主题域，并针对每个主题域给出了多达227个业务实体目录及定义，以及每个业务实体对应的数据库表与业务系统。图1-10为东方航空的数据资产地图。

图1-10　东方航空的数据资产地图

6.2　全自动的元数据管理

元数据管理是大数据治理平台的核心部分，东方航空利用普元公司产品中的全自动采集和大数据地图的自动展现等功能，集中管理了包括技术、业务、操作在内的全企业的元数据，并分析出了海量元数据之间的关系，可视化的方式展现出东方航空数据资产全貌和数据之间的流向。图1-11为元数据管理架构。

6.3　全流程的数据标准管理

借鉴国内外同行业的经验，东方航空快速形成了具有自身特色的数据标准流程，并通过自动化的管理流程，保证了东方航空数据标准应用的效率和效果。在标准落地时，东方航空通过元数据的核心技术手段来检查数据标准的落地情况，从而能够在数据生命周期中的多个阶段（如计划、规范定义、开发上线等），检查系统数据模型的合规性，以确保东方航空数据标准的落地。图1-12为东方航空数据标准管理流程。

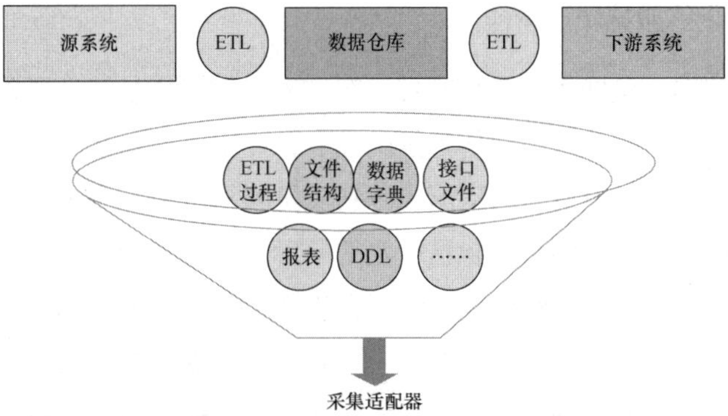

适配器类型	传统数据	大数据
文件	Excel、XML、Json、TXT	HDFS
数据库	DB2、Oracle、Informix、Teradata、SQLSever、MySQL等JDBC驱动采集适配器	HBase、Hive
ETL	DataStage、PowerCenter、TeraDataETL、Automation、DI、Kettle、脚本语言、数据库存储过程	BDI
数据模型建模	ERWin、PowerDesigner	
报表	MSTR、Cognos-ReportStudio、BOXI.WEBintelligence	
其他	DB数据记录	

27类采集适配器，涵盖了大数据与传统数据领域，提高了自动化采集度

图1-11　元数据管理架构

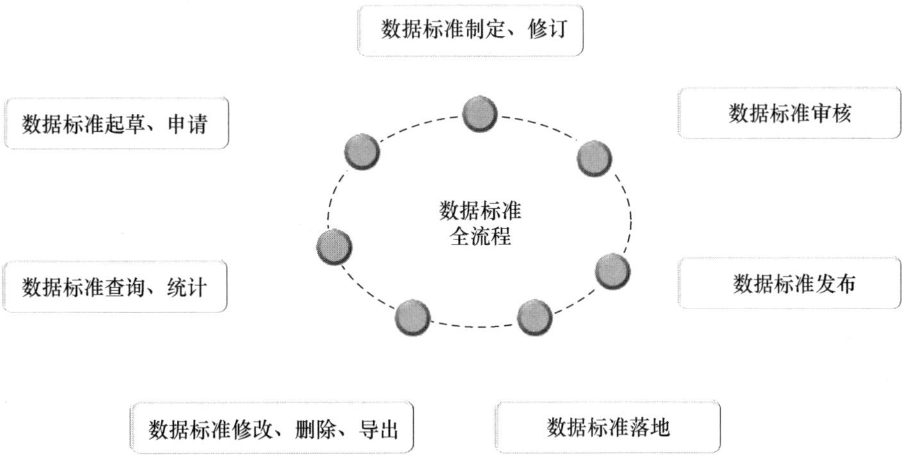

图1-12　东方航空数据标准管理流程

6.4 智能化的数据质量管理

为了实现数据质量的统一闭环管理，东方航空数据质量管理覆盖了数据质量定义、监控、问题分析、整改和评估等多个环节，并建立了数据质量考核机制，对数据质量进行统一汇总、分析并自动形成数据质量问题报告，实现了度量规则的灵活管理，提供了数据质量规则引擎和模板化的配置，以及复杂的度量规则和检核方法生成机制，支持以智能化的检核方法高效地对海量数据进行质量检查，以PDCA[①]管理模型思路实现了数据质量的有效提升。图1-13为数据质量管理方法。

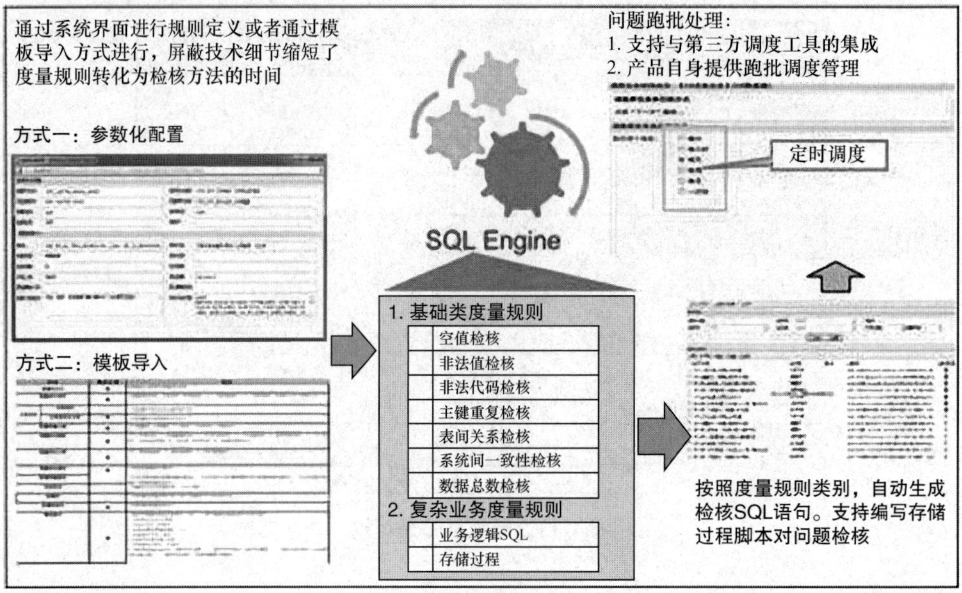

图1-13　数据质量管理方法

7 应用成效

东方航空通过大数据技术的应用，在企业面向旅客的服务和内部管理等方面取得了十分明显的成效。

7.1 实现了从被动服务向主动服务的转变

让旅客能以更快的速度、更便捷的方式获得自己所需要的相关信息是提升旅客

① PDCA即是计划（Plan）、实施（Do）、检查（Check）和行动（Action）的首字母组合。

满意度的关键点所在。但是，在过去由于数据滞后加上分析不到位，旅客无法在需要的时候获得有针对性的数据，并因此心生不满。尤其是航班不正常引起的群体性事件，大多是因为旅客没有及早得到准确的消息，最后不得不迁怒于现场的客服人员，使航空公司面临着巨大的压力。有了大数据平台后，东方航空在实时获取航班信息发生异动时，就可以在第一时间把相关信息传递给旅客，让旅客提前做好准备，从而大幅度降低了旅客的不满意度。同样，这些信息也可以及时传递给东方航空的运行保障部门，以便其提早准备好预案。比如，一个旅客购买了东方航空的机票之后，系统能自动地将他的信息传递到业务系统中，客服人员就能根据该旅客平时的登机习惯向其推送一些个性化消息，例如提醒旅客开始进行网上值机，并且优先向旅客推荐其平时喜欢的过道或者靠窗的座位。这样不仅提高了旅客的满意度，而且还减轻了东方航空进行基础服务的压力，将服务尽量前移。与此同时，东方航空还从航空网站、移动应用、社交媒体上收集相关旅客的行为数据，通过对这些数据的相关性分析，为旅客开发和设计了具有个性化的产品和价格，不仅能满足旅客快速获取信息的需求，而且也能提高旅客的预订可能性，使过去的被动服务转变为主动服务。

7.2 全面提升企业内部管控能力

内部管控能力是反映航空企业管理水平和运行能力的重要指标，而这一能力的高低在很大程度上取决于航空企业获取各类数据的速度和分析、处理的能力。据统计，一架普通客机飞行一次产生的有关客舱压力、高度、燃油消耗等数据能够达到0.5TB[①]之多。航空企业可以利用这些收集来的数据建立导致飞机发生故障的模型，找出可能导致发生故障的警告信号，预测出飞机即将发生的故障，这必然会降低飞机发生故障的概率，有效保障旅客和机组人员的安全。东方航空在飞行数据的采集和应用方面在全国处于领先位置，在降低飞机故障和保障安全方面起到了十分明显的作用。与此同时，东方航空大数据平台对非结构化数据的有力支持、可扩展的架构、强大的实时动态分析能力、与现有业务的无缝连接，使企业的内部管控能力有了重要的提升。

7.3 动态适应天气环境变化和突发情况的出现

大雨、暴雪、台风等极端天气以及雾霾都可能给航空企业带来重大损失。但在传统条件下，由于相关数据传输的滞后，一旦遇到天气环境发生变化，航空企业很难在短时间内对飞机、机组人员、旅客以及航线等作出合理安排，常常会导致旅客

① 1TB=1024GB。

的不满，同时也会给航空企业的资源调度带来极大困扰。东方航空大数据的应用，使得航空企业能提前预知可能的天气状况等变化对航空业务的影响，做到未雨绸缪、应对有序。与此同时，各种临时空中管制也是航空企业必须应对的挑战，依托大数据平台，能对诸如此类的情况做到科学部署、处置有力。

8 案例评析

东方航空作为世界级的航空企业，一方面有着极其丰富的数据资源，另一方面又有着十分迫切的开发和利用数据资源用于生产经营活动的需求。经过多年的开发和应用的探索，东方航空取得了较为显著的成效，成为业界典范。东方航空充分认识到，在已经到来的数据时代，获取数据、分析数据和应用数据已成为任何企业实实在在的核心竞争力，为此东方航空积极拥抱大数据，深入推进大数据平台建设，以提高自身的生产效率，为旅客提供最优的服务，以实现节约成本、高效运营、强化服务、增强实力的目的。可以肯定的是，随着数据积累的日臻丰富，数据量的逐步增大，数据分析技术的不断加强，数据价值的进一步提升，大数据平台对东方航空的发展必将发挥越来越重要的作用。

放眼全球，以大数据技术应用为表现形式的航空业竞争正在展开，谁能更好、更快地从航空数据资源中挖掘出“宝藏”，谁就能抢占先机，赢得更加广阔的未来。东方航空从自身的实际需求出发，积极拥抱大数据，使大数据技术真正成为促进其“从卖座位到卖服务”和“从规范化服务到个性化服务”的双重转型的利器，相关的经验和做法非常值得我们学习和借鉴。

案例参考资料

[1] 颜志芳. 东航实时数据平台［EB/OL］.［2017-04-10］. http://www.oracle.com/technetwork/cn/community/developer-day/2-active-data-warehouse-2627747-zhs.pdf.

[2] 普元. 中国东方航空的大数据治理实践［EB/OL］.［2017-01-11］. http://mt.sohu.com/ 20170111/n478400566.shtml.

[3] 东航. 东方航空搭建大数据创新云平台实现高效运营［EB/OL］.［2015-12-21］. http://www.sheitc.gov.cn/gydt/668822.htm.

[4] 于洪涛. 借助大数据技术　东方航空实现向服务转型［EB/OL］.［2015-11-27］. http://www.cnbp.net/news/detail/10710?categoryid=56.

案例02

ZARA大数据应用案例

Inditex集团是西班牙排名第一、世界四大时装连锁机构之一（其他三家分别为美国的休闲时装巨头GAP、瑞典的时装巨头H&M和德国的平价服装连锁巨头C&A）。Inditex集团旗下拥有ZARA、Pull and Bear、Massimo Dutti、Bershka、Stradivarius、Oysho、ZARA Home、Uterque和ZARA Kids等服装品牌。其中，以ZARA（中文译名为“飒拉”）最为著名，尽管ZARA的连锁店总数只占到Inditex集团所有门店数的1/3，但其销售额却占到了集团总销售额的75%。ZARA的营利能力在国际时装产业届得到了公认，国际奢侈品服饰品牌——LV平均每件服饰的价格基本上是ZARA的4倍，但ZARA的税前毛利稳定在25%的水平，超过LV约10个百分点，由此足以看出ZARA的竞争实力非同一般。哈佛商学院将ZARA评定为欧洲最具研究价值的品牌，而沃顿商学院则将ZARA视为研究未来制造业的典范。在全球服装制造业普遍四面楚歌、欧洲经济危机四伏的今天，为何ZARA能一骑绝尘、一路高歌？成功的因素当然不一而足，而其中科学有效地使用大数据的理念和技术是不可或缺的重要因素，相关的经验和做法对其他的企业具有很好的借鉴作用。

1 案例背景

ZARA是由西班牙传奇人物阿曼西奥·奥特加创立的。1936年，阿曼西奥·奥特加出生于西班牙西北部贫困的加利西亚地区，是铁路工人和家庭妇女的儿子。他的童年非常凄惨，由于温饱难以解决，8岁那年阿曼西奥·奥特加全家搬往拉科鲁尼亚一个贫困和混乱的小渔村。13岁那年，阿曼西奥·奥特加迫于生活的压力辍学到当地的一家服装店当学徒、打杂工。当时，服装店里精致的女款睡袍极受欢迎，却因为价格高昂让普通人难以承受。于是，阿曼西奥·奥特加拿着当时积累的不到100美元的创业资金，决定把生产款式新颖、价格实惠的女士睡袍作为创业方向，由此开启了可以称为奠定今天发展基础的创业历程。1963年，27岁的阿曼西奥·奥特加创建了ConfeccionesGoa服装厂，专门生产价廉物美的女士睡袍，并送到当地的商店售卖，结果大受欢迎。10年间，ConfeccionesGoa服装厂由三四人的家庭小作坊扩张至500多人的大型服装厂，还拥有了自己的设计团队。

正当阿曼西奥·奥特加的事业蒸蒸日上的时候，厄运突然降临。20世纪70年代的石油危机让欧洲的企业经营惨淡。1975年，一家德国企业由于无法偿付债务而取消了一笔大订单，使得阿曼西奥·奥特加把前期的积累赔了一个精光，几乎濒临破产，他又一次成为一个穷裁缝。但在困难面前，阿曼西奥·奥特加决定自救，过去的经验告诉他必须走品牌化的道路。这一年，“ZARA”品牌应运而生，全球第一家ZARA门店也出现在了拉科鲁尼亚最繁华的商业中心。很快，ZARA就因其时尚的设计和平易近人的价格受到了市场的青睐，一步一步从小城走向全国。1980年，ZARA的分店就已经遍布西班牙全国。1988年，ZARA在葡萄牙的波尔图开设了第一家国外分店，1989年在纽约的店铺开张，1990年攻入时尚中心巴黎。从此，ZARA走上了全球化快速扩张的道路。目前，ZARA在全球上百个国家和地区设立了超过2000家的服装连锁专卖店，被《纽约时报》称为“世界上最有创新能力且最恐怖的零售商”。

2016年9月，阿曼西奥·奥特加以795亿美元的净资产超越了连续22年位居财富榜榜首的比尔·盖茨，成为全球首富，让世界为之惊叹，同时也让世界相信，在以互联网为驱动力的虚拟经济如日中天的今天，实体经济仍然风光无限、好戏连天。

2 经营战略

在成长发展的数十年中，ZARA有自己独特的经营战略，经过较长时间的探索，终于走出了一条非同寻常的发展道路。

2.1 战略定位

从创建以来较为长期的发展探索中，ZARA逐步形成了自己较为独特而又清晰的战略定位——向消费者提供“买得起的快时尚”（Affordable Fast Fashion）产品，以满足市场的需要（如图2-1所示）。

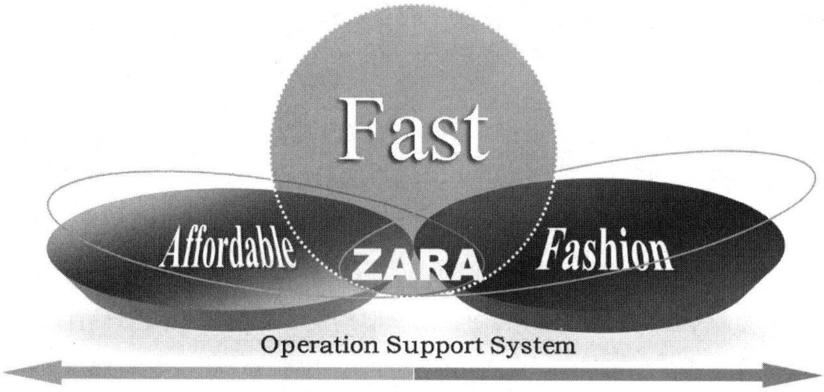

图2-1　ZRAR的战略定位

如图2-1所示，ZARA的战略定位包括以下三个定位方向：

2.1.1　Affordable

ZARA面向的是大众消费者市场，走的是平民化的道路，以“亲民的价格”既避免了与高端品牌的正面冲突，又跟低档次的廉价商品保持了距离，以众多喜欢“ZARA”品牌的消费者都能承受的价格去满足需求。为了做到这一点，ZARA以各种可能的方式降低成本，其中削减广告开支是重要的措施——除每年2次的店内促销外，几乎不做任何广告，以节省的广告开支为消费者带来更低的价格。

2.1.2　Fast

ZARA以“快”著称，在时装零售市场上创造性地提出“快速响应”的概念，以高效、顺畅的供应链管理确保对市场需求的快速响应。Inditex集团采用全球领先的IT技术系统，将设计、生产、配送和销售环节衔接起来，形成一体化的运营体系，以确保信息流畅通、运营高效。

2.1.3　Fashion

ZARA作为全球时尚服饰产品的主要提供者，十分关注时尚的潮流，并不惜代价引进或开发各类时尚款式产品，使消费者随时都能买到最新款的时尚产品。

“买得起的快时尚”是ZARA独特的战略定位，也是其长期处于不败之地的制胜法宝。

2.2　发展理念

ZARA从向客户提供“买得起的快时尚”产品出发，在长期的发展过程中，形成了自身的七大核心理念，成为其长期发展的“定海神针”。

2.2.1 让消费者能快速得到

ZARA认为，流行的时尚服饰对时间极其敏感，必须像订快餐一样能让消费者立即下单，并尽快得到货品。英国《卫报》将ZARA比喻为快餐产品中的“麦当劳”，能够在短时间内向消费者提供其所急切希望得到的商品。ZARA的一件服装从设计到店面上架，时间最长不超过2周。任何一件服装都可以在48个小时内从西班牙总部随快速物流系统运到世界各地的店面，第一时间出现在等待中的消费者的手里。为了更快速地作出响应，ZARA一般提前半年到一年将各式布料采购到位，陈列在设计中心附近的仓库里，设计师需要什么布料都可以随时调出，真正做到了“信手拈来”“随时出手”。

2.2.2 求新求变开发新品

ZARA作为时尚服饰的提供商，在新产品开发方面可谓无所不用其极。ZARA的总部拥有超过400人的设计师团队，每年设计出超过4万款的服饰，其中2万款正式上市销售，几乎每天有超过70款的ZARA服饰从西班牙的小城走向世界各地。为了让消费者买到更加独特的衣服款式，ZARA对每款服饰都有严格的生产数量限制，达到数量后不再重复生产，即使再畅销的款式也会改变颜色和面料后重新进行设计、生产。如2016年的时候，一款售价69.99英镑的外套受到了消费者的热捧，但ZARA的设计师团队并没有追加生产更多的同款外套，而是推出了一系列剪裁相似，但面料和图案都各不相同的款式。有的消费者每天都会去店里观察一番，得出的结论是“买ZARA的衣服绝对不用担心与别人撞衫”。

2.2.3 跟随而不引领流行

与LV、爱马仕等一些大品牌的流行服饰引领流行潮流不一样，ZARA并不热衷于在源头进行流行方面的创新，而是更注重从流行趋势中把握市场化的机遇。尽管设计师团队规模庞大，设计实力堪称世界一流，但ZARA从来不举办时装秀，不在引领世界潮流方面做太多的投入，甚至因为经常变换服装款式，连衣服目录都没有统一编辑成册。

2.2.4 低调奢华显档次

ZARA虽然选择的是平民化的定位和亲民化的价格，但在形象展示和品牌塑造方面从不甘示弱。在世界各国的各大城市，ZARA基本都选择在最繁华的区域选址开店，而且往往与LV、GUCCI为邻，不管是在法国巴黎的香榭丽舍大街、美国纽约的第五大道，还是在日本东京的银座以及中国上海的恒隆广场，基本都是最为高端的商业中心，以此彰显自身的独特“身价”。虽然ZARA身居繁华之地，但售价往往只有其他著名品牌的几分之一，成功地塑造出“低调奢华显档次”的独特形象。

2.2.5 充分发挥橱窗的独特作用

ZARA作为线下实体店销售的领跑者，十分注重店面橱窗的设计和装饰。ZARA认为，店面是ZARA的一切，所有要与消费者沟通的信息都应呈现在店里面的橱窗、灯光和摆饰里。尽管ZARA在广告投入方面十分吝啬，但在租用最好地段的店面和装潢装饰方面可谓不惜一掷千金。在世界各地城市中心的ZARA专卖店，往往都是城市商业的样板，形成了一道又一道独特的风景。

2.2.6 “就近外包”严控品质和效率

与众多国际一线品牌专注于寻找低成本的外包合作伙伴所不同的是，ZARA采取了“Near-Sourcing”（就近外包）策略，尽可能选择总部周边的外包合作伙伴，一是为了能更好地控制生产品质，二是为了更好地确保效率，能及时对市场作出响应。ZARA整个生产中心超过一半集中在西班牙总部的附近，其他欧盟国家的生产占20%，欧洲之外的亚洲生产不足30%，被称为名副其实的“欧洲制造”。这种有别于为降低成本而采取“Out-Sourcing”（外包）模式不同的合作方式，在一定程度上提高了运营成本，但ZARA对此情有独钟，并且成为其赢得优势的重要保证。目前，ZARA总部的附近集中了数十家外包合作伙伴，在有效保证了品质和效率的同时，也进一步密切了设计师和生产工厂的关系，使ZARA的产品更具有市场竞争力。

2.2.7 垂直整合模式辟蹊径

对一家规模巨大、业务范围遍及上百个国家和地区的跨国公司来说，从采购、设计、生产、物流再到店面，全面采用自营的“垂直整合模式”被普遍认为是一种落后的模式，不利于控制成本、扩大规模和获得高利润。而ZARA却始终选择这样一条被众多国际商业巨头抛弃的发展道路，全球90%的店面都采取了直营的模式，只有少数市场太小或者文化隔阂太大的市场才找代理商。根据哈佛商学院的研究，采取这种普遍不被看好的垂直整合模式的ZARA，在总体营利能力方面要明显高于GAP或H&M等采用非垂直整合模式的竞争对手，在很大程度上形成了经营奇迹。ZARA坚定地相信，只有采取这种方式，才能确保沟通直接、运营高效、竞争有力。

2.3 品牌定位

ZARA在品牌定位上有自己明确的定位，即一流形象、大众品牌和亲民价格（如图2-2所示）。

图2-2 ZARA的品牌定位

2.3.1 一流形象

让消费者对“ZARA”品牌留下深刻印象，并能触发其购买动机，是ZARA追求的目标。经过大量的调研后，ZARA认识到独特的“情调”与丰富的“内涵”是广大消费者认知品牌并产生二次购买意愿的“兴奋剂”，因此必须在消费者的心目中牢固树立起一流的形象。为此，ZARA根据品牌特点，设立了统一而又冲击力十足的形象标识，从服务到陈列、从管理到策划无一不注重形象的威力。图2-3为ZARA某实体店的实景图。

图2-3 ZARA某实体店的实景图

2.3.2 大众品牌

为了避免与LV、GUCCI、ARMANI等著名品牌开展正面竞争而陷入被动，ZARA主动降低身段，定位在“中上端”的大众品牌段位，不有意去“入侵”高端品牌的领地。为此，ZARA在生产中尽量避免制作周期较长或档次较高的面料在产品中使用，以快取胜，而非高贵。在产品类型方面也多选择以非冬季类时尚女装为主，并将与时尚无关的细枝末节能减则减，在保证产品质量的前提下最大限度地节省了成本。在产品设计方面，ZARA也不去苛求细节，而是以生产迅捷的优势追求最流行的产品，不求“神似”只求“形似”，以便最大限度地满足市场的需求。

2.3.3 亲民价格

价格是时装最为敏感的因素，如果价格没有吸引力，那么就根本无法得到市场的认可。ZARA认为，时装产品不管多么时尚，如果卖不出去也只能是占用库房、压滞资金的一堆废品而已，与其待价而沽，不如赶紧变现，促成资金循环，以形成新的现金流和盈利。亲民的价格使很多的消费者在看到一款心动的ZARA服饰后会毫不犹豫地出手，越来越多的消费者在不知不觉中成为ZARA品牌的忠诚者，也由此成为ZARA最为可靠的财富来源。

2.4 运营策略

基于自身的发展理念和品牌定位，ZARA采用了以下三个方面的运营策略：

2.4.1 差异化市场定位策略

“ZARA”品牌定位能成功地区隔了市场，其关键在于能贴近消费者的需求以及充分整合区域资源。ZARA作为国际性的时尚服饰品牌，以中高端消费者为主要客户族群，让普通价格的服装也可以像高价服装一样，满足消费者追求时尚而不必付出高价格的心理需求。

2.4.2 全球运筹营运策略

运用西班牙、葡萄牙相对廉价的生产资源以及邻近欧洲的地缘优势，大幅降低了产品制造与运输的成本、提升了货品上架时效并掌握了未来流行趋势，这是ZARA能提供消费者所喜爱的物美价廉的产品的重要原因。与此同时，ZARA采用自营的“垂直整合模式”在世界各国拓展业务，确保能管理高效、行动有力。

2.4.3 创新营销策略

ZARA以“欧洲制造”为主要营销策略，成功地切入消费者内心对“欧洲制造”

等同于高级流行服饰品牌的心理预期，以市场需求驱动的营销策略是其成功打入市场的关键之一。与此同时，限定生产数量的“饥饿营销”以及为不同的区域开发不同风格的服饰为营销创新提供了全新的思路。

2.5 设计模式

数量庞大的设计师和时尚买手资源是ZARA的重要优势。设计师们常年穿梭于各类时装发布会现场或者出入各种时尚场所，一些顶级品牌的最新设计刚发布没多久，ZARA就会据此设计成新的款式而上市，以更多地吸取设计灵感。经过多年的探索，ZARA形成了颇具特色的“三位一体”设计模式。ZARA将自己的设计方式称为“三位一体”模式，也就是由设计师、市场专家以及进货专家共同组成的设计新模式。这种设计新模式包括如图2-4所示的三个步骤。

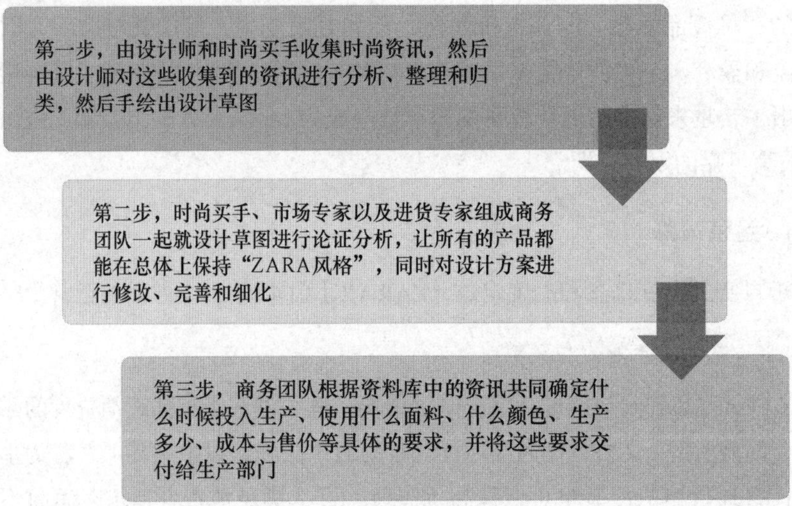

图2-4 设计模式的三个步骤

ZARA这种独特的设计模式有效地整合了各方的资源，形成了分工明确、运行高效的设计和生产体系，这也是ZARA能在两周内完成从设计师的思想到衣服最终穿在消费者身上全过程的关键所在。

3 ZARA的运行体系与信息系统建设

ZARA作为一家业务遍及全球的跨国公司，运行管理极为复杂，之所以能取得如此高效而又出色的成效，与其先进的运行体系与高效的信息系统的支撑是分不开的。

3.1 灵活、高效的组织结构

Inditex集团作为ZARA的母公司，是一家多品牌、纵向一体化的全球范围的集团式时装零售商，各个品牌都独立经营、各自运作，有彼此独立的零售店、采购渠道、仓储和配送体系、分包和组织结构。尽管这些品牌只是在法律、财务等方面接受集团的统一领导，但是在采购、设计、生产、配送和服务等方面各有各的运行体系，图2-5为ZARA的组织结构运行图。这一组织结构边界清晰、职责明确、运行高效，是支撑其全球业务发展的基本保证。

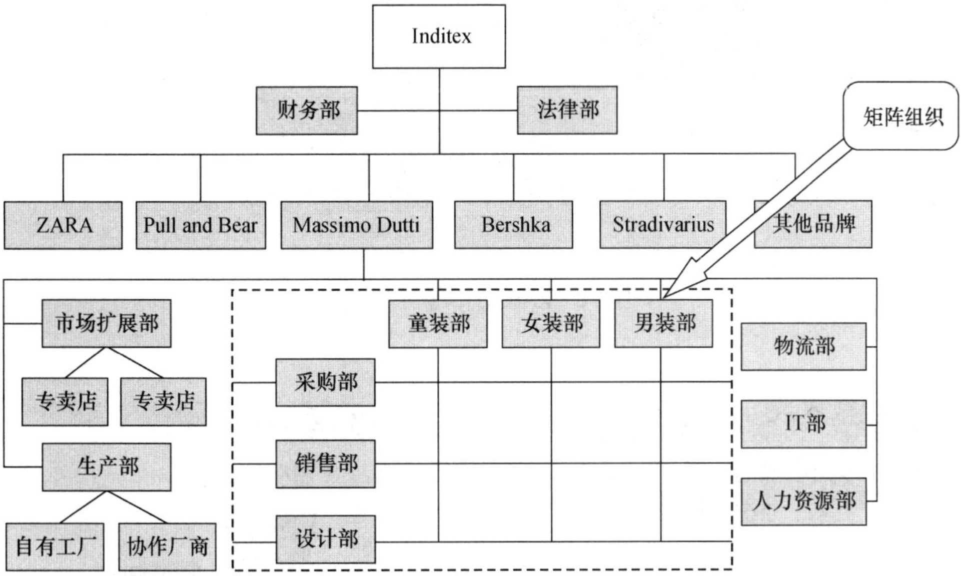

图2-5 ZARA的组织结构运行图

3.2 ZARA的信息共享

为了更好地把握市场商机，促进内部的信息共享，ZARA建立起了贯穿企业内外的信息共享系统（如图2-6所示），支撑了快速收集市场信息、快速决策、控制库存并快速生产、快速配送在ZARA的实现。

3.3 供应链运行体系

ZARA作为全球领先的时尚服饰的供应商，坚持“二五一十”的供应链运营理念——五个手指触摸工厂生产，五个手指感知消费者需求，争取十分满意的运行绩效。通过构建高效的供应链运行体系，ZARA同时掌控市场与生产，将触角延伸到了价值链的每个环节，实现了对全球市场需求的快速响应，赢得了全球消费者的广泛认同。图2-7为ZARA的供应链运行体系。

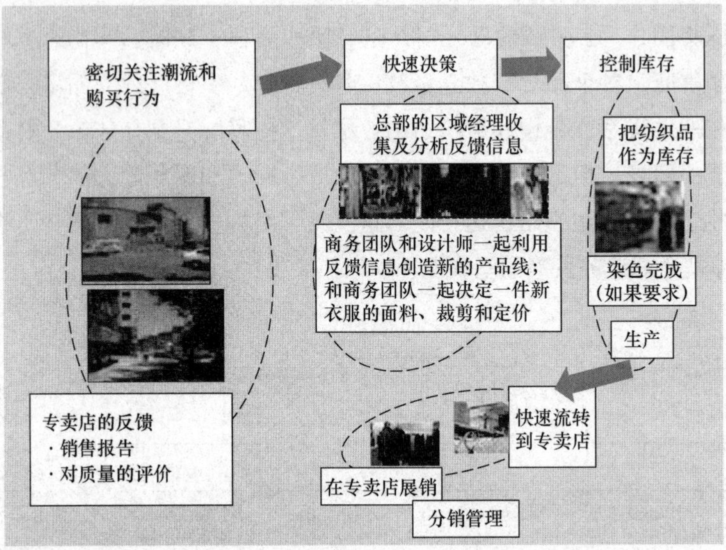

图2-6 ZARA的信息共享系统

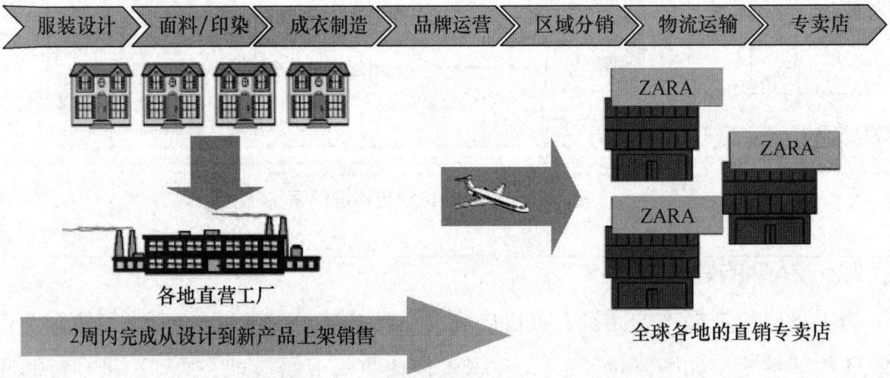

图2-7 ZARA的供应链运行体系

3.4 快速补货流程

ZARA以自已独特的组织架构和供应链运行体系，打造出了在全球范围内具有领先水平的快速补货体系，一件产品从设计开始到选料、染整、剪裁、针缝、整烫、运送乃至成品上架最长不超过2周。图2-8为ZARA快速补货流程。

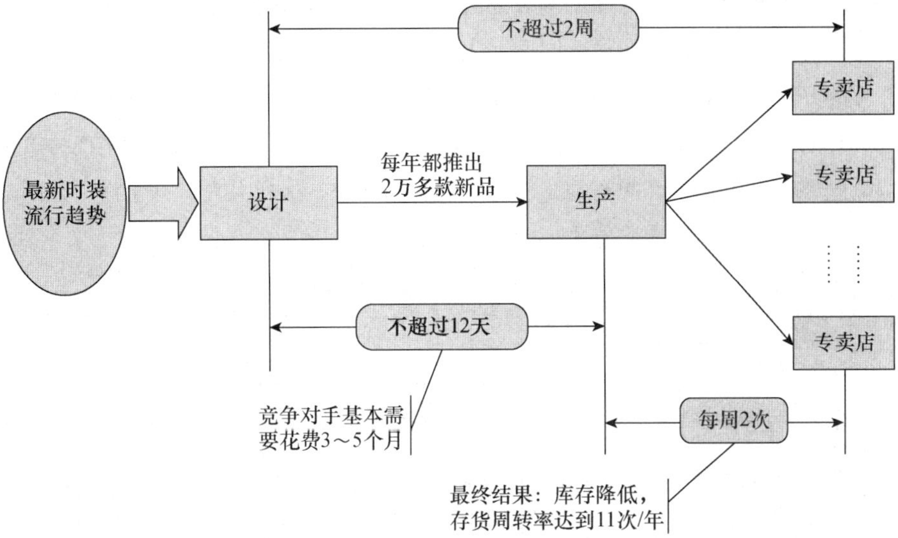

图2-8　ZARA快速补货流程

3.5　“产销研”协同体系

“产销研”协同是ZARA快速补货流程的核心，在由产品开发、生产制造、物流配送和专卖店直销组成的业务流程中，包括了“三位一体”的产品设计、“垂直整合”的协作生产、“掌控最后一公里”的物流以及“一站式”的购物环境（如图2-9所示）。

3.6　信息系统的优越性

ZARA的信息系统作为支撑ZARA业务高效运行的核心系统，具有以下四个方面的优越性：

一是全面收集消费者需求的数据。关于时尚潮流趋势的各种数据每天源源不断地从各个ZARA专卖店以及其他各个渠道进入总部办公室的数据库，设计师们充分利用这些数据来产生新的想法或改进现有的服装款式，并通过访问数据库中的实时信息来决定一个具体的款式用什么布料、如何剪裁以及如何定价等各个方面的问题。

二是服装数据的标准化。在ZARA的运营体系中，各类产品信息都是通用的、标准化的和充分共享的，这使得ZARA能快速、准确地准备设计，对裁剪能给出清晰的生产指令。

三是分销管理。借用光学读取工具，每个信息系统每小时能挑选并分捡超过6万件的衣服，这些分拣完成之后的服装通过设在Inditex总部的双车道的高速公路直通配送中心，确保每笔订单能在第一时间运出并准时到达目的地。

四是产品信息和库存管理。这一系统能管理数量众多的各种布料和装饰品、设计清单和库存商品，设计团队能通过系统提供的相关数据，用现存的库存布料等来设计一款服装，而不必去订购新的布料再等待它的到来，这样大大提升了设计效率，并进一步提升了对市场的响应能力。

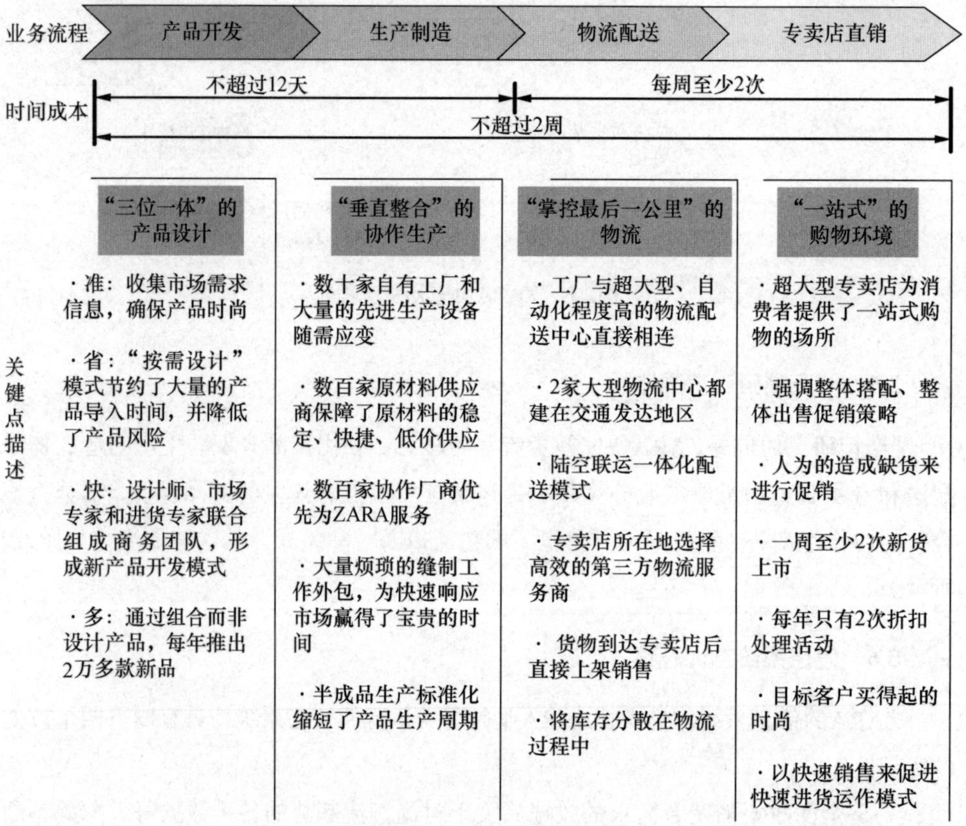

图2-9 “产销研”协同体系

3.7 美国学者对ZARA信息系统的评价

ZARA在信息系统应用方面的出色成效引起了学者们的广泛兴趣，美国哈佛大学商学院麦卡菲教授专门到ZARA的总部进行了调查，在和信息化部门深入访谈之后他发现了“新大陆”——这家IT部门人员总数不足50人的公司，占员工总数不足千分之五，内部分为三个组：店面解决方案（Store Solutions）、物流支持（Logistics Support）和行政系统（Administrative Systems），而遍布在全世界店面的IT系统都是由拉科鲁尼亚总部来负责的，而且当时在零售店里居然还没有配备电脑设备，只有POS机系统终端机，在传送数据时则以数据机连线的方式直接传回公司。麦卡菲教授为此总结归纳出ZARA信息系统应用的五个原则：

（1）IT系统只能协助人做判断，而不能取代人。不是电脑在做决定，而是由ZARA的门店经理在决定订什么货，电脑只是协助他们处理数据，并不能提供任何建议，甚至根本无法做任何决定。

（2）电脑的应用要坚持标准化，同时还必须要聚焦。企业对门店提出的要求是：对必须做的，要做最多；对可以做可以不做的，要做最少。例如，店面要求在中央系统中能够存储足够多的业绩资料，并且能按要求自动传回总部，这就必须高标准完成。除此之外，企业必须抗拒想扩充其他功能的诱惑。

（3）技术方案要从内部开始。ZARA在决定科技的运用时，不是让企业被科技牵着鼻子走，不应由信息化部门来建议企业应该买什么、哪些东西会对企业有什么好处，而是由信息化人员和直线主管一起讨论，了解企业需要什么，再看看市场上有哪些解决方案，然后在此基础上进行科学合理的部署。

（4）流程就是重点。尽管ZARA销售的是快速迭代的时尚产品，但运作非常简单：每天传送销售资料、订货、一周两次送货到零售门店等，有些地方很有灵活性，但有些地方则显得十分“刻板”。例如，门店经理可以决定要订什么，但是绝对不能更改价格。

（5）业务与科技深度融合。在ZARA内部，业务人员和IT人员的关系十分融洽，常常能形成一致的见解：信息化固然很重要，但必须以流程为焦点，并且应该采用由内而外的角度思考，不应该脱离实际需求而受外部因素的制约。

4 大数据应用

尽管“大数据”这一概念只是在最近几年才得到了广泛的关注，但ZARA在数十年的经营实践中，无论是大数据的理念，还是大数据的技术，抑或是大数据的资源，都走在了全球时尚服饰类企业的前列。

4.1 大数据的采集

ZARA十分重视数据的价值，把各种类型数据的采集作为核心任务来抓，无论是在线下还是在线上，都形成了较为严密的数据采集体系。每天早上，ZARA总部的工作人员都会根据销售数据和来自消费者、门店经理以及各国营销总监的意见，推测可能受欢迎的设计和款式；设计师们能从每天的数据反馈中得知哪款产品卖得好、哪款产品滞销，并根据这些反馈来指导接下来新款产品的设计。

4.1.1 线下数据的采集

“倾听消费者，把消费者的声音变成数据”是ZARA长期坚持的理念。在全球各地的ZARA专卖店的门口、柜台和店内各角落都装有摄影机，当消费者走进专卖店内向店员反映“这个衣领的图案很漂亮”“我不喜欢口袋上的拉链”“我希望换一种颜色”等诸如此类细枝末节的想法和要求时，店员需要向分店经理如实汇报，然后分店经理根据情况通过ZARA内部的全球信息网络向总部汇报。在ZARA分布全球的专卖店里，每位店长都配有一台定制的手持式PDA（如图2-10所示）。尽管这台PDA模样小巧，却内置了ZARA总部标准的订货系统和产品系统等模块，而且它还能帮助专卖店与总部保持密切的联系。店长每天至少两次要传递信息给总部的设计人员，由总部作出决策后立刻反馈到生产线，以改进或开发新的产品样式。

图2-10 门店专用PDA应用场景

在ZARA，每位门店经理都拥有向总部直接订货的权力，因此，当店长在自己门店的系统里发现某种产品的库存不足时，通过与宽带连接的PDA，就可以看到西班牙总部的建议订购量，然后再根据自己对当地市场的判断，向总部发出订单。每隔半个小时，ZARA女装、男装和童装的主管都会根据POS机里的销售系统对店面进行实时控制和补货。

关店后，销售人员结账，盘点每天货品上下架情况，并对客户的购买与退货率作出统计，再结合柜台现金数据，由交易系统作出当日成交分析报告，分析当日产品热销排名，然后数据直达ZARA的仓储系统，为生产运输调度提供基本依据。

4.1.2 线上数据的采集

从2010年秋天开始，ZARA先是在6个国家推出了网上商店，后又逐步扩展到美国、日本、中国等。开设网上商店的初衷并不仅仅是为了提升网上销售的营业额，而是把它看作是在线获取用户数据的一个重要途径，使其成为线下实体店的一个参考指标。线上商店强化了双向搜寻引擎、资料分析的功能，不仅要收集意见和建议给生产端，让决策者精准地找出目标市场，而且同时还要为消费者提供更准确的时尚信息，使买卖双方都能享受到大数据带来的好处。此外，网上商店也是活动产品上市前的营销试金石，ZARA通常先在网络上举办消费者意见调查，再从网络回馈中撷取消费者的意见，以此改善实际出货的产品。

ZARA在线上、线下收集海量的消费者的意见，并以此作出生产销售决策，这样的做法大大降低了存货率，从而避免了可能的风险。这些来之不易的消费者的资料，除应用在生产端外，同时也被整个Inditex集团各部门所运用，包括客服中心、营销部、设计团队、生产线和渠道等，各部门根据这些海量数据形成了各自的关键考核指标（Key Performance Indicator，KPI），完成了ZARA内部的垂直整合主轴。

ZARA推行的海量资料整合，获得了预想不到的成功，后来被整个集团其他所有的品牌学习、应用，成为整个集团竞争力的重要来源。

4.2 大数据三大能力的培育

ZARA在大数据应用方面不断探索，在夯实数据获取能力的基础上，全力培育以下三个方面的能力，为大数据的应用提供充分保障：

4.2.1 大数据的整合能力

ZARA注重从各个渠道获取与产品设计开发相关的各种数据，数据的来源各异，格式也是五花八门，如何实现各类数据的有机整合是个现实的挑战。为此，ZARA以设计师为中心，将各类数据按要求统一汇入一个全天候开放的数据处理中心，既方便各种来源的数据在这个中心得到汇聚，同时也方便各类用户根据需要获取相关的数据。比如，每个门店直接可以在这个数据处理中心跟踪销售数据，并获得相应的分析、建议等。大数据的整合能力是大数据应用的重要前提，需要在实践中不断摸索和总结，在这方面ZARA作出了很有价值的探索。

4.2.2 大数据的洞察能力

大数据的采集最根本的目的是为了应用，应用必须以全面系统的洞察为基础。为此，ZARA调集了较多数量的人员在一线倾听消费者的声音。在ZARA调控中心的大办公区里，数十位工作人员坐在电话机旁，使用包括法语、英语、德语、阿拉伯语、日语和西班牙语在内的不同语言，直接收集来自世界各地的客户信息。区域业务经理负责接听来自各国的订单电话，当中包括反映不佳，甚至需要立刻下架的商品等，然后他们会整理成报告，立刻召开内部会议。比如，中国区经理先提出“中国的消费者想知道最新上架的紧身裤有没有红色的”、法国区经理和美国区经理也反映巴黎和纽约的消费者也有同样的需求，当听到3个区的经理有共同需求时，时尚总监就会立刻决定：“好，传给生产线，新的紧身裤马上打样红色。”紧接着，生产部经理会立刻把意见传达给设计师群，要求设计师立刻打版、着手设计。

在大量的业务实践中，ZARA通过数据发现了很多有意思的规律。比如，法国、日本等国家的消费者偏爱色系沉稳、剪裁利落风格的服饰，而中美洲和南美洲的消费者则喜欢颜色鲜艳、合身性感的服饰。这些基于大数据的洞察成为ZARA独具特色的时尚决策地图。

4.2.3 大数据的快速响应能力

大数据在完成数据采集和洞察分析后，紧随其后的是必须采取必要的响应行动。因此，快速响应能力是大数据真正发挥作用的关键因素。为此，ZARA将信息系统与决策流程紧密结合，以便对消费者的需求作出快速回应，并且能立刻执行决策，让生产端依照消费者的意见，在第一时间进行迅速修正。

多年来的实践表明，ZARA对于大数据提供的决策信息落实得坚决而高效，配套大数据的管理路径也非常通畅，直接指导到产品设计、生产、分区域投放的各个环节，总体成效十分明显。

4.3　大数据在个性化服务中的应用

由于担心对实体店带来冲击等方面的考虑，在过去较长的时间里，ZARA几乎很少涉足电商业务。但随着形势的变化，尤其是互联网“原住民”们已成为消费主体时，ZARA开始在电子商务方面布局，并取得了基本的进展。

4.3.1　基于大数据的个性化订购

在网上订购衣服，令消费者最为犯难的是因为无法试穿而很难选择到自己想要并且合适自己的款式品种，在早期，ZARA和大多数服装电商一样，只会标出模特的身高，以此作为消费者在选择尺码上的参考，但这种模式很难得到消费者的认同，所以效果也不佳。

为了更好地满足消费者的需求，ZARA基于长期积累的大数据资源，在网上推出了个性化的推荐服务。消费者在ZARA的官网上选择到合适的服装后，找到“查找我的尺寸”即可看到如图2-11所示的个性化推荐页面，包括身高、体重以及偏好等数据，以便消费者作出相应的选择。这样做可以起到“一箭双雕”的作用：一是消费者的个性化数据被ZARA记录到大数据系统之中，可以作为长期的个性化推荐依据；二是增加了品牌的数据储备，让网站后续为其他消费者的推荐变得更加精准。

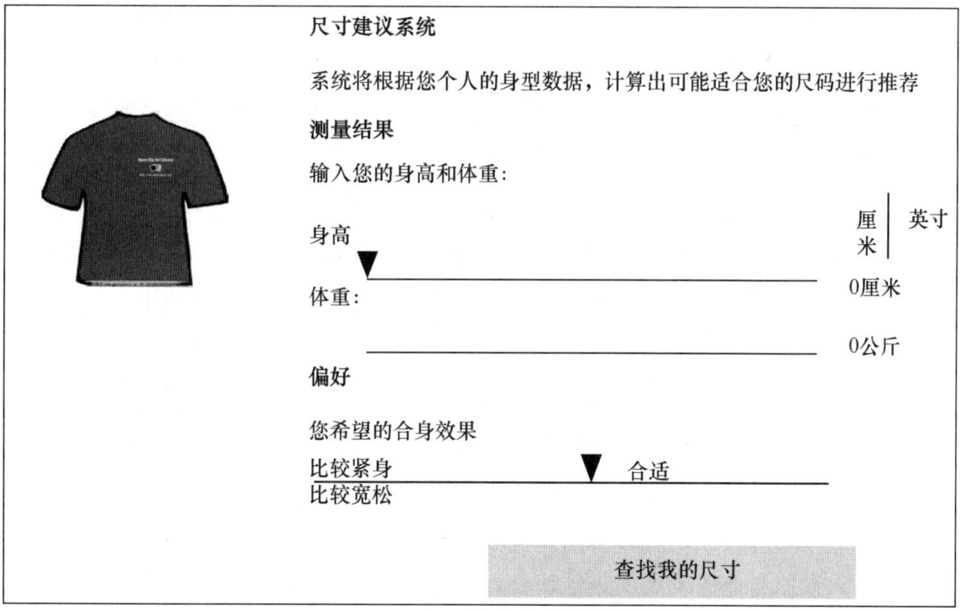

图2-11　个性化推荐页面

4.3.2 基于大数据的主动营销

为了更好地利用电商平台开展营销，ZARA利用消费者注册的相关数据以及愿意接收推送电子邮件的邮箱地址，有针对性地将适合消费者兴趣的新款服饰推送给他们，既能让他们动态地了解ZARA最新款的服饰信息，又能在第一时间获知自己心仪款式服装的详细情况，方便直接在网上订购。

在长期的发展中，ZARA已经积累了极为丰富的大数据资源，为开展电子商务创造了极大的有利条件。与此同时，ZARA还识别出了不同类型的忠诚客户，为更好地提供个性化的服务以及维系客户的忠诚度提供了强有力的数据支撑。可以说，有了大数据资源支持的ZARA，已经为更高水平、更有成效地开展电商业务打下了非常扎实的基础。

5 案例评析

ZARA是十分典型的传统制造业企业，在以互联网为代表的新一代信息技术汹涌而来的大潮面前，无疑也面临着十分严峻的考验。但是，ZARA并没有因为自己是传统企业而拒绝新技术的到来，恰恰相反，ZARA把现代信息技术作为自身转型升级、求新谋变的战略武器，打出了一场非常漂亮的信息化与工业化深度融合以及“互联网+制造业”的翻身仗，为全球制造业企业提供了很有价值的示范和借鉴。

“数据是企业生命体中流动的血液，数据资源是企业经营的核心资源”，这一点在ZARA数十年的经营过程中得到了充分的印证。尽管“大数据”的概念出现时间不长，ZARA迄今也没有刻意将“大数据”生搬硬套，但对数据全方位的采集和整合、全过程的分析和洞察，以及基于数据所形成的决策采取快速行动等方面，ZARA有了实实在在的行动和作为，这也正是“大数据理念”和“大数据技术”所追逐的根本目标。

ZARA依靠独特的经营模式和与大数据相关的技术，一步一个脚印地走出了适合自身发展的道路，并取得了非凡的业绩。这充分说明，大数据技术虽不能“包治百病”，但如果缺乏“大数据”理念的导入和技术的深度应用，显然很难达到预期的经营效果，因此任何一家有意应用和发展大数据的企业都必须从自身的实际需求出发，找到大数据与业务发展的最佳切合点，通过踏踏实实的行动，最终就能登上大数据驱动的高速列车。

案例 参考资料

［1］卡斯拉·费尔多斯，迈克尔·刘易斯，乔斯·马丘卡. ZARA供应链的极速传奇［J］. 管理与财富，2006,（6）.
［2］石章强，叶建伟. ZARA：产业链快跑［J］. 销售与市场，2013,（4）.
［3］翁智刚，曾臻，蔡用. 速度领先，精敏制胜——ZARA品牌的成功之道［EB/OL］.［2017-04-01］. http://jpkc.swufe.edu.cn.
［4］肖利华，韩永生，佟仁城. ZARA：以品牌为核心的协同供应链［EB/OL］.［2017-05-08］. http://doc.mbalib.com/view/e8b81022fbef81e9ff89155557bcb12b.htmlm.
［5］赵阳. “快时尚”最稳老铁，ZARA的产业帝国是怎么炼成的［EB/OL］.［2017-04-26］. http://www.itmsc.cn/archives/view-168164-1.html.
［6］庄晓平. 大数据在ZARA公司供应链设计与管理中的运用［J］. 江苏科技信息（学术研究），2011,（10）.

案例03

科大讯飞大数据应用案例

基于语音的人机交互是全球关注的热门技术，也是当今人工智能发展的关键突破口。人机交互的语音技术包括“让机器说人话”的语音合成以及“让机器听懂人说话”的语音识别两大基本技术，以及语音编码、音色转换、口语评测、语音消噪和增强等关联技术，有着十分广阔的应用需求和市场空间。科大讯飞股份有限公司（以下简称“科大讯飞”）作为我国语音技术研发和产业化的领军企业，坚持走自主创新的发展道路，在语音技术领域是基础研究时间最长、资产规模最大、历届评测成绩最好、专业人才最多和市场占有率最高的企业，其智能语音核心技术代表了世界的最高水平。大数据技术是科大讯飞发展的重要驱动力，大数据资源则是科大讯飞独特的战略优势，大数据与人机交互人工智能的完美结合是科大讯飞的制胜法宝。

1 案例背景

科大讯飞的历史最早可以追溯到20世纪80年代中国科学技术大学电子工程系的人机语音通信实验室，当时该实验室的技术成果在国内首屈一指。为了推进语音技术的产业化，走市场化发展道路势在必行，于是依托于这一实验室技术成果的企业化运营实体——安徽中科大讯飞信息科技有限公司于1999年12月30日正式成立。早在1998年，公司的创始人、现任董事长刘庆峰在中国科技大学语音评测实验室攻读硕士研究生时就凭借KD863语音合成系统获得了国家863语音合成评测比赛的冠军，并且是业界首次把合成系统的自然度做到了3.0分，触及了可应用的门槛。1999年硕士毕业时，刘庆峰选择了带领师弟们进行创业，他和他的团队坚信在中国可以利用核心技术创新做出一番事业。当时，安徽中科大讯飞信息科技有限公司成立提出的口号是做中国的“贝尔实验室”，目标是向世界最高技术水平看齐。2000年，安徽中科大讯飞信息科技有限公司被认定为国家863计划成果产业化基地，与中国科学技术大学、中国社会科学院共建实验室，核心源头技术资源整合战略初见成效。2001年，安徽中科大讯飞信息科技有限公司的智能语音平台合作开发厂商突破100家，语音产业国家队的地位初现。2002年，该公司获首批“国家规划布局内重点软件企业”认定，承接国家语音高技术产业化示范工程项目，并设立博士后科研工作站。2004年，在国家863委员会主持的中文语音合成国际评测中，该公司以大比分囊括了所有指标的第一名，销售收入首次迈过亿元大关。

2014年4月18日，安徽中科大讯飞信息科技有限公司变更为科大讯飞股份有限公司，定位为专业从事智能语音及语言技术研究、软件及芯片产品开发、语音信息服务及电子政务系统集成。2008年5月12日，科大讯飞正式在深圳证券交易所挂牌上市，成为中国智能语音产业唯一一家上市公司。2010年，科大讯飞发布了全球第一个面向移动互联网提供智能语音交互能力的“讯飞语音云”平台（现已更名为“讯飞开放平台”）。截止目前，这一平台在线日服务量超40亿人次，合作伙伴达到30万家，用户数超10亿，以科大讯飞为中心的人工智能产业生态基本构建成型。

科大讯飞的使命是“让机器能听会说，能理解会思考；用人工智能建设美好世界”。科大讯飞的企业愿景包括：

（1）近期，成为语音产业领导者和人工智能产业先行者，实现百亿元收入、千亿元市值；

（2）中期，成为中国人工智能产业领导者和产业生态构建者，联接10亿用户，实现千亿元收入；

（3）长期，成为全球人工智能产业领导者，用人工智能改变世界的伟大企业。

科大讯飞作为世界领先的语音类人工智能企业，在大数据的技术应用和资源开发等方面做出了卓有成效的探索，不断地朝向“大数据让人工智能技术更加智能，人工智能技术让大数据更加有价值”的发展愿景迈进。

2 技术体系

科大讯飞以语音业务起家，一直秉承“从市场中来，到市场中去”“用正确的方法，做有用的研究”等核心理念，一步一个脚印，始终坚持提供国际领先的语音及语言整体解决方案，不断地推出符合国家和社会需求的智能语音及语言技术产品和应用服务，致力于建立智能语音及语言技术和核心技术应用产业化两大方面的竞争力，已成为国际一流的智能语音服务提供商。

2.1 核心技术

经过长期的自主研发和科技攻关，科大讯飞已形成了较为丰富的以智能语音为代表的核心技术体系，主要包括以下六种技术：

2.1.1 语音识别技术

语音识别技术所要解决的问题是让计算机能够“听懂”人类的语音，将语音中包含的文字信息“提取”出来，使其具备“能听”的功能，进而利用“语音”这一最自然、最便捷的手段进行人机通信和交互。

2.1.2 语音合成技术

语音合成技术又称文语转换（Text to Speech）技术，涉及声学、语言学、数字信号处理、计算机科学等多个学科技术，主要目的是将文字信息转化为声音信息，即让机器像人一样开口说话。

2.1.3 自然语言处理技术

自然语言处理技术可以分为基础研究和应用两大类：基础研究主要指对自然语言内在规律的研究，可以划分为词典编撰、分词断句、词性分析、语言模型、语法分析、语义分析、语用分析等；应用研究主要指基于基础研究的成果，面向不同的应用研发相关的自然语言处理技术，大的方向包括拼音输入法、信息检索、信息抽取、自动摘要、机器翻译、语音合成、语音识别、文本匹配、文本分类以及对话系统等。

2.1.4 语音评测技术

语音评测技术又称计算机辅助语言学习（Computer Assisted Language Learning），是指机器自动对用户的发音进行评分、检错并给出矫正指导的技术。语音评测技术作为智能语音处理领域的研究前沿，由于其能显著提高用户对口语学习的兴趣、效率和效果，因而有着广阔的商业价值和应用前景。

2.1.5 声纹识别技术

声纹识别技术是一种通过语音信号提取代表说话人身份的相关特征，进而识别出说话人身份等方面的技术。它可以广泛应用于信息安全、电话银行、智能门禁以及娱乐增值等领域，有极大的市场需求。

2.1.6 手写识别技术

手写识别技术是一种让计算机能够“认识”用户在手写设备上书写的文字信息，将有序的笔迹轨迹转换为用户所书写的字符的技术。这一技术为用户提供了更为便利的交互方式，使得不熟悉或不方便键盘操作的用户也能轻松地使用各类电子设备。

2.2 技术水平

科大讯飞在多个智能语音发展领域已跻身全球先进行列，具体包括以下四个方面：

2.2.1 语音合成领域

在语音合成领域，科大讯飞代表着世界最高水平。自20世纪90年代中期以来，在历次的国内外语音合成评测中，科大讯飞的各项关键指标均名列第一，不仅中文语音合成技术超过了普通人的说话水平，而且在英语等多语种语音合成上牢牢占据了国际领先地位。

2.2.2 语音识别和声纹语种领域

在语音识别和声纹语种领域，美国国家标准与技术研究院组织的国际评测大赛是国际上规模最大、影响力最广泛的评测比赛。自2008年科大讯飞开始参赛以来，已多次获得冠（亚）军，在业界处于领先地位。

2.2.3 语音评测领域

在语音评测领域，科大讯飞的智能评测系统经国家语言文字工作委员会（以下简称“国家语委”）组织的鉴定和对比测试，结果表明“核心技术已经到达国内和国际领先水平”“系统评分性能与国家级评测员高度一致”。科大讯飞的中文评测技术是全国唯一通过国家语委的鉴定并大规模实用的技术；英文评测技术在多个地区的中考和高考等重大考试中全面应用；业界唯一可以精确反映音准、节奏和歌词演唱准确度的音乐评测技术，并已广泛应用于相关的产品和服务中。

2.2.4 其他核心技术领域

在其他核心技术领域，如基于声纹识别技术、语种识别技术、关键词检测等核心技术方面也已具备了相应的基础。在公共安全方面通过与相关单位开展合作，建成了全国重点人员声纹库，并与DNA库和指纹库共同构成了立体人物特征库，在此基础上开发出国内首个实用的海量语音自动说话人识别监控系统，在实际应用中取得了良好成效。

3 数据平台

在大数据平台建设方面，科大讯飞以数据导向为理念，以EcoSystem为设计理念，以Hadoop为核心，综合应用相关技术，构建起支撑企业所有业务需求的大数据平台。

3.1 平台架构

科大讯飞的大数据平台有专门的名称——Maple。整个Maple大数据平台承载着公司级的大数据战略，科大讯飞云平台、研究院、平嵌、移动互联和智能电视都通过Maple大数据平台实现数据和技术的共享。另外，面向互联网的相关产品，包括讯飞开放平台、讯飞输入法、灵犀语音助手、酷音铃声，所有的数据均汇集到了Maple大数据平台。图3-1为Maple大数据平台的架构。

图3-1 Maple大数据平台的架构

这一平台分成三个部分：一是基础机群，围绕着Cloudera发行版本CDH来构建的；二是构建了自己的Maple-SDK（SDK为Software Development Kit的缩写，即软件开发工具），是面向开发者提供的开发包；三是Maple-BDWS（BDWS为BigData WorkStation的缩写，即大数据工作站），是整个大数据平台的一个门户。图3-2为大数据平台的架构。

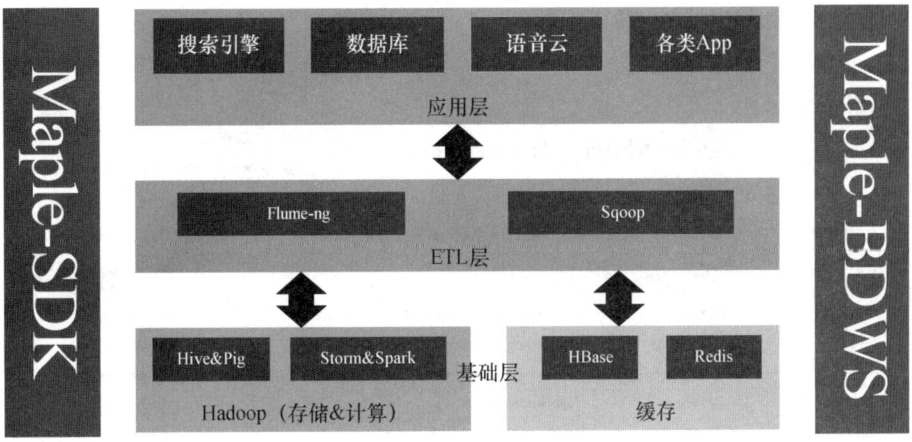

图3-2　大数据平台的架构

如图4-2所示，大数据平台分成三层：最底层为基础层，用于Hadoop的存储与计算及其缓存；中间层为ETL层，实现抽取（Extract）、转换（Transform）和加载（Load）等功能，Flume-ng（是一个分布式、高可用、可靠的系统，将不同的海量数据收集、移动并存储到一个数据存储系统中）和Sqoop（是一个将数据在MySQL、Oracle等关系数据库和Hadoop、Hive、HBase等大数据产品之间导入/导出的有效工具）应用需求；最上层为应用层，主要实现搜索引擎、数据库、语音云以及各类App等应用。左侧是Mapple-SDK，即基于Mapple的软件开发工具包，包括一套数据建模的功能，是基于Avro的MapReduce编程库；右侧是Maple-BDWS，即基于Mapple的大数据工作站，以解决代码托管、在线编译部署、工作流设计以及任务调度等业务需求。

3.2　解决方案

为了更好地整合各类相关的大数据技术，满足企业大数据业务发展需要，科大讯飞为Maple大数据平台提供了完善的解决方案。

3.2.1 Maple-BDWS

Maple-BDWS作为Maple大数据平台的门户，具有的业务功能包括：（1）代码托管；（2）编译部署；（3）工作流设计；（4）任务调度；（5）数据与任务信息浏览。

Maple-BDWS具有的特点包括：（1）多个集群管理；（2）多版本集群兼容；（3）支持多项目管理；（4）在线编译部署（One button to use——一键即用）。

图3-3为Maple-BDWS的工作界面。

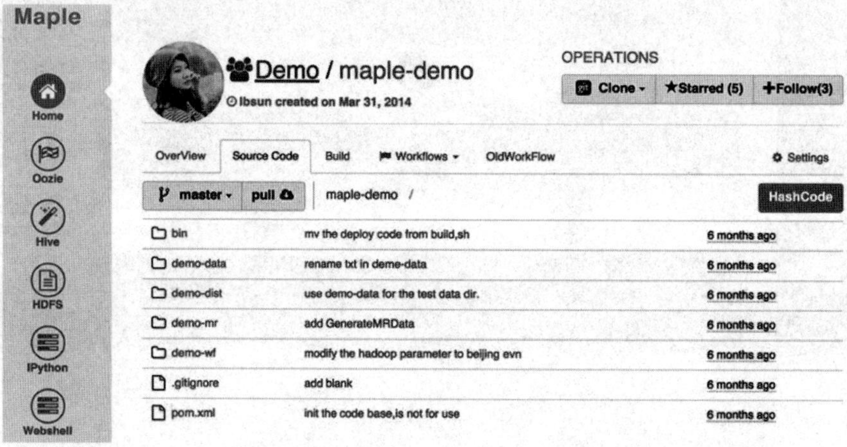

图3-3 Maple-BDWS的工作界面

3.2.2 Maple-SDK

Maple-SDK是Maple大数据平台的灵魂，包括以下各个组件：

（1）数据建模（DataSource）：适用于大数据的动态、自动建模系统，是实现数据导向理念的基础。

（2）Avro-MapReduce编程库：实现Avro-MapReduce任务开发、数据存储和数据收集等功能。

（3）Flume-ng扩展组件（Flume-ng-ext）：以AvroFile为缓存的FileChannelPlus，极大地提升了速度与稳定性；支持Stable的改进版HDFS-Sink；分布式节点监控与智能配置管理服务，解决了Flume-ng配置管理复杂的问题；支持多语言的Loglib。

（4）统计分析（Maple-Report）：报表定义与计算引擎分离；同数据源的多维度、多指标一次计算完成；小时、日、周……数据依次复用。

（5）分布式索引（Maple-Index）：包括实时日志检索系统，实现了日志收集与日志检索融为一体。

4 数据的获取和专业化的处理

数据的获取和专业化的处理是大数据开发和利用的前提，科大讯飞经过多年的实践探索，逐步形成了行之有效的思路和方法。

4.1 数据的获取

从2010年左右，科大讯飞开始做语音云平台，提供面向最终用户的智能语音服务，从那时开始真正拥有了互联网上用户的大数据，并把用户数据的获取以及开发和利用作为重要的战略，不断地开辟来源渠道，巩固了数据来源基础。目前，科大讯飞数据的主要来源如下：

（1）通信运营商合作数据：中国移动作为企业的第一大股东，提供了全方位的通信业务数据。

（2）智能家居数据：通过企业提供的智能家居设备获取相关数据。

（3）智能汽车：通过企业提供的智能汽车终端获取相关数据。

（4）教育用户数据：由全国近万所使用人工智能产品学校的师生所提供的数据。

（5）政府和智慧城市数据：由企业的政府用户以及智慧城市相关项目所提供的数据等。

到2017年年底，科大讯飞拥有近10亿的用户（日交互次数超30亿次）。其中，讯飞输入法的用户达到3.6亿人，庞大的用户群体是科大讯飞最基本的数据来源。并且，这些数据通过生物识别的手段（如用户的声纹、人脸识别等）提供的数据，可以做到数据非常真实可靠，并确保其具有更高的应用价值。图3-4为科大讯飞的数据来源分布。

4.2 数据处理

科大讯飞作为智能语音服务的提供商，所获得的数据主要集中在语音数据，把语音数据转化成可处理的结构化的数据，真正挖掘这些数据的价值是重中之重。为

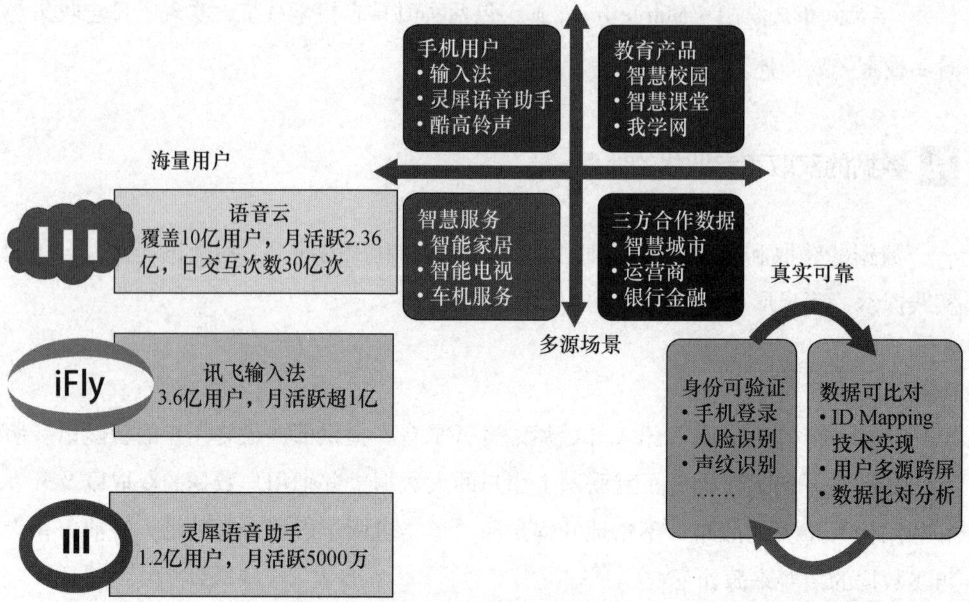

图3-4　科大讯飞的数据来源分布

此，科大讯飞开发了用于进行大数据分析和服务的平台，这个平台的内部名称叫“Odeon”，中文名称为“奏乐堂”，寓意是“希望大数据平台依托科大讯飞的独特语音资源，把数据当音符演奏出美妙的音乐乐章”。目前，这一平台日数据的增量基本在100TB以上，具备了大规模、高速度数据处理的能力。

Odeon平台的主要特色包括以下三个方面：

（1）以数据为中心：实现用户间数据隔离和授权访问，以保障数据安全。

（2）整合人工智能能力：基于CPU+GPU的混合架构，整合了科大讯飞的人工智能技术。

（3）允许私有化部署：平台已形成了成熟产品，为企业的客户实现私有化部署。

Odeon平台的能力输出与核心价值如图3-5所示。

结合科大讯飞Maple大数据平台与Odeon平台，科大讯飞做有针对性的用户画像，已经完成了人生阶段、行业偏好、购物兴趣、媒介兴趣5个大类共计1700个子标签的用户填充工作，累计覆盖12亿终端设备。例如，声纹识别技术对用户的性别划分、年龄划分很有帮助，如果仅靠传统的用户行为数据或日志数据是无法得到这些精准结论的。在对海量数据专业化处理的基础上，科大讯飞将数据资源应用到金融、教育、交通和游戏等领域，真正发挥了大数据的应用价值。

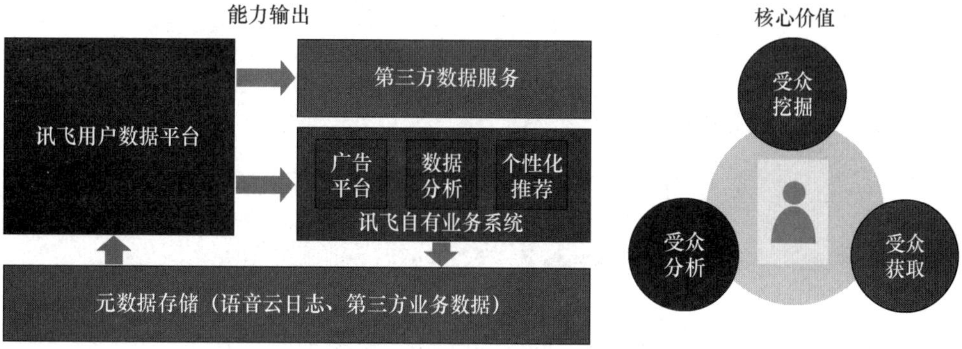

图3-5 Odeon平台的能力输出与核心价值

5 讯飞超脑

2014年8月20日，科大讯飞举行了以“语音点亮生活”为主题的智能家庭语音产品发布会，宣布启动人工智能计划——讯飞超脑，让机器像人脑一样做到学习和思考，进而实现机器从“能听会说”到“能理解会思考”的跨越。这一计划聚集了国际和国内顶尖的人工智能专家，旨在通过大数据的应用，将人工智能应用于经济、社会的方方面面。

5.1 系统架构

根据企业的规划，“讯飞超脑”的总体目标是通过在听说读写、理解和思考等认知智能领域进行技术迁移和产品孵化，打造一个认知智能的生态圈，为智能化产品和服务的企业提供人工智能技术，从终端用户的使用中再获得大数据，反过来训练自身的深度学习算法，使得各种认知智能技术的智能化程度不断提升。“讯飞超脑”的系统架构是基于底层的超算平台和大数据分析能力，在中层通过认知计算和机器学习的处理，实现包括语音语义的识别、图像的识别以及知识表示的人工智能技术，通过顶层的iFly Inside输出给各种智能终端，提供包括交互在内的各种人工智能应用服务（如图3-6所示）。

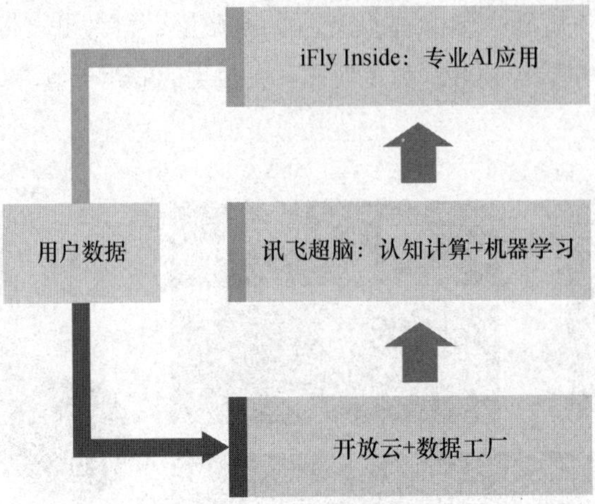

图3-6 “讯飞超脑”的系统架构

5.2 发展方向

为了实施“讯飞超脑”计划，科大讯飞希望能够建立一个和人脑相仿的人工神经网络，实现对人类认知、知识表达、逻辑推理等方面的模拟和学习，从而最终突破人类认知智能的挑战。同时，结合感知智能打造基于类人神经网络的认知智能引擎，能够用自然语言的方式进行问题的理解和逻辑推理这些功能，让机器像人脑一样做到学习和思考，打造一个真正意义的中文认知智能计算引擎。并且，“讯飞超脑”的知识不是人类灌输的，而是自己通过不断地学习获得的。

“讯飞超脑”包括以下三大研究方向：

（1）超脑能更加贴近人脑认知机理的人工神经网络设计，更好地支撑认知智能的实现；

（2）实现与人脑神经元复杂度可比的超大人工神经网络；

（3）构建基于连续语义空间分布式表示的知识推理及自学习智能引擎。

“讯飞超脑”的预期成果是要打造世界上第一个中文认知智能计算引擎，具体包括：

（1）通过模拟人脑的知识表示实现联想和推理的功能；

（2）通过自动学习获取新的知识，实现不断地进化；

（3）通过自然交互（语音、文字），做到更加拟人化的应用。

5.3 机器阅卷应用

“讯飞超脑”自实施以来已经在多方面取得了标志性成果，其中在机器阅卷方面得到了实际的应用。科大讯飞基于人工智能实现的全学科阅卷技术，在中英文作文阅卷中评分的准确率已经超过了人类专家，实现了高质量、高频次的学习，考试大数据采集，并已经在广东、江苏、重庆等地的中高考英语口语考试中得到成功应用。过去，一篇高考英语作文会请两位专家来评分，现在只需要一位专家来评分，其他的由机器来评分。如果出现专家评分与机器评分差距过大的情况，再找第三方专家在完全中立的情况下评阅。结果显示，在几千份评测结果不一致的试卷中，第三方专家的评分接近机器的比例已达到85%，接近另外一位人工专家的仅占到15%，可以说机器评分的准确率已经超过了人工专家。从发展趋势来看，机器阅卷将会逐步替代人工阅卷，进而大大提升了阅卷的效率。

图3-7为机器阅卷的流程。

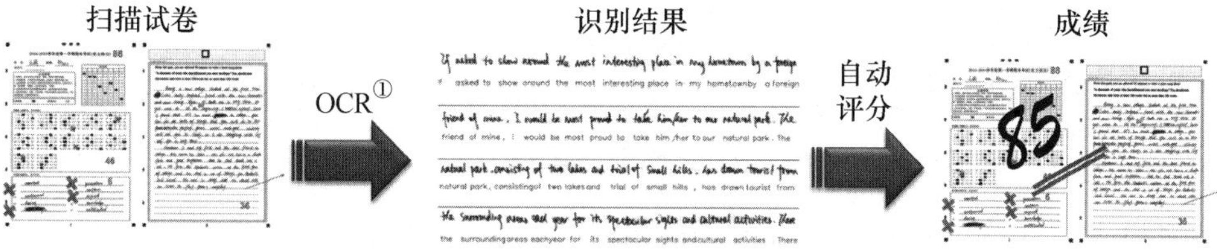

图3-7 机器阅卷的流程

目前，纸质试卷上手写中、英文文字的扫描识别率业界平均水平为70%，科大讯飞是全球唯一超过95%实用门槛的服务商，数据采集技术的突破使得全学科智能批改和自动分析成为可能。

6 大数据精准营销

利用大数据资源实现精准营销，是发挥数据价值的重要选择。科大讯飞凭借自身独一无二的大数据来源，并结合自身的处理技术，为大数据精准营销提供了可靠的支持。

6.1 实现方式

科大讯飞的人工智能开放平台向各类有需求的合作伙伴开放人工智能能力，同时通过合作伙伴得到相应的用户行为数据，从而不断地拓展数据的容量和覆盖面。科

① OCR的英文全称是Optical Character Recognition，即光学字符识别。

大讯飞已拥有超过20万家的合作伙伴，领域从手机输入法、手机语音助手到导航App里明星的语音，还有购物App里的语音搜索，基本已经构建起一个人工智能和语音服务的生态圈。以平台上的大数据为基础进行有针对性的用户画像后，科大讯飞开展了多种形式的大数据精准营销，其核心价值在于对用户的分析、挖掘以及引导而实现导流，最终实现的结果是用户对广告的点击，这已是一条比较成熟的数据变现路径。在广告形式上，科大讯飞已作了比较多的创新探索，不仅为内部的讯飞广告平台提供服务，而且也为有精准营销需求的第三方提供数据交换和查询服务。

科大讯飞有一部分精准营销的工作内容是围绕推荐付费内容展开的，包括推荐付费音乐、铃声、阅读和一些视频内容等，主要是根据个性化推荐算法，把不同的付费内容匹配给不同的用户，再进行一些商业化的运作，既能有效地满足用户的业务需求，又能为平台带来实际的营收。

6.2 应用实例

科大讯飞的大数据精准营销已在金融、游戏、教育等行业得到了应用，图3-8为科大讯飞大数据精准营销在金融业中的实际应用案例。

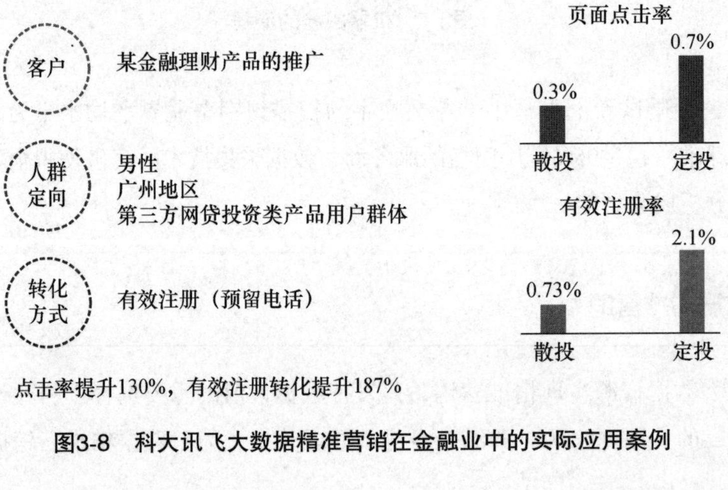

图3-8　科大讯飞大数据精准营销在金融业中的实际应用案例

如图3-8所示，某金融机构希望利用科大讯飞的大数据进行某金融理财产品的推广，通过科大讯飞的大数据最终将人群定向为在广州地区使用第三方网贷投资类产品的男性用户，要求这些潜在用户通过预留电话的方式完成实际注册。与从前没有通过大数据进行精准营销的散投相比，依托大数据的定投，页面点击率从过去的0.3%上升到0.7%，提升130%；有效注册率从从前散投的0.73%上升到实现定投

2.1%，提升187%，取得了很显著的应用成效。

7 教育大数据

教育是科大讯飞重点布局的行业，经过多年的耕耘，已经构建起从考试到评价、课堂教学、资源平台、云端以及面向个人学习的完整体系，无论是核心技术，还是市场渠道和产品体系，都在国内赢得了领先的发展优势。

7.1 发展体系

为了更好地助力我国教育事业的发展，科大讯飞已与北京师范大学等单位联合共建"中国基础教育质量监测协同创新中心"、与教育部考试中心共建联合实验室等国家级教育大数据项目，共同推进"因材施教"目标的实现。在大量的教学实践中，通常教师了解学生学习情况的方式是上课提问或者看作业错题和考试成绩。如果用机器来完成这一步，就需要让机器也能够能看会写、能听会说。科大讯飞采用的做法是采用高速扫描仪，把学生的日常作业、随堂检测、考试答题卡等全部扫描进去，把题目和答案转化成一个个对知识薄弱点的判断数据，再把这些数据集合起来形成教育大数据，有针对性地向学生推荐相应的课程和题目，为教育主管部门、教师、学生和家长提供全新的教育管理与服务模式。图3-9为科大讯飞教育大数据发展体系。

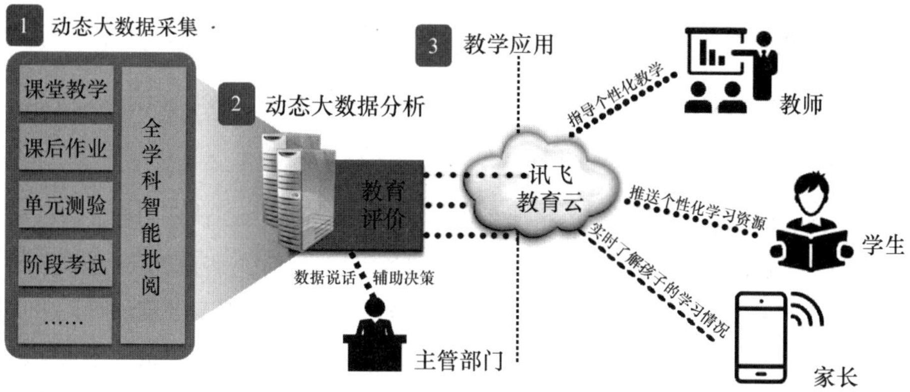

图3-9 科大讯飞教育大数据发展体系

如图3-9所示，科大讯飞教育大数据旨在通过教学过程动态大数据采集与汇聚来实现动态大数据的自动分析与评价，能真正实现基于大数据的个性化教学。

7.2 数据采集

毫无疑问，数据采集是教育大数据发展的重点和难点所在。科大讯飞采用了高速扫描手写作业和试卷的解决方案，对日常作业、随堂检测、假期作业、校园考试和区域联考等学生的手写数据进行了伴随式的采集，做到全方位的收集、全过程的处理、全天候的使用。图3-10为科大讯飞教育大数据伴随式采集模式。

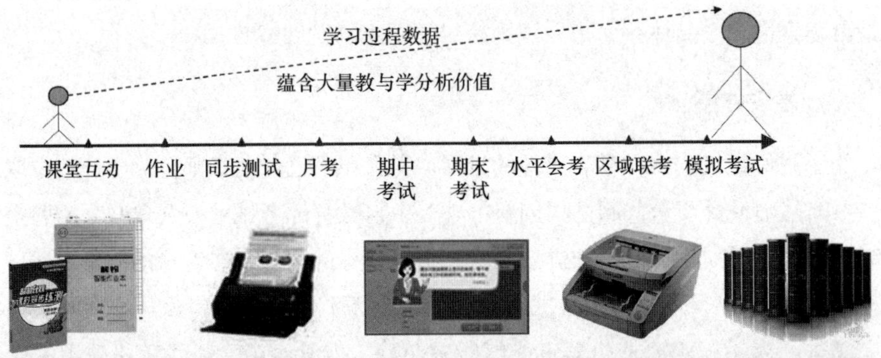

日常作业	随堂检测	假期作业	校园考试	区域联考
教辅作业	答题卡 卡卷合一	线上录播 线上直播	答题卡	答题卡

图3-10　科大讯飞教育大数据伴随式采集模式

7.3 服务项目

科大讯飞提供的教育大数据服务主要包括语音测评和课堂教学系统两大类型。

7.3.1 语音测评

科大讯飞的普通话/英语口语测评系统是唯一获得国家语委认证的产品。国家普通话水平考试智能测试系统也已应用到了全国各省、自治区、直辖市，累积参与测试的考生达上千万人。与此同时，科大讯飞积极把握“未来中高考英语听说考试必将是智能机测”的趋势，大力开发相关的技术和产品，并率先在广东、北京、江苏等10多个省、自治区、直辖市的中高考英语听说考试中应用，取得了良好成效。

7.3.2 课堂教学系统

课堂教学系统的主要产品包括：

（1）在线课堂：即依托宽带网络，由城区学校或中心校的优秀教师主讲，将音乐、美术等课程实时传输到农村教学点，并与教学点的教师一起在线辅导学生共同学习的一种新型课堂教学模式。

（2）畅言交互式多媒体教学系统：即基于多媒体环境下开发的一种教学软件，可以实现与所有的电子白板等班班通设备的有效兼容，同时具备互动式教学、个性化备课、全过程设备监管等一系列功能，并支持全学科数字化教学。

（3）畅言智能语音教具系统：即根据教育改革和推行新素质教育的要求，针对中小学英语、语文的教学需求，利用智能口语评测技术开发的一种新型智能教学工具。

7.4 推进计划

在教育大数据领域，科大讯飞首先要抢占考试制高点，然后再向学校模拟和学生家庭学习推进。为此，科大讯飞计划分成三个阶段来推进：第一个阶段，将已经通过教育部、广东省科技成果鉴定的“智能口语评测技术”在全国范围内更好地推广；第二个阶段，将在占领考试制高点的基础上推广学校模考测试系统；第三个阶段，推进学生家庭学习与模拟测试，这些都需要一个依次推进的过程。

科大讯飞希望利用教育大数据去辅助教师进行教学，同时进一步获得大量的学习教育数据，从而为“讯飞超脑”提供有针对性的大数据，增强其人工智能的实力。在技术不断成熟的将来，人工智能和大数据的结合会根据每位学生的实时学习进度状态制订最适合的计划，这将在很大程度上帮助教师完成最优的教学方案，甚至可能部分取代教师，最终实现对教育行业的颠覆与重塑。

8 智学网

为了更好地应用人工智能、大数据、云计算等技术破解“因材施教”的难题，科大讯飞从自身的优势出发，建设并运营了“智学网”项目，经过数年的探索，已取得了较为显著的成效。目前，“智学网”已经在全国30个省份上万所学校使用，在基于学习大数据的个性化学习和专业化教学辅助方面起到了十分明显的效果。

8.1 建设思想

在传统条件下，提升教学水平存在着诸多现实困难，因为教育管理者无法量化评估教学质量，教师无法实时了解学生的阶段性学情，学生面对错题做不到举一反三，而大多数学生家长只关注分数，各方都为之感到困扰。这些问题的存在基本都是由于过程性数据缺失造成的，必须从补足“数据”短板找到突破口。针对这一痛点，科大讯飞希望通过大数据等技术的深度应用对随堂练习、作业、考试等过程化学业数据的采集与分析，深度挖掘数据价值，帮助教育管理者实现高效管理，帮助教师实现以学定教、精准教学，帮助学生实现个性化学习，并实现家校互通，帮助家长实时了解学生的学情，并科学地进行辅导。以此为出发点，科大讯飞建设并运营了“智学网”这一项目。

8.2　个性化学习应用

智学网通过对教学全场景的数据采集与分析，实现学情诊断分析与个性化服务，可以告诉学生错在哪里、错误原因及学习建议，包括学生进（退）步分析、偏科分析、丢分题分析、知识点掌握分析，以及专家的学习建议等。在精准了解学生薄弱点的学情基础上，通过创设讲、练、测闭环，为学生提供个性化学习服务；基于错题为学生推荐举一反三的练习，可以帮助学生摆脱题海战术，减轻学业负担。与此同时，智学网秉承“基于大数据的发展性评价及教与学分析”的理念，以考试为切入点，可以在线辅助教师完成出卷、阅卷、统分，将教师从烦琐重复的阅卷工作中解放出来。同时，机器阅卷过程的全数字化实现了对学生答题数据的收集，通过对数据的分析生成了面对学校、班级、学生不同版本的专业化评测报告，以便教师进行有针对性的教学，进而促进学生实现个性化的学习，极大提升了学习效率。

图3-11为智学网个性化学习流程。

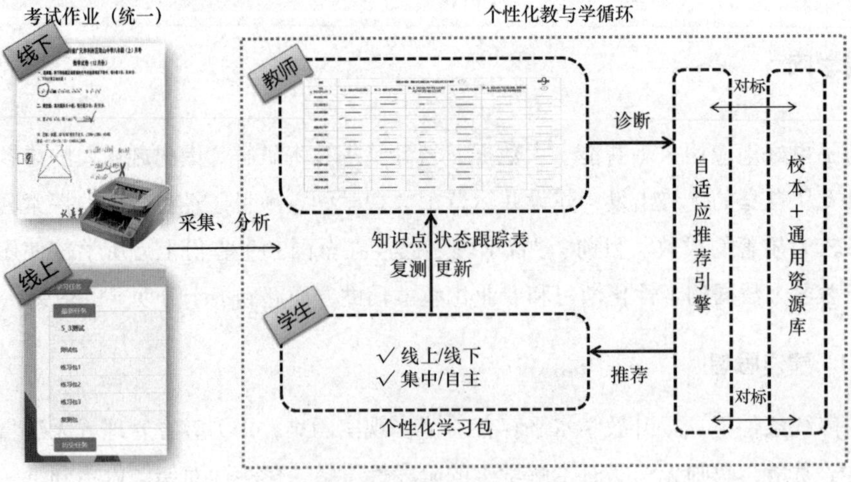

图3-11　智学网个性化学习流程

如图3-11所示，智学网提供了线上、线下融合的数据采集和分析渠道，形成了一个由复测更新、诊断、对标、推荐等环节组成的“个性化教与学循环”，做到有的放矢、对症下药，在一轮又一轮的循环中使教学质量得以全面提升。

8.3 主要优势

依托科大讯飞强大的技术实力和数据资源，智学网在服务教育方面显现出以下五个方面的优势：

一是数据采集的宽度。智学网已经实现了日常作业、随堂测验等全场景数据采集的全方位覆盖，数据采集的范围极其广泛。

二是人工智能的高度。智学网融入了“讯飞超脑”的核心成果，实现了中英文作文自动评分及批改，既大大减轻了教师的工作量，又显著提升了阅卷效率。

三是评价分析的深度。智学网面向各级主管部门、校长、教师、学生、家长提供了10多个模块、近百项指标的综合性发展性评价报告，构建了以学习者为核心的评价体系。

四是资源生态的广度。智学网通过与乐乐课堂、菁优网、优学习、《英语周报》、曲一线、金星等全国优质资源厂商的长期合作，为智学网的用户提供了超过500万道的试题资源，万余节与知识点题型相对应的全学科精品微课资源。

五是自主学习的厚度。因材施教的过程一方面是提升教学的精准性，另一方面是创设自主学习场景，科大讯飞开发的自适应推荐引擎能在这两个方面发挥独特作用。

9 智慧城市

大力推进智慧城市是把握新一代信息技术发展机遇，促进城市转型升级，推动信息化与城镇化、工业化、农业现代化同步发展和深度融合的重要举措。大数据是智慧城市建设的“血液”，对智慧城市的建设意义重大。科大讯飞充分发挥自身的优势，利用大数据和人工智能等技术助力智慧城市建设，取得了很好的成效。

9.1 大数据平台建设

长期以来，政府各个部门在信息系统建设方面各自为战、彼此独立的情况一直存在，造成了大量的信息孤岛，极大地妨碍了智慧城市的建设。为了改变这一局面，科大讯飞积极与相关城市合作，共同推进一体化的智慧城市大数据平台建设。图3-12为科大讯飞提供的合肥智慧城市大数据平台架构图。

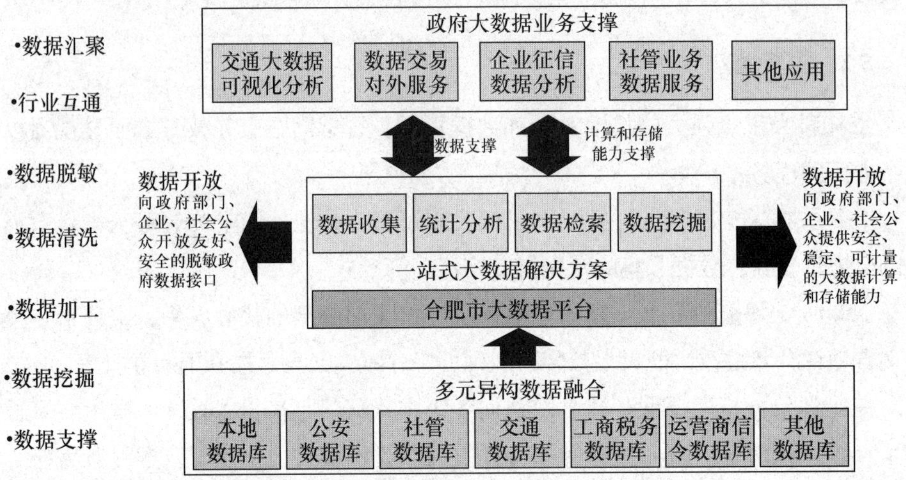

图3-12　合肥智慧城市大数据平台架构图

如图3-12所示，通过大数据技术将本地数据库、公安数据库、社管数据库、交通数据库、工商税务数据库、运营商信令数据库以及其他数据库实现多源异构数据的融合，进入合肥市大数据平台后进行数据收集、统计分析、数据检索和数据挖掘，实现了数据开放和能力开放，以满足交通大数据可视化分析、数据交易对外服务、企业征信数据分析、社管业务数据服务和其他应用。此外，该平台还可以提供数据汇聚、行业互通、数据脱敏、数据清洗、数据加工、数据挖掘和数据支撑等公共服务。

9.2　智慧交通应用

智慧交通是智慧城市建设的重点内容，也是城市发展的重大民生工程。科大讯飞与安徽省内的通信运营商合作，共同搭建智慧交通大数据平台，实现了运营商数据和科大讯飞自有数据的充分融合，在不需要任何在线的浮动车和任何的电子监控探头的情况下就可以得到实时的交通情况。智慧交通系统通过对每位手机用户进行匿名化的移动轨迹分析，可以查看一个区域或一个路口的实时流量以及移动方向，判断以什么样的速度移动，可能会在什么时间、什么地方造成什么样的拥堵等。有了交通大数据的实时分析系统后，交警部门可以提前20～40分钟在即将发生拥堵的路段及时进行警力部署，同时进行必要的交通分流，从而避免了拥堵以及公共安全事故的发生。

图3-13为安徽省芜湖市智慧交通大数据平台的区域流量分析。

图3-13　安徽省芜湖市智慧交通大数据平台的区域流量分析

如图3-13所示，这一平台具有三大特点：一是覆盖了全市30%的人口，每天可记录1.2亿条时空日志、500万条的用户移动轨迹，能获得海量的用户时空数据；二是打通交警、公安、出租数据，汇集运营商数据和科大讯飞的自有数据，实现位置数据的实时上报；三是具备100GB/小时的计算能力、每5分钟更新全市数据、支持1～3年的历史数据回溯，便于进行历史比较。

9.3　市场监管应用

利用大数据手段来提升市场监管的能力和水平是智慧城市建设的重要内容。通过大数据技术的应用，打通原来分散在公安局、税务局、工商局的各种企业数据，实现数据的全面融合和共享，并在此基础上对每个企业进行画像：企业的标签体系、信用评级、风险等级、企业关系图谱以及企业评估报告的展现，对企业在政务监管、金融机构的风险评估等层面均能提供能力支撑。对企业进行画像的过程，就是在对企业整体的标签化分析的基础上对于企业重点的奖惩信用方面的分析，以作出相应的数据化评判结果，这个结果最后可以用在整个政府的监管环节之中，不仅可以做到实时的监督，而且还可以用于联合执法、惩戒管理，这样既可以使得市场环境变得更加优良，又可以让企业得到更加高效的政府服务，同时还可以为人民群众带来更多可靠的保障。图3-14为科大讯飞市场监管大数据应用系统。

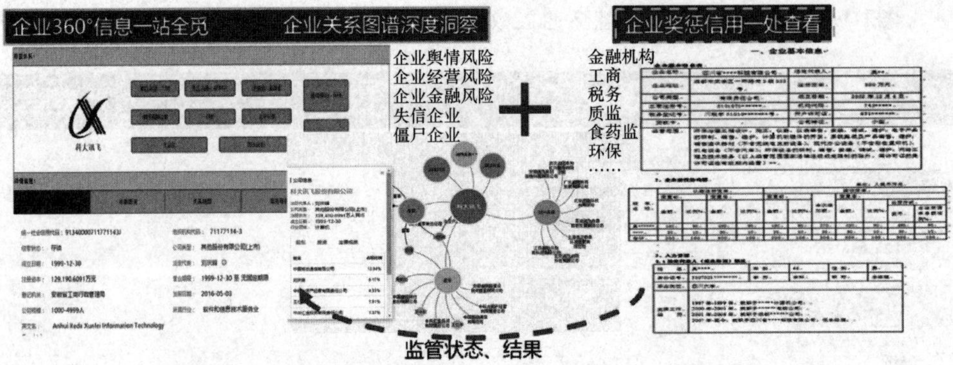

图3-14　科大讯飞市场监管大数据应用系统

10 案例评析

科大讯飞作为我国智能语音和人工智能产业的领跑者，从1999年成立至今，走过了一条不平凡的发展道路，在语音合成、语音识别、输入法、自动语音翻译、智慧教育、智能家居和机器人等方面取得了众多丰硕的成果，积累了大量宝贵的发展经验，值得其他的企业学习和借鉴。

第一，将发展和应用大数据作为企业发展的重要战略。科大讯飞是典型的人工智能公司，在人工智能技术研发方面有着自身独特的优势，但科大讯飞清醒地认识到企业所具有的人工智能方面的技术优势只有跟大数据和云计算技术高度融合实现“在云端用人工智能方式处理大数据”后，才能真正地体现出整体优势。因此，科大讯飞将人工智能、大数据和云计算三者之间构成了相互促进、紧密联系的“铁三角”关系，使自身的竞争力得到不断地稳固和提升。

第二，将推进大数据与行业的深度融合作为重点任务予以推进。行业应用是大数据的出发点和落脚点，科大讯飞在智能语音等方面有着显著的技术和数据资源优势，这方面的优势与营销、教育、智慧城市等行业紧密结合，就能有效地助推相关行业转型升级，在帮助行业用户成功的基础上取得自身的成功。

第三，将源头技术创新作为企业生命力旺盛的源泉。科大讯飞从成立伊始一直走的是自主创新的发展道路，通过长期锲而不舍的人工智能技术的源头创新，结合大数据、云计算技术的深度应用，不断地培育出新的产品和提供新的服务，并同时快速实现了产业化的应用，一步一个脚印，逐步夯实了自身的发展根基。

第四，将与合作伙伴共建产业生态作为长期目标。科大讯飞作为一家以人工智能技术、大数据资源、云计算服务见长的高技术公司，如何在突显自身优势的基础上与合作伙伴共同建设产业生态体系，是其追求的长期目标，并在多年的探索中已经形成了良好的基础，未来必将全方位、多角度、深层次地予以推进。

科大讯飞作为我国智能语音产业的“领头羊”，扮演着“中文语音产业国家队”的角色，需要在新的发展形势下抢抓机遇、大胆创新、锐意进取，努力创造更加辉煌的明天。

案例 参考资料

［1］丁鹏. 用人工智能+大数据实现因材施教［EB/OL］.［2016-12-16］. http://finance.eastday.com/eastday/finance1/Business/node3/u1ai52752.html.

［2］李勤. 科大讯飞在拿大数据做什么生意［EB/OL］.［2016-12-08］. https://www.leiphone.com/news/201612/oWDCHEov10Tps7W3.html.

［3］鲁志娟. 步入“能听会说”的智能世界——访科大讯飞联合创始人、研究院副院长王智国［EB/OL］.［2016-07-22］. http://geek.csdn.net/news/detail/90516.

［4］孙利兵. 大数据开放平台搭建，难点何在?［EB/OL］.［2016-04-26］. http://www.infoq.com/cn/articles/build-big-data-open-platform/.

［5］谭昶. 讯飞大数据的实践与思考［EB/OL］.［2017-01-09］. http://www.cbdio.com/BigData/ 2017-01/09/content_5426753.htm.

［6］翟继茹. 科大讯飞谭昶：除了人工智能大数据也有商业落地［EB/OL］.［2016-12-09］. http://www.donews.com/net/201612/2944352.shtm.

案例04

Airbnb大数据应用案例

为不同类型的客户提供短期住宿租赁服务有着十分强劲的市场需求，大数据在这一业务领域中有着无可替代的作用和地位。世界领先的美国短期住宿租赁服务提供商Airbnb公司自2008年正式运营以来，取得了快速的发展，尤其是在大数据技术的应用和大数据资源的开发方面积累了十分丰富的经验。Airbnb公司的数据科学总监赖利·纽曼曾将海量的数据比喻为Airbnb公司的“生命之血”（Lifeblood），足以看出大数据在Airbnb公司的快速崛起过程中所发挥的突出作用。Airbnb公司利用大数据的理念、技术和手段为全球范围内的房主和旅行者搭建起了高标准短租服务平台，成长为这一行业的翘楚，相关的经验为行业内外大数据的发展与应用提供了不可多得的示范。

1 案例背景

“Airbnb”是“Air Bed and Breakfast”（中文含义为“空中食宿”）的缩写（Air-b-n-b），中文名为“爱彼迎”，是一家专注于短期住宿租赁服务的平台。Airbnb公司成立于2008年8月，总部设在美国加州旧金山市，由布莱恩·切斯基、内森·布莱卡斯亚克和乔·杰比亚三人共同创立。布莱恩·切斯基担任首席执行官，内森·布莱卡斯亚克担任首席技术官，乔·杰比亚担任首席产品官。

Airbnb公司的经营概念萌芽于2007年年底，当时毕业于美国著名的设计学院——罗德岛设计学院的布莱恩·切斯基辞掉洛杉矶的工作，驱车来到旧金山，和同一大学毕业的乔·杰比亚租屋同住，想在当地找工作谋生。不过，两人很快就发现，在这个新城市生活，连付房租都很困难。他们在旧金山的第一个周末适逢设计师协会举办盛大的活动，使得在当地的住宿显得十分紧张。“能不能提供床位给来参会的设计师”——这一突如其来的灵感促使他们找了3张气垫床出租，另加提供早餐服务。消息在网上发布后竟然很快就招徕了3名顾客，他们从这三位顾客的身上赚到了1000美元，顺利补贴了房租。布莱恩·切斯基和乔·杰比亚由此发现商机所在，于是开始了创业历程。2008年2月，毕业于哈佛大学且具有多年技术架构师工作经历的内森·布莱卡斯亚克加盟成为第三位联合创始人，构成了“三足鼎立”的创业团队。图4-1为创始团队的合影——左为首席执行官布莱恩·切斯基，中为首席技术官内森·布莱卡斯亚克，右为首席产品官乔·杰比亚。

图4-1　创始团队的合影

2008年8月11日，Airbnb公司的官方网站“Airbedandbreakfast.com”正式上线。网站发布之后很快得到了市场的认可，尤其是价廉物美的燕麦早餐为企业的发展赢得了3万美元的“第一桶金”。到2009年，Airbnb公司的用户增长一度陷入了停滞，公司高层分析原因后意识到，房客更喜欢漂亮的房屋和整洁的居家环境，简陋的“气垫床+早餐”已不足以为Airbnb公司吸引更多的用户。于是，他们雇佣了摄影师拍摄了大量精美的照片，并挂到Airbnb平台上，用专业的构图和美学的视角帮助房主更好地呈现家庭的内部环境。图4-2为Airbnb公司的房源照片实例。

与此同时，就在同一年，Airbnb公司将网站的名称从原来的“Airbedandbreakfast.com”简化为“Airbnb.com”，而且房源也从原来的气垫床和共享空间扩展为多种

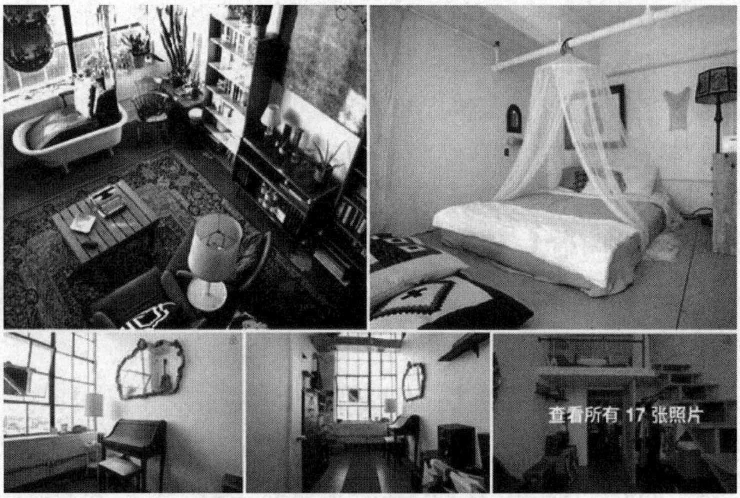

图4-2 Airbnb公司的房源照片实例

类型居住空间，包括整个家和公寓、私人房间、城堡、船、庄园、树屋、冰屋、帐篷，甚至私人岛屿等，无论是房源的数量和质量，还是在网站展现内容的丰富程度，都达到了新的高度。

2010年，Airbnb公司的规模不断扩大，并募集到了A轮融资720万美元，由此走上了快速扩张的道路。2011年在获得新一轮融资之后，Airbnb公司收购了德国竞争对手Accoleo，并在德国汉堡设立了第一个国际办公室，随后又在伦敦、巴黎、米兰、巴塞罗那、哥本哈根、莫斯科和圣保罗等国际大都市设立了国际分支机构。2011年，Airbnb公司的服务令人难以置信地增长了800%，取得了历史性的重大突破。

2014年4月，Airbnb公司获得了来自德太投资4.5亿美元的注资，公司的估值约为100亿美元。2015年2月28日，Airbnb公司又进行新一轮融资，估值达到200亿美元。2016年11月17日，Airbnb公司发布了新的平台——Airbnb出行（Airbnb Trips）。

2017年1月27日，Airbnb公司宣布首次盈利，公司营业额比2016年增长超过80%。2017年3月10日，Airbnb公司向美国证券交易委员会递交的文件显示，在Airbnb公司发售的价值10亿美元的股份中，中国投资有限责任公司认购了约10%。

目前，Airbnb公司在全球近200个国家和地区、6.5万个城市为超过1.6亿房客提供了300万间的客房和1400个城堡的租赁服务，成为全球最大的短期住宿租赁服务提供商。

Airbnb公司拥有世界一流的客户服务和日益增长的用户社区，为世界各国有空余房源的房主提供了一个最简单有效的途径，让他们可以利用闲置的空间赚钱，并将这些展示给数以千万计的受众。为了帮助房主和房客之间更好地建立信任，在中国市场，Airbnb公司为每位房主提供了500万元人民币的房主保障金和保额达100万美元的保障险，所有的房主和房客均可以通过证件审核、芝麻信用进行实名验证。为了自己增加信任值，每位房客都享有第三方责任险提供的入住安全保障，从而大大提升了保障力度。

2 发展概述

Airbnb公司不同于传统的酒店运作模式，它不拥有任何房产，但正成为世界最大的短期住宿租赁服务提供商，其发展模式独树一帜，发展态势非同一般。

2.1 商业模式

Airbnb公司是一家Peer-to-Peer（个人对个人直接进行业务运作）的短期住宿租赁服务提供商，利用大数据平台汇集了需要短期住宿的房客和愿意出租房屋的房主，而Airbnb公司则作为中介为了促成双方的交易提供一系列配套的服务。

Airbnb公司允许各方根据自己的喜好找到彼此，自身则专注于提供高标准的客户服务，包括处理付款、通过识别验证过程增加安全性以及为房主提供保险等。Airbnb公司是“分享经济”的一个十分典型的例子：它虽不拥有任何房源，但依赖于拥有闲置资源并且利用不足的人。与传统的酒店不同，Airbnb公司不需要通过获得库存客房来获得扩张，而是通过扩大房主和房客的社区并促进相互匹配以获得自身发展。

2.2 发展定位

Airbnb公司的发展定位是与传统的酒店错位竞争，让房客从房主个人而不是酒店手中租住房源，并以比酒店更低的价格获得更为本地化的服务；对房主而言，将空置的房屋交予Airbnb公司进行出租，在获得额外收益的同时还能得到专业、体贴的服务，更能省却自找租客的烦恼。由于为全球具有短期住宿租赁需求的房主和房客提供了全方位、专业化、广覆盖的短期住宿租赁服务，Airbnb公司被《时代周刊》称为“住房中的eBay”。可以说，Airbnb公司重塑了整个酒店行业，让房客可以从个人的手中租住一处房源，而不仅仅是从一家酒店中租住。

2.3 品牌形象

经过数年的快速发展后，Airbnb公司对其品牌形象进行了重新塑造，图4-3为其新的中英文品牌形象。

图4-3 Airbnb公司新的中英文品牌形象

如图4-3所示，Airbnb公司品牌形象的英文部分包括以下四层含义：

（1）图形像是一个字母A，代表了Airbnb公司；

（2）图形像是一个人张开了双手，代表了人；

（3）图形像是一个标记地理位置的符号，代表了地点；

（4）图形像是一个倒过来的爱心，代表了爱。

中文“爱彼迎”所包含的“让爱彼此相迎”的寓意，体现了Airbnb公司汇聚全球千万邻里社区、重新定义旅行方式的意志和决心。

2.4 品牌主题

如何提炼“Airbnb”的品牌主题，这一问题曾在企业内外经历了一年多的反复讨论，最终Airbnb公司选定“家在四方”（Belong Anywhere）为品牌主题——无论你去到世界上的任何一个地方，都像是回家一样。

“家在四方”包括两层含义：一是对Airbnb平台上的房主来说，他们能感受到自己不仅是一个独立的个体，而且还是全球社区的一部分；二是对使用Airbnb平台的房客来说，这意味着随时随地都有人欢迎他们入住，无论他们去哪里都不会感到孤独和无助。

有了这个品牌主题之后，房主和房客都可以用它来向外界展示自己是Airbnb社区的一员，以此来显示自己所崇尚的一种生活方式。因此，这个品牌主题也是把所有的Airbnb用户连接起来的一个形象，让用户看到这个符号就能产生共鸣。

3 大数据平台架构

Airbnb公司拥有世界一流的客户服务和日益增长的用户社区，随着业务日益复杂，大数据平台的开发和建设成为其运营的重要支撑。经过深入的分析和研究之后，Airbnb公司确立了自身的大数据平台架构。

3.1 开发思想

Airbnb公司本质上是一家数据驱动的短期住宿租赁服务提供商，对大数据的需求和应用随着企业的扩张而快速提升。Airbnb公司提倡数据的全面融合和综合利用，凡事必须以数据说话。经过多个版本的迭代之后，Airbnb大数据架构栈基本达到了稳定、可靠和可扩展的要求，支撑了业务的快速增长。

Airbnb大数据平台的开发体现了以下五个方面的思想：

（1）关注开源社区：在开源社区有很多大数据架构方面优秀的资源，需要去充分利用这些已有的资源和成果。同样，当Airbnb公司开发了有用的项目也必须回馈给开源社区，这样会形成良性循环。

（2）采用标准组件和方法：有时候自己从头开始并不如使用已有的更好资源，当凭直觉去开发出一种“与众不同”的方法时，需要考虑维护和修复这些程序的隐性成本。

（3）确保大数据平台的可扩展性：企业的数据已不仅仅是随着业务线性增长，而是爆发性增长，必须确保大数据平台能满足这种业务的增长。

（4）倾听各方的反馈以解决不同的问题：虚心听取企业数据的使用者和外部用户的反馈意见是架构路线图中非常重要的一步，一定程度上决定着大数据平台的成败。

（5）预留必要资源：必须充分考虑到业务快速发展的需要，为未来一定时期的发展留下重组的资源容量。

3.2 大数据架构

Airbnb公司的数据源主要来自两个方面：一是数据埋点（“埋点”是针对特定用户行为或事件进行捕获、处理和发送的相关技术及其实施过程）发送事件日志到Kafka；二是MySQL数据库dumps存储在AWS的RDS，通过数据传输组件Sqoop传输到Hive金集群，包括用户行为以及纬度快照的数据发送到Hive金集群存储，并进行数据清洗和业务逻辑计算，聚合数据表，并进行数据校验。图4-4为Airbnb大数据平台架构。

如图4-4所示，Hive集群被区分为金集群和银集群，旨在将数据存储和数据处理进行分离，确保能在灾难时进行恢复。金集群和银集群的区别如下：金集群运行着核心的作业和服务，银集群提供一个作为产品的环境；金集群存储的是原始数据，然后复制金集群上的所有数据到银集群，在银集群上生成的数据不会再复制到金集群，银集群是所有数据的一个超集。

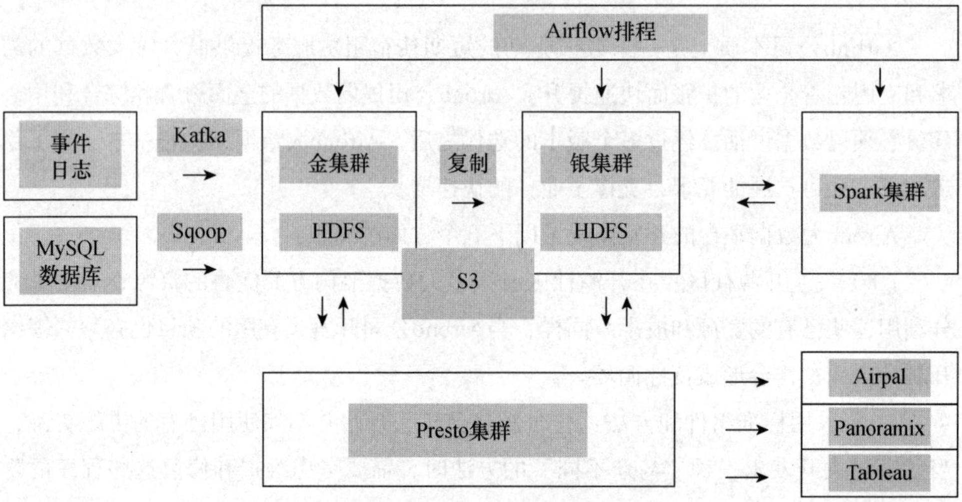

图4-4 Airbnb大数据架构

由于Airbnb大数据平台的大部分数据分析和报表都出自银集群，所以必须保证银集群能够无延迟的复制数据。与此同时，对于金集群上已存在的数据进行更新也必须实时同步到银集群。在HDFS（Hadoop Distributed File System，基于Hadoop的一种分布式文件系统）存储和Hive表的管理方面，Airbnb大数据平台也作了不少优化。Airbnb公司不提倡建立不同的数据系统，也不主张单独为数据源和终端用户报表维护单独的架构。Airbnb大数据平台采用Presto来查询Hive表，代替Oracle、Teradata、Vertica、Redshift等，下一步希望可以直接用Presto连接Tableau。

在架构图中的Airpal是Airbnb公司用户基于数据仓库的即席SQL查询接口，任务调度系统Airflow可以跨平台运行Hive、Presto、Spark、MySQL等Job，并提供调度和监控功能。Spark集群是工程师和数据分析师偏爱的工具，可以提供机器学习和流处理。S3作为一个独立的存储系统用于存储从HDFS上收回的部分数据，并更新Hive表指向S3文件，这样既可以减少存储的成本，又便于数据访问和优化元数据管理。

3.3 集群演化

Airbnb公司有两个独立的HDFS集群，存储的数据量达数十PB，S3上也存储了数个PB的数据。下面是该公司遇到的主要问题和解决方案：

3.3.1 基于Mesos运行Hadoop

基于Mesos的Hadoop集群遇到的问题包括：

（1）Job运行和产生的日志不可见；

（2）Hadoop集群的健康状态不可见；

（3）Mesos只支持MR1；

（4）Task Tracker连接导致性能问题；

（5）系统的高负载，并很难定位；

（6）不兼容基于Hadoop安全认证Kerberos。

解决方法：直接采用其他大公司的解决方案，结合自身的业务需求作一定的优化改进。

3.3.2 远程数据读写

Hadoop集群数据分成三个部分存储在AWS一个分区3个节点上，每个节点都在不同的机架上，导致一直在远程读写数据，从而会在数据移动或者远程复制的过程中出现丢失甚至直接崩溃的情形。

解决方法：使用本地存储，并运行在单个节点上，确保数据能快速读取，高效运行。

3.3.3 在同构机器上混布任务

整体的架构中存在两种完全不同的需求配置：Hive/Hadoop/HDFS是存储密集型，基本不耗内存和CPU；而Presto和Spark是耗内存和CPU型，对存储的需求不高。为了降低成本、提升效率，需要在同构机器上对任务进行混布。

解决方法：迁移到Mesos计算框架后，选择不同类型的机器运行不同的集群，这一改进的结果是给Airbnb公司节约了上亿美元。

3.3.4 HDFS的联合

早期Airbnb大数据平台采用数据存储共享，但在每个集群上逻辑是独立的，导致用户访问数据时需要在两个集群都查询一遍，这样不仅效率低，而且运行也很不稳定。

解决方法：迁移数据到各HDFS节点，上升到机器水平的隔离性，以更好地支持容灾。

3.3.5 繁重的系统监控

个性化系统架构都需要自己开发独立的监控和报警系统，导致开发和运行都费时、费力。Hadoop、Hive和HDFS都是复杂的系统，要开发相应的监控和报警系统，并能高效地运行，这是一项非常具有挑战性的工作。

解决方法：通过和大数据公司Cloudera签订协议获得了专家在架构和运维等方面的支持，Cloudera公司提供的Manager工具减少了监控和报警的业务量，大大提升了效率。

3.4 应用成效

Airbnb大数据平台的演化给企业节省了大量的成本，并且有效地优化了集群的性能，下面是一组应用成效的数据：

（1）磁盘读写数据的速度从70～150MB/s上升到400+MB/s；

（2）Hive任务提高了2倍的CPU时间；

（3）读吞吐量提高了3倍；

（4）写吞吐量提高了2倍；

（5）成本减少了70%。

Airbnb大数据平台从不断扩展的业务需求出发，经过不断的探索逐步成形，成为行业发展的领跑者。

4 自开发项目

Airbnb公司作为短期住宿租赁服务的领跑者，面对业务的快速增长，开发了一系列与大数据技术相关的应用项目，取得了多方面的成效。

4.1 Aerosolve

“Aerosolve”是为了帮助房主们更好地定价而开发的一套机器学习平台。这个平台不仅会自动将城市划分成无数个由“微街区”组成的小区域，并分析房主们拍摄的房间照片，而且还能模仿酒店和航空公司的定价模式形成一套动态定价策略。Airbnb公司发现，不少城市的一些区域可能有大量房客急需的房源，但它们并不一定与标准的街区边界相匹配，或者可能存在一些局部特征，依据它们将一个较大的传统街区分为一个个小的“微街区”显得很有必要。“微街区”主要依靠一个城市中房源的预订和价格的分布数据来描绘各种曲线而组成。图4-5为伦敦“微街区”分布。

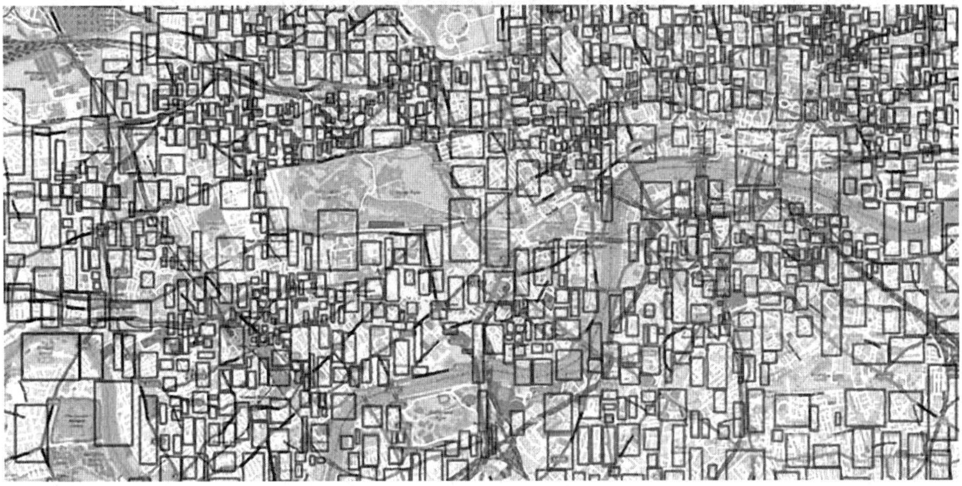

图4-5 伦敦“微街区”分布

传统的机器学习引擎更像一个黑箱，很难知道是哪个因素对最后的结果产生了最大的影响。比如，Airbnb大数据平台上的房主设定价格后，不仅需要告知房主这个价格是过高还是过低（模型判断结果），而且还希望能给出具体的原因，如位置太偏或者评价数不够多等。面对全球范围内的房主无时无刻不在提交的报价，依靠人工评价的手段几乎是无法想象的，“Aerosolve”分析工具的开发，可以为房主提出具有针对性的建议，让房主能报出最为合适的价格。

4.2 Airpal

为了让公司的非数据专业的员工更好地使用和处理大数据，Airbnb公司开发了一个开源的、名为“Airpal”的用户友好型的数据分析平台，这是一个建立在Facebook的Prestodb上的可视化分布式SQL查询引擎，能允许Airbnb公司的任何员工——而不是只有那些受过专业训练的员工获得和分析企业的数据信息，并且使用Airpal公司提供的工具对其进行质询。Airpal是图形界面，用户只要会SQL应用就可以使用，结果直接生成一个csv文件。很多非技术部门，比如财务部门的分析员需要做大数据分析的时候，可以通过Airpal进行直接的数据调用，这样非常方便。其他的一些非技术人士，比如产品工程师、营销管理人员等要查询相关的数据，均可以通过这一平台快速地得到相应的结果。图4-6为Google Play上的AirPay的应用。

图4-6 Google Play上的AirPay的应用

4.3 Airflow

大数据的基础在于数据流水线，为了更好地实现数据流水线的管理，Airbnb公司开发了Airflow系统。它是由Airbnb公司内部发起的，主要用于大数据的排序、监控和分析比较，能让数据的转换和加载变得更为高效、顺畅。

Airflow作为一个以编程方式编写的调度和监控的平台，可以运行在Hive、Presto、Spark和MySQL等数据管道，在逻辑上能跨集群共享Airflow，但物理作业必须运行在合适的集群机器上，才可以做到安全与效率的兼顾。

4.4 Price Tip

为了给一些无法为自己出租的房屋定价的房主尤其是新加盟的“新手”提供定价参考，Airbnb公司利用数亿笔数据以及机器学习，在Aerosolve项目实施的基础上推出了“Price Tip”服务，本着房屋的房型、地理位置、居住条件（房间和床位的数量、WiFi、热水浴缸等）、淡旺季趋势、房屋供需关系、距离入住的天数等，推算出合理的价格区间，只要每天的资料一有变动，参考报价就会随之改变，房主只要在月历表格中填入自己预期的价码，超出或低于参考价格都会弹出提示，让房主既能尽快租出房屋又能赚到更多的钱。

4.5 Caravel

为了让用户对数据进行可视化分析，Airbnb公司开源了数据探查与可视化平台“Caravel”（曾用名Panoramix）。该工具在可视化、易用性和交互性上非常有特色

（如图4-7所示）。

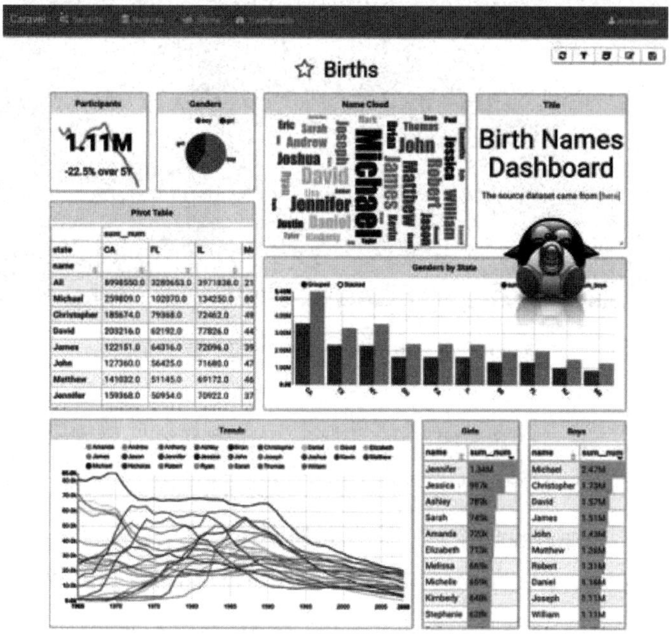

图4-7　Caravel的可视化界面

Caravel的核心功能包括以下五个方面：

（1）用户可以快速创建数据可视化互动仪表盘；

（2）提供丰富的可视化图表模板，并且灵活可扩展；

（3）细粒度高可扩展性的安全访问模型，支持主要的认证供应商；

（4）采用一个简洁的语义层，可以控制数据资源在用户界面的展现方式；

（5）与Druid（一个用于大数据实时查询和分析的高容错、高性能开源分布式系统）深度集成，可以快速解析大规模数据集。

4.6　交互地图

为了给全球的房客提供独特的本地化体验，给予他们一种归属感，Airbnb公司设计了一个全新的交互地图，这个交互地图实时展现了Airbnb公司在全球的活动，包括全球热点、房客入住变化以及新年夜举行的“One Less Stranger”活动等，成功地帮助成百上千万的陌生人变得不再陌生。访问者既可以点击交互地图查看相关活动的变化，也可以点击指定图标，观看当地社区是如何进行这一活动的（如图4-8所示）。

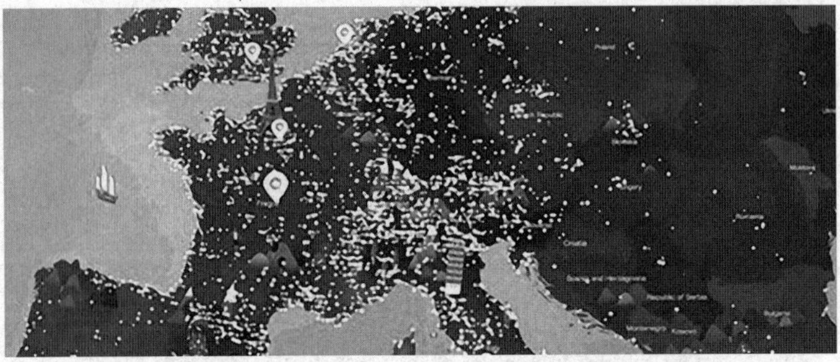

图4-8　Airbnb公司的交互地图（局部）

如图4-8所示，这一交互地图不仅展示了房客入住Airbnb房源的全球情况，而且也呈现了Airbnb公司其他有趣的活动。比如，在2014年新年夜的55万入住房客中，有9.1万人是第一次使用Airbnb，有2.2万名新增房主加入到全球超过100万房源的社区。人们以独特的方式在Airbnb的房源中庆祝，仅在曼哈顿的Airbnb房源中就有10个活动展开。有一些人选择了更独特的方式，与133个房客在阿姆斯特丹附近的小船上共度新年。这一交互地图创新性地将Airbnb大规模用户体验和这些自然的经历融合起来，彼此的连接使人与人之间的关系变得更加紧密而又富含温情。

5 业务管理

为全球各类房客提供全方位的房源匹配服务是Airbnb公司最基本的业务，匹配的房源既包括独立公寓、经济住宿、家庭度假屋等常规的住宿资源，同时还包括树屋、城堡、房车等特色房源，为房客提供了全方位的选择。

5.1 业务流程

Airbnb系统最基本的功能是为房主和房客之间提供闲置房源短期租赁的撮合服务，系统为房主和房客提供了不同的业务流程，图4-9为交易服务的业务流程。

如图4-9所示，Airbnb系统的交易流程清晰简捷，无论是房主还是房客都可以根据提示轻易地完成操作。为了让房客尽可能选到适合自己需要的房源，手机App等系统提供了包括房源类型和便利设施两个方面的筛选条件（如图4-10所示）。

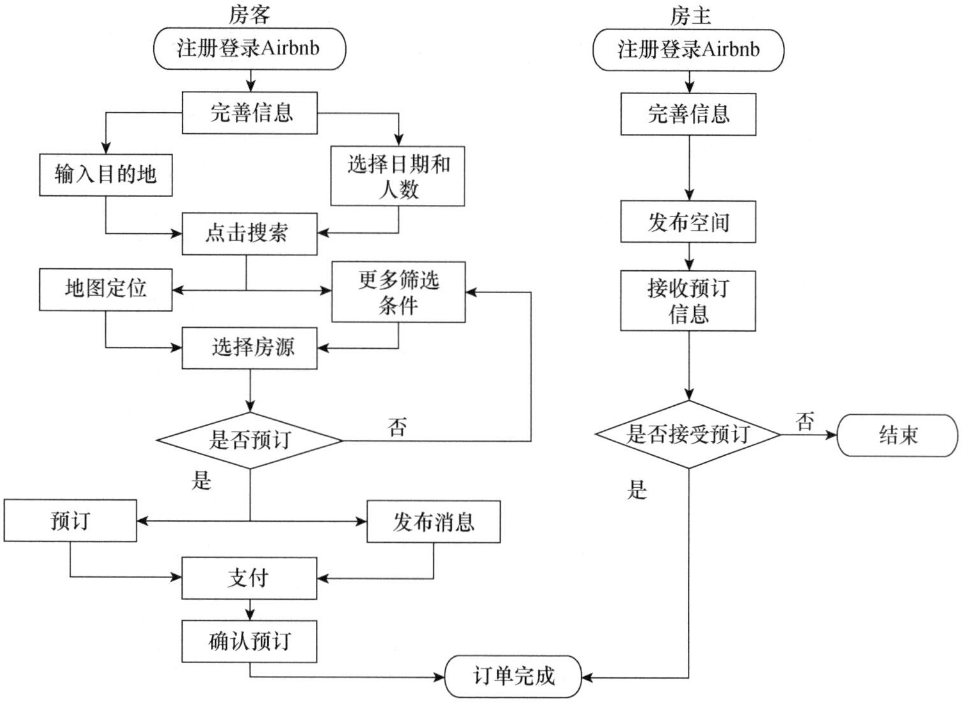

图4-9　交易服务的业务流程

5.2　信任建立

为了确保房主和房客之间能相互了解并建立信任，Airbnb公司建立了一个信息保障系统，该系统可以完整地记录房客是什么身份、从哪里来、计划住几天等，同时也为房客提供房主以及房源的基本情况，以便他们相互了解，从而更好地实现双向选择。图4-11为房主和房客的主页。

为了促进房主和房客之间进行深入细致的交流，Airbnb公司开发了专门的即时通信工具，以帮助双方更好更快地建立起信任。鉴于房主和房客之间的相互评价对房源成交起着重要的影响，Airbnb公司对评价系统进行了不断的优化。比如，为了防止房主和房客双方开展报复式“恶评”，评价系统只允许在双方都完成了评价之后才会同时显示出来，同时还规定只能在14天之内作出评价。为了让房主更好地改进房源和改善服务，评价系统允许房客给房主进行“私信”评价，而不向外部公开。为了让房客得到更好的利益保护和资金保障，Airbnb公司规定只有在房客入住24个小时之后才能将房客支付的款项转移给房主。

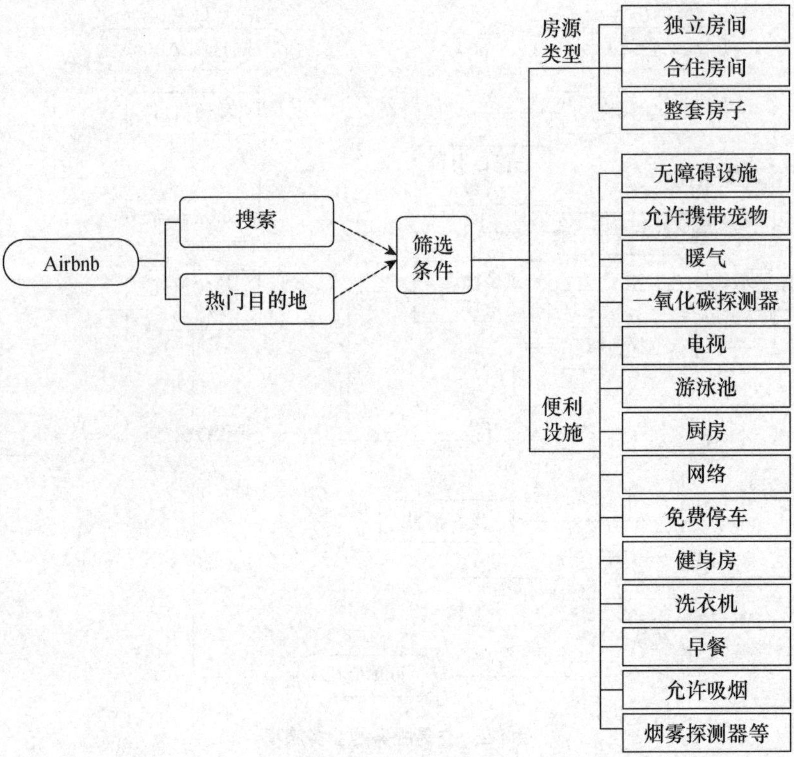

图4-10 房源筛选条件

图4-11 房主和房客的主页

5.3 图片管理

在早期，Airbnb公司的资料科学团队在分析哪些房源特别受欢迎、哪些又无人问津时发现，关键差异就是房主提供的影像质量。因此，他们聘请了一批摄影师免费为出租空间拍摄专业照片，随后一张一张精美的照片旋即让坐在计算机前面的房客恨不得马上出发，到那些城堡、树屋、蒙古包，或信奉极简美学的公寓里住上几个夜晚。图4-12为Airbnb公司提供的街区实景图，这样的图片对于一些向往异国风情的游客来说，无疑有着极大的吸引力。

图4-12 Airbnb公司提供的街区实景图

由于图片内容丰富，形式生动活泼，不仅吸引了大量的个人或家庭房客的关注，而且同时也吸引了商务团队和会议人士的注意力，使业务范围得到不断的扩展。

5.4 定价管理

尽管Airbnb大数据平台上所提供的各类房源均由房主定价，但怎样帮助房主合理定价以便能及时地找到房客并能获得更大的收益，是一个复杂的问题。Airbnb公司经过对大量成交房源的大数据分析，最终确定了三大类型的数据作为关键属性来设置价格：相似性、新旧程度和位置。当房主在网站上添加一个新房源的时候，系统软件即能提取房源的关键属性，查看在这个区域中有相同或相似属性的，且被成功预订的房源，同时考虑到需求要素和季节性特征，提供一个居中的价格提示。对于相似性数据，一开始查看所有已知的可量化的房源属性，然后看哪些房源与房客计划支付的价格最接近。之后看房间里可以住多少个人，是一个大的集体宿舍还是小的私人房间，以及住房的类型（公寓、城堡、蒙古包等）和评论数量等。不可忽视的一点是，过去租住过的房客的评论数量和内容对其他房客的选择有很大影响，事实证明，人们更愿意为有很多评论的房源进行支付。与没有任何评论相比，即使只有一条评论也会导致房源有一个巨大的价格差异。对于新旧程度，系统往往根据房主提供的照片做出判断。

Airbnb公司自行开发的系统在计算价格提示时是以数百个具体指标为依据的，如是否包含早餐、房间是否有一个私人浴室等，通过将价格提示与结果进行比较，对系统进行自我训练。考虑房源能否以一个最为合理的价格被预订，将帮助系统调整其价格提示以及评估一个价格被接受的概率。当然，房主可以选择比价格提示更高或者更低的价格，然后系统也会对估计概率做相应的调整。系统之后会检查房源在市场上的预订反馈情况，并使用这些信息来调整未来的提示。

6 推进措施

大数据是Airbnb公司业务运营的命脉，自成立开始该公司就一直把大数据技术的应用和大数据资源的开发作为业务运营的重大支撑。总体而言，Airbnb公司在推进大数据的发展与应用方面主要采取了以下有力措施：

6.1 数据先行，夯实基础

在公司成立的初期，大数据的概念几乎还没出现，相关的狂热更是无从谈起，人们仅仅认为数据会带来一定的竞争优势。在当时，绝大多数企业都是在业务相对成熟以后建立起自己的大数据团队，开始相关的数据业务。而Airbnb公司的创始人非常具有前瞻性，着力邀请业内著名的数据科学家赖利·纽曼加盟，迫不及待地着手筹建自己的大数据团队，并通过数据驱动不断优化和迭代产品，全面夯实了业务发展的基础。赖利·纽曼深深地被Airbnb公司的文化和愿景所吸引，在公司运营数据少得可怜的情况下决定加入。大数据团队一开始只有7个人，但由于数据架构效率高、运行稳定，能做到数据的实时处理，取得了全公司相关业务部门的高度认可，为后来大数据业务的快速发展和壮大创造了良好的条件。随着公司规模的扩大，Airbnb公司的大数据团队也得到了进一步的扩大，图4-13为Airbnb公司新的大数据团队合影。

图4-13 Airbnb公司新的大数据团队合影

为了建立以数据科学为中心支撑公司不同部门业务的商业模式，Airbnb公司明确了三个方面的发展思路：

（1）针对不同部门的业务特点建立不同部门的数据科学；

（2）将数据科学应用到商业决策；

（3）将数据科学规模化以便支持Airbnb公司业务的方方面面。

6.2 将数据视作客户的心声

在一般的企业里，数据并不受重视，往往被认为是用来衡量问题的工具，只用来根据需求呈现统计数据结果而已。比如，数据科学家仅仅用数据来回答诸如“我们在巴黎有多少房源”“意大利最受欢迎的十大景点是哪些”等问题。而在Airbnb公司，无处不在的数据文化赋予了数据特别的人文色彩——数据是客户的呼声——一行数据代表一个动作或者一个事件。这些数据在大多数情况下反映的是一位客户的决定，实际上是通过一种间接的方式来告诉企业客户喜欢什么或讨厌什么。Airbnb公司的决策者认为，通过程序收集客户信息对于商业决策具有重要意义，如果能对此进行系统的分析，那么对于社区增长、产品研发和资源优化就有着非凡的意义。

“利用数据倾听客户的声音”是Airbnb公司的核心文化。自创业初期开始，大数据团队就将数据视作最好的伙伴，用统计学的方法去了解每位客户，并将他们产生的数据汇集起来形成整体去挖掘趋势。正是对这些趋势的掌控，大数据团队呈现了客户的想法和呼声，也正是这个改变为数据科学在Airbnb公司结构与职能的改变与优化铺平了道路。

6.3 充分发挥数据科学家和大数据团队的作用

数据科学家是大数据应用的关键人物，也是通过数据读懂客户心声的基本保证。因此，数据科学家不应该被视为被动的数据收集人，而应该直接与其他业务职能人员进行互动，不仅要充分理解需要解决的问题，而且还要确保决策者能直观地理解他们的分析结果。毫无疑问，数据科学家的所作所为将直接影响企业的决策，如果仅仅靠数据科学家挖掘出问题而不能形成决策采取行动的话，那将没有任何意义。

在Airbnb公司，多部门的合作机制也让大数据团队在整个组织架构下有了新的呈现方式，团队成员由不同的子团队协作构成，合作伙伴可以直接与工程师、设计师和产品经理进行交流互动，这样的协作模式为数据科学家更好地开展工作提供了保障。

6.4 将中心化和部门化融为一体

是将大数据团队当作一个整体中心化，还是将其分散到不同的职能部门中，Airbnb公司经历了较长时间的探索。在最开始Airbnb公司用的是中心化模式，因为这样所有的团队成员可以近距离地相互学习并且大家有一致的经验、目标和方法论，但数据应用的最终目的是要服务商业决定，而采取中心化模式有时候不能成功。因为其他的团队常常不清楚如何与大数据团队进行互动，而大数据团队有时也会因为信息的缺失而不知道自己要去解决什么问题或者如何使问题的解决方法具有实际可行性。慢慢地，大数据团队成了被动的资源，别的团队有需求的时候才会有回应，被动地回应统计需求而不是主动地去发现新的机遇使大数据团队陷入了窘境。

正因如此，Airbnb公司对大数据团队的架构进行了改组，将中心化模式逐步改为混合式，虽然依然遵从中心化模式，所有的数据科学家在进入Airbnb公司的初期均隶属于大数据团队，但在之后将大数据团队再划分为若干个小型团队，不同的团队与工程、设计、产品和市场各职能部门各自建立紧密关系。这种“纵横交错”的变革加速了数据文化在Airbnb公司的传播，同时也让数据科学家从传统的数据统计收集者转向主动发现问题的合作者。正因为并没有将大数据团队全部分散到不同的部门，这样就保证了其能很好地去观察业务的方方面面，从而建立起一套像神经网络式的结构来帮助Airbnb公司的不同部门彼此学习、相互借鉴、共同提高。

6.5 将数据贯穿于决策的全过程

一般性的决策包括学习、计划、测试和评价四个环节，必须将数据融入到决策的全过程，才能确保提升数据的质量。Airbnb公司将数据融入决策的过程如图4-14所示。

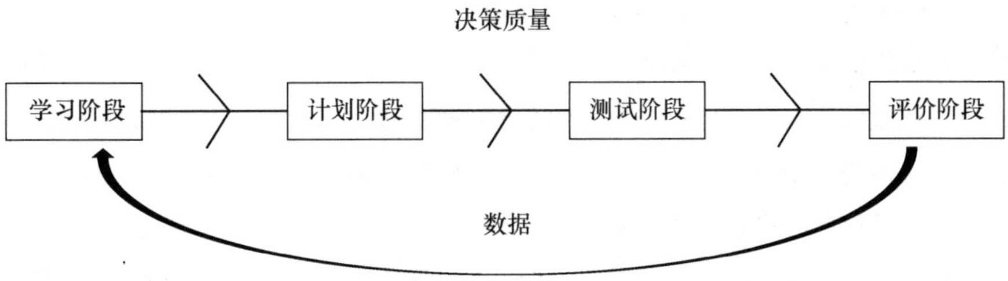

图4-14　Airbnb公司将数据融入决策的过程

如图4-14所示，在不同的环节，数据所发挥的作用各有不同。

6.5.1　学习阶段

在学习阶段，数据分析人员首先要了解问题的背景，对过去的研究进行汇总，以此来发现一些可能的机会，然后在此基础上提出假设，这些假设能为实际应用提供参考洞察。

6.5.2　计划阶段

数据分析人员将这些汇总转化成计划，形成一些假设去分析数据部门所做工作的影响力。这个阶段比较适合采用预测分析的方法，因为在这个阶段必须作出一些决定，诸如应该遵从何种路线，以及所找的这条路线是不是会产生最大的影响力的那一条等。

6.5.3　测试阶段

计划完成后，数据分析人员需要设计对照实验来检测计划。因为Airbnb公司的大数据平台可以整合公司所有的业务资源，这样不但可以将实验应用得更加广泛，而且还可以在更加传统的线上环境中进行实验。

6.5.4　评价阶段

在这个阶段，主要衡量实验的结果，挖掘出工作和工作所产生的影响力。

由于大数据团队一直遵循这一套行事方法，他们中的每个人在Airbnb公司的影响力也变得越来越大，主要是因为这一套步骤将目光集中在解决社区（客户）的大问题上，得到更大范围的认可和更高水平的认同自然无可厚非。

6.6 促进数据科学的民主化

在企业规模快速扩张的过程中，大数据团队无法有效地满足与Airbnb公司业务部门和社区成员交流互动的需要，为此需要找到一种方法来让工作更加民主化，将个体交流扩大为团队交流、公司交流和社区交流。Airbnb公司采取了以下一些具体的措施：

一是研发了Airflow系统。这一系统使数据科学家使用的工具更加强大、迅速，促使个人交流更加有效，同时通过更先进、更可靠的技术去处理迅猛增长的数据，让数据抽取过程更为稳定、更有价值。

二是开发了Airpal工具。检索更稳健、更直观的数据仓库让大数据团队获得了更多的权力，意味着给数据科学家移除了一些负担，以关注更为重要的业务。

三是开展各种层面的培训。培训以培养数据文化为己任，在小型团队中经常做一些技能型工作，在大的方面培养员工思考公司的数据生态系统。此外还对一些数据工具如AirPal进行培训，一旦员工能够使用这些工具，他们就能由着自己的好奇心探索数据了，这样就可以让大数据团队摆脱处理日常统计需求的烦恼。

四是让房客和房主能够直接了解彼此。通过Airbnb公司开发的数据产品，将机器学习的模型应用于解读从一个社区成员发出的信号，然后借此去帮助其他的成员，通过房主与房客之间的互助，进一步促进数据科学的民主化。

7 案例评析

在Airbnb公司问世之前，人们很难想象让陌生人住进自己的家里，因为隐私问题、安全问题、生活习惯问题、语言问题等都是阻碍房源共享和跨文化交流的拦路虎，但Airbnb公司以创新的思维和独特的方式构建起了全球领先的共享经济新模式。对于喜欢体验当地文化和善于沟通交流的旅行者来说，以较低的价格入住当地人的家中，既能解决旅行过程中最基本的住宿问题，还能零距离融入到当地的文化环境和生活环境，真可谓一举多得。而对于那些有空闲房源的房主来说，把闲置的房屋资产以合理的价格分享给住客，不仅能带来经济上的回报，而且也打开了连接世界的窗口，可以获得物质与精神的双丰收。独特真切的本地化居家生活体验、专业贴心的个性化服务、经济实惠的价格和真实完整的评论记录都是Airbnb公司取得成功的重要因素，其中大数据技术的研发应用、大数据资源的开发和利用更是其致胜的不二法门。

Airbnb公司作为全球非上市公司估值领先的“独角兽”，成功地创新了模式、培育了市场、培养了用户、形成了规模，正朝着无房源的全球最大旅店迈进，颠覆了全球酒店行业的运营模式，为全球旅行业开辟了一条新的道路。数据既是Airbnb公司的生命之血，也是客户的声音，同时还是支撑其业务运营的战略性资源。推而广之，Airbnb公司在短期住宿租赁服务方面所取得的经验和模式在其他各行各业得以借鉴，可以期待一个又一个不同领域的“Airbnb”应运而生。

案例参考资料

［1］Bernard Marr. Airbnb：How big data is used to disrupt the hospitality industry［EB/OL］.［2016-05-09］. https://www.cloudcomputing-news.net/news/2016/may/09/airbnb-how-big-data-used-disrupt-hospitality-industry.

［2］Dan Hill. 解密Airbnb的定价算法［EB/OL］.［2015-10-19］. http://www.36dsj.com/archives/35008.

［3］James Mayfield，Krishna Puttaswamy, Swaroop Jagadish，and Kevin Long. Data Infrastructure at Airbnb［EB/OL］.［2016-02-23］. https://medium.com/airbnb-engineering/data-infrastructure-at-airbnb-8adfb34f169c.

［4］Jérôme Serrano. Riley Newman on How Airbnb Uses Data Science［EB/OL］.［2016-01-10］. https://www.infoq.com/news/2016/01/airbnb-data-science.

［5］Liz Chen. Airbnb怎么用大数据说出一个百亿估值的故事？［EB/OL］.［2015-06-17］. https://www.inside.com.tw/2015/06/17/how-airbnb-tell-big-data-story.

［6］Monica Lee. 两年了，Airbnb在中国还好吗［EB/OL］.［2017-05-26］. http://www.woshipm.com/evaluating/671426.html.

［7］Riley Newman. Airbnb，Data Science Belongs Everywhere：Insights from Five Years of Hypergrowth［EB/OL］.［2015-07-07］. https://medium.com/airbnb-engineering/at-airbnb-data-science-belongs-everywhere-917250c6beba.

［8］Unicat. Airbnb的设计原则：为信任而设计［EB/OL］.［2016-12-13］. http://www.woshipm.com/pd/506778.html.

［9］董飞. Airbnb的数据基础架构［EB/OL］.［2016-02-26］. http://www.36dsj.com/archives/ 41897.

［10］芮益芳. Airbnb：从三张气垫床到世界最大的流动酒店［EB/OL］.［2015-10-14］. http://bmr.cb.com.cn/fengmianwenzhang/2015_1014/1150963_2.html.

案例05

英国医疗健康大数据Care.data发展案例

众所周知，英国是全球大数据技术应用和发展的领跑者，无论是政府、企业还是社会民众，都在抢占大数据的发展先机。早在2011年11月，英国政府就发布了对公开数据进行研究的战略政策，提出不仅要成为世界首个完全公布政府数据的国家，而且还要成为一个国际榜样，去探索公开数据在经济和社会发展方面的非凡潜力。医疗健康是一个国家最受关注的民生大事，如何将大数据技术应用于关乎国计民生和百姓福祉的医疗健康领域，是世界各国政府普遍关心的问题。英国是世界上最早将大数据应用到医疗健康领域的国家之一，经过多年的探索，以Care.data为代表的大数据应用项目虽然取得了一定的进展，但所遭遇的问题和面临的困惑具有很大的代表性，尤其是这个项目最终的失败为我国医疗健康领域大数据的应用与发展提供了前车之鉴，非常值得我们从中汲取教训，努力找到适合我国实际的发展道路。

1 发展背景

NHS（National Health Service，国家医疗服务体系）是英国社会福利制度中最重要的组成部分，也是英国政府和民众引以为豪的保障制度。英国政府规定，所有的纳税人和在英国有居住权的外国人都享有免费使用NHS服务的权利，它的服务原则是：不论个人的收入如何，只根据个人的不同需要为公众提供全面、免费的医疗服务。这一服务体系建立于1948年，它被认为是代表着第二次世界大战后流行于欧洲的凯恩斯主义社会理想的模式，这一模式改变了传统的救济贫民的“选择性”原则，改成“普遍性”原则，即凡有收入的英国公民以及在英国的外国人都必须参加社会保险，按全国统一的标准缴纳保险费，按统一的标准享受有关福利，而不问其收入多少。

经过半个多世纪的发展，目前英国的NHS实行两级医疗保障制：一级是基础医疗保障，由家庭诊所和社区诊所等提供支撑，NHS资金的75%用于这一类的开支；二级是医院保障，主要由医院负责重病和手术治疗，以及统筹调配医疗资源等，约25%的NHS资金用于这一类的开支。在英国，看病就医的程序大致分为三类：一是急诊，病人可以直接到医院的急诊部就诊；二是常规性门诊，病人一般向自己社区内的家庭或社区诊所预约看病；三是专科门诊，由家庭医生代替病人与专科医院相关的专科医生进行联系，以做进一步的诊断治疗。

经过长期的探索，英国的NHS形成了三个基本特征：一是政府通过一般税收为医疗卫生解决资金保障；二是主要依靠公立医院面向全民普遍提供免费服务；三是服务的配给根据医学需要进行成本-效益分析之后确定优先顺序。这种模式的优点非常明显，可以兼顾公平和成本控制，对整个社会而言，健康产出和投入之比总体较高。这一体系自创立以来，让大量的中低收入者得益，曾被誉为世界上最优秀的医疗保障系统。在2012年伦敦奥运会开幕式上，主办方把“病床”搬上了舞台，让“医生”“护士”和“病人”载歌载舞来展示英国的医疗体制风貌，更让上千名医务工作者摆出了巨大的“NHS”字样，以这一独特的方式来显示英国非同寻常的医疗保障制度。但这一体系由于涉及面太广而导致了政府负担重、病人就医等待时间长、医疗服务能力难以满足社会需要等问题，正面临着十分严峻的挑战。尤其是政府承担的公共医疗开支更是不堪重负，2015—2016年度NHS的财政预算计算总额高达1164亿英镑。表5-1列出了NHS每种医疗服务项目政府所需要承担的开支金额。

表5-1　NHS医疗服务项目对应的政府开支

医疗服务项目	政府承担开支/英镑
救护车出动/次	344
住院/天	250
急诊/次	111
家庭预约门诊/次	44
看全科医生/次	36

由于NHS长期的运行集聚了英国广大民众极为丰富的医疗数据，因此被认为是亟需开发的医疗“宝藏”。如何利用这一得天独厚的医疗健康大数据资源来解决错综复杂的公共医疗难题，是英国政府所面临的迫切任务。早在2011年，时任英国首

相的卡梅伦就提出，要将NHS累积的医疗健康大数据运用于研究，不仅使广大民众能更快地享受到更有效的医疗服务，而且还能进一步巩固英国医疗行业在全世界的领先地位。卡梅伦非常期待，通过与产业、研究机构共享NHS的医疗健康大数据，NHS能够成为引领全球医疗创新的典范。

从项目发展的文化背景来考量，英国政府希望凭借自身雄厚的科技、经济实力以及在大数据方面的良好基础，能彻底改变传统的以纸质为载体的医疗信息存储和处理模式（图5-1为NHS传统的纸质医疗档案），建立起适应现代医疗发展形势需要的医疗健康大数据资源，形成创新型的医疗健康大数据开发和应用的新模式，推动医疗健康事业与大数据的深度融合。

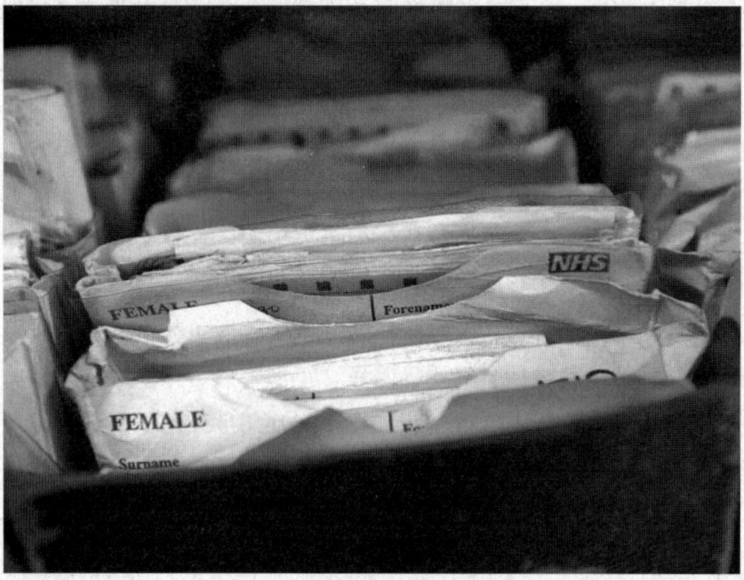

图5-1　NHS传统的纸质医疗档案

从利益关系方面来考虑，实施Care.data项目的初衷是希望能做到利国、利民、利医生、利产业：从国家层面来看，希望能建立全国统一的健康医疗大数据资源，为全面改善健康医疗水平提供强有力的支持；从民众的角度来考虑，希望医疗健康大数据的建设和运营能帮助民众更好地预防和应对各种疾病带来的困扰；从医生的角度来看，医疗大数据的建设和利用既有助于提升诊病、治病的效率，同时也能更好地实现针对病人的精准治疗；从产业的角度来看，全国性医疗健康大数据的建设和应用既有利于医疗健康产业自身的转型升级，同时也为医疗健康服务新兴产业的培育创造了条件。因此，Care.data项目的出发点是好的，英国政府对此抱有很大的希望。

2 发展计划

为了更好地促进NHS的改革，为Care.data项目的实施提供支撑，2012年3月27日英国政府通过了《卫生和社会照护法案2012》（*The Health and Social Care Act 2012*），其中一项主要的改革措施是成立卫生与社会照护信息中心（The Health and Social Care Information Centre，HSCIC）作为医疗健康大数据的专责机构，从而改变了过去病历数据的收集、分享和分析方式。依据该法案的规定，卫生与社会照护信息中心若收到卫生部长的指示或来自照护质量委员会（Care Quality Commission，CQC）、英国国家健康与临床卓越研究院（National Institute for Health and Clinical Excellence，NICE）以及医院监管机构Monitor的命令要求时，可以无须寻求病人的同意，而从家庭医生（General Practice，GP）处获得他们的个人机密数据（Personal Confidential Data，PCD）。这一法案的初衷是为政府更好地利用医疗健康大数据资源提供支持，但在一定程度上超越了当初公众可以接受的限度，使后续的Care.data项目的推进陷入了被动。

2013年6月，卫生与社会照护信息中心获得NHS的授权，依据《卫生和社会照护法案2012》开始正式实施Care.data项目。这一项目通过定期收集医疗照护过程中的相关数据，对公众在国内所经历的各项医疗和社会照护信息（例如病人的住院、门诊、意外事故和紧急救护记录）进行长期、可持续的跟踪收集，以提供实时、可靠的NHS治疗和照护信息给病人及其关联人、门诊医师和相关部门的官员。NHS期待通过数据资源的统一归口、共享、分析，能够更好地改进药物研发和疾病治疗的方式，能更准确地把握公共卫生和疾病的发展趋势，保障每个服务对象都能享受高质量的医疗健康服务，在有限的预算中更合理地分配医疗资源，监控药物和治疗的安全状况，并有助于比较全国各区域的医疗质量。为此，Care.data项目设定了以下六项目标：

（1）支持病人进行治疗的选择；

（2）加强对病人提供有针对性的服务；

（3）促进医疗信息的透明度；

（4）优化医疗成果的形成；

（5）加强对医疗服务的问责性；

（6）通过医疗健康大数据驱动经济成长。

按照计划，Care.data项目通过家庭医生获取公众的相关数据，包括家族患病历史、接种疫苗、医师诊断、转诊记录、生理参数以及所有的NHS处方等，同时还能通过NHS识别号、生日、性别和邮政编码等四项可识别数据进行比对，以掌握特定对象的情况。有鉴于此，尽管Care.data项目在涉及敏感数据时会加以相应的处理，但其中所隐含的风险仍引起了社会上广泛的争议，包括绝大多数家庭医生、隐私保护专家、社会团体以及广大公众皆提出质疑，引起反响最大的问题包括：

（1）Care.data项目是否有充分告知病人让病人获得知情权；

（2）卫生与社会照护信息中心所宣称的匿名性是否有充分的保障；

（3）此项服务对家庭医生与其服务对象关系的冲击是否得到充分考虑；

（4）此项服务所宣称的数据分享退出机制（Opt-Out）是否得到了妥善解决等。

可以想象，Care.data项目虽然有了相应的立法保障，但在实际实施过程中却充满着极大的阻力和诸多不确定因素。

3 数据管理方案

Care.data项目的初衷是可以让NHS指导卫生与社会照护信息中心从所有NHS资助的医护机构收集医疗健康大数据，包括家庭医生记录的信息，并将各类数据存储在由卫生与社会照护信息中心维护的国家数据库中。这是家庭医生所取得的病人记录首次存储于中央数据库中，使这些数据既可以用于NHS和某些私人公司的医学研究，也可以用于评估NHS关联医院的安全性、监测各种疾病和治疗的趋势，以及开发各种新的医疗服务等。

每月，卫生与社会照护信息中心通过家庭医生服务提取系统（General Practice Extraction Service，GPES）获得家庭医生提交的数据。数据的类型包括出生日期、邮政编码、国民健康服务号和性别等病人的个人指标，卫生与社会照护信息中心可以将这些数据与收集的二级保健（医院数据）信息进行关联，将其统计为可识别的、化名的或匿名的数据。

在Care.data项目中，收集的重点在于敏感度比较低的数据，对艾滋病毒状况、性传播感染、妊娠终止、人工授精治疗、婚姻状况、起诉、定罪和虐待等“敏感”信息和医生所提供的手写笔记都不予记录。英国《信息专员操作规则》（*Information*

Commissioner's Code of Practice）按匿名的要求对进入系统的数据作了以下三种类型的划分：

3.1 绿数据

绿数据（Green Data）以匿名方式存在，包括大部分病人的平均值等一般数据，或其他完全匿名的信息。这类数据是汇总的，可以用于公开。

3.2 红数据

红数据（Red Data）包括出生日期、NHS识别号、邮政编码和易于被识别的其他个人机密数据。卫生与社会照护信息中心报告说，红色数据只能在特殊情况下提供，例如在公共卫生紧急情况下。

3.3 琥珀数据

琥珀数据（Amber Data）是独立层面的化名数据，如出生日期和邮政编码等代表病人的标识符被删除并用化名来替代。这类数据可以用于跟踪个人与不同NHS护理的提供者在不同时间段的交互情况，有可能被访问其他数据集的公司所重新识别，但仅出售给"授权的分析师用于获准的用途"，其中可以包括各种研究机构。

根据Care.data项目的做法，数据是通过从记录中删除关键个人指标来实现匿名的，如果根据英国信息专员办公室（Information Commissioner's Office, ICO）的标准进行匿名化处理，数据是可以自由、安全地进行处置和披露的。然而，有一些数据即使是"化名"的，但仍然包含一些个人指标，只是其他的指标被替换为假名而已。隐私保护专家对此表示严重关切，因为化名的数据可以与其他的信息进行匹配，例如保险索赔等。而卫生与社会照护信息中心在2013年的报告中也认可"通过推理恶意重新识别病人的风险"，这使社会公众感到十分不安，也为该项目的实施蒙上了一些阴影。

4 推进过程

2013年8月，英国全国范围内的家庭医生们收到了来自NHS的通知，要求他们在8周内通知他们的病人根据Care.data项目需要收集、分析相关的数据。这一要求立即引起了家庭医生们的普遍反对，因为按照英国1998年颁布的《数据保护法案》

（*Data Protection Act*）的规定，家庭医生是病人隐私数据的控制者和保护责任者，如果在家庭医生将其服务的病人数据用于“直接医疗”之外的目的时，必须首先通知病人并征得其同意，否则可能会承担法律责任。当时在得到这一较为突然的通知时，家庭医生们既没有心理准备，也无法在繁忙的工作之余腾出充裕的时间，加之没有资金的支持，要按照通知的要求完成这一任务几乎不可想象。

2013年10月，在广大家庭医生们的强烈抗议下，NHS表示将投入200万英镑，委托英国皇家邮政公司寄送到2650万户英国家庭中去，以争取得到公众的配合。这个名为“更好的信息意味着更好的照护”（Better Information Means Better Care）的宣传单告知公众医疗信息共享可以为公众提供以下帮助：

（1）寻找更有效的预防、治疗疾病的方法；

（2）确保对服务进行不断地改进，以反映当地病人的需求；

（3）了解哪些人罹患特定疾病和病症的风险最高，并提供预防性服务；

（4）提高对医护结果的理解，使公众对健康和社会关怀服务有更大的信心；

（5）指导NHS如何更好地管理资源，以便他们能够最好地支持所有病人的治疗和护理；

（6）确定哪些人可能处于某种状况的危险或受益于特定治疗之中；

（7）确保NHS为自身提供的服务收到合理的费用。

由于宣传单上并没有告知如何有效地保障公民的隐私，加上公众对纸质宣传资料的关注度不高，结果并没有达到预期的效果。BBC后续的调查显示只有不到1/3的受访者记得收到过宣传单。而且，NHS也没有采用配套的宣传措施，例如新闻发布会、电视宣传以及移动端应用等，仅仅在Youtube和NHS的官方网站上发布了一小段视频，宣传效果自然大打折扣。

2014年2月，卫生与社会照护信息中心公开承认向相关保险公司出售了病人的数据，引发了社会对该中心数据保护的高度不满，同时也迫使英国政府对医疗数据实施更严格的审查。

2014年5月，英国政府通过了针对《医疗和社会保健法案》（*Health and Social Care Act*）的修正案，试图限定卫生与社会照护信息中心所掌握数据的用途——仅可用于“提高健康和社会保健水平”，但依旧没有明确数据是否可以向商业机构提供，例如药厂及其研究人员等。随后，针对卫生与社会照护信息中心的数据披露审计报告显示，其所掌握的医疗数据已经被披露给160个组织，其中包括56家私人企业，虽然卫生与社会照护信息中心声明数据已经被匿名化处理，但这样的解释并未得到公众的认同，因为其披露的数据完全可能被保险公司以及其他相关的商业公司等组织重新识别为个人数据，从而导致个人隐私无故泄露。

迫于压力，NHS先是通知家庭医生可以延缓6个月上传病人的数据，随后又宣布于2014年秋天选取4个地区开展新的试点，收集265名家庭医生掌握的200万名病人的数据，但由于试点地区的家庭医生配合积极性不高等原因，事实上一直到2015年6月第一个试点才勉强正式实施，最后并未取得预期效果。

2014年11月，英国议会中的跨党派小组针对Care.data项目进行了专门的调查，调查报告明确指出，这一项目的实施过程缺乏透明度、数据保护措施没有到位，而且公共宣传也远没有达到应有的效果。2015年1月，NHS的监督机构"独立信息治理监督小组"发布报告指出，Care.data项目并未按要求兑现其所作出的承诺，在医疗信息治理方面存在责任缺失。

到2015年，由于一直未能获得公众的信任，Care.data项目到了举步维艰的地步。为了找出解决问题的措施，2015年9月英国卫生大臣委托医疗质量委员会（Care Quality Commission，CQC）、国家健康和医疗数据监护机构（National Data Guardian for Health and Care，NDG）对NHS处理病人敏感数据过程的安全现状进行审查，并提出改进的具体建议。但在医疗质量委员会正式发布调查报告之前的2016年5月底，英国全国已经有150万人选择退出Care.data项目，使项目的实施陷入了极大的被动。

2016年7月初，医疗质量委员会、国家健康和医疗数据监护机构分别发布了名为《安全数据，安全医疗》（*Safe Data*，*Safe Care*）和《对数据安全、同意和选择退出的调查》（*Review of Data Security*，*Consent and Opt-Outs*）的报告。这两份报告通过对533起数据安全事故的调查，得出了Care.data项目存在的一些短时间内无法解决的问题，主要包括三个方面：一是NHS虽已建立起了数据安全方面的相应制度，但在实际执行中并没有得到严格的落实；二是NHS虽然在内部对数据安全有了较高的认识，但对外部合作伙伴以及其他商业机构没有有效的约束，导致数据外流后无法保障不被滥用；三是NHS在数据安全技术应用和第三方安全测评方面显得较为薄弱，无法达到理想的安全保护效果。面对这样的困惑，NHS倍感压力，最后被迫于2016年7月6日宣布，于即日起停止Care.data项目，并未对后续安排作出部署。

这一具有重大创新性和引领性的项目从启动实施到最终停止运行只经历了短短3年的时间，这样的结局令国际社会深感诧异，同时也引发了世界各国对医疗健康大数据发展的广泛思考。

5 与谷歌的合作

Care.data项目因遭遇多方阻力而最终走向“停摆”，原因自然不一而足，其中与谷歌开展的合作所面临的困扰同样不可小觑。2016年5月3日，英国的多家媒体披露，谷歌旗下的人工智能公司DeepMind在过去5年中从NHS运行的巴内特医院、蔡斯医院和伦敦皇家免费医院获得病人的医疗信息。这些医疗信息包括医院就诊者在这三家医院就诊时的个人资料、艾滋病检测结果、是否患有抑郁症、是否患有酒精依赖症、是否堕过胎，以及详细的病史等，相关协议的有效期一直要延续至2017年9月。

这一事件曝光后，谷歌公司辩称，获取这些医疗数据的初衷是确定哪些病人存在出现急性肾损伤的风险。这些医疗数据将被用于开发和优化两个用于肾病预警的手机客户端：一个叫Streams（如图5-2所示），用来帮助医生监控急性肾衰竭病人的身体状况，以便在紧急情况下加快诊断，作出高效、合理的救治；另一个叫Hark（如图5-3所示），这个应用程序早从2010开始就由伦敦帝国学院的团队开发出来，后由谷歌公司接收，致力于帮助医生和护士更好地管理诊疗信息，摆脱手写处方等杂乱无章的方式。

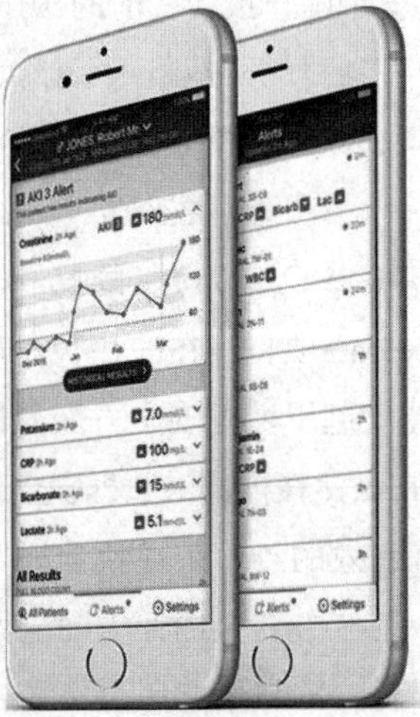

图5-2 Streams应用

图5-3 Hark应用

根据未正式公开的协议内容显示，DeepMind公司得到的远不止是肾病病人的数据，而是3所医院所有160万名病人的完整数据。在院方提供的数据中，病人与医院有关的所有日常活动记录都囊括其中，包括病人曾经去过哪里、什么时候有哪些访客，乃至放射记录等，统统一览无遗。除实时的数据外，DeepMind公司还能获取急诊室、重症护理、事故等的历史记录，可以说，病人的所有隐私信息都被一览无余地泄露，因此而引起了公众的恐慌。尽管DeepMind公司处处强调这些医疗数据仅针对肾衰竭这个病症，但公众普遍担心这个开放的数据库能够让DeepMind公司去研究更多——远不止肾衰竭。英国皇家免费基金会在一份声明中表示，与DeepMind公司达成的协议是英国医疗制度的标准信息共享协议，病人不会意识到自己的健康数据正在被他人使用，而且这些数据是经过一定规则加密的，但仍有较大的风险，此前NHS已经与第三方组织达成过1500份类似的协议。这一声明发布后，公众更是对此深感忧虑，认为医疗健康信息属于个人隐私，NHS没有权力将其与第三方共享，病人首先必须知晓医院与第三方组织是否有类似的信息共享协议，然后应由自己决定是否与医院之外的其他第三方分享。

从NHS与谷歌公司的合作可以看出，医疗健康大数据对提高诊疗水平、改善医疗服务无疑有着重要的作用，但病人如何能确保自己的健康信息不被泄露，是一个既十分敏感，又需要迫切面对的实际问题，否则，很有可能成为大数据开发和利用过程中所遭遇的威力极大的“拦路虎”。

6 相关各方的认知

Care.data项目的参与面十分广泛，参与各方对项目没有形成统一的共识是其最终失误的重要原因之一。无论是普通民众抑或是社区医生，都对NHS的做法存有疑虑，缺乏支撑这一项目运行的积极性和主动性，必然使项目发展失去了应有的动力。对此，英国医学会（British Medical Association，BMA）经过自己的深入调研，也提出了自己的立场和观点。

6.1 普通公众对项目的疑虑

公众作为医疗健康大数据的核心参与主体，是Care.data项目的利益主要关联方，自项目启动开始，绝大多数公众对该项目的运作持谨慎的态度。总结起来，公众对以下问题存有较多疑虑：

（1）这一项目究竟能为我带来什么，是有助于我的健康，还是被商业机构用作商业开发；

（2）我是我的医疗健康大数据的“主人”，我不希望他人知道我的健康隐私，政府怎么有权直接“征用”；

（3）Care.data项目的运作方式缺乏透明，到底是宣传不够，还是政府有意隐瞒信息；

（4）项目采用的默认加入、只有选择才能退出的模式是否剥夺了公众的自主选择权；

（5）我信任家庭医生，但政府迫使家庭医生“出卖”我的个人隐私，是否破坏了公众对医生和医疗系统的信任；

（6）政府在医疗健康大数据共享中担当什么样的角色，是否从中获利？

面对这样一系列疑惑，包括NHS在内的英国相关政府部门并未对此予以应有的重视，尽管采用发放宣传单等方式加以说明，但并未从根本上消除公众对自身隐私泄露的担忧，最终成为项目发展的绊脚石。

6.2 家庭医生对项目的疑虑

家庭医生是公民医疗健康大数据采集的“主力军”，同时也是Care.data项目最基本的数据提供方，没有他们的支持，项目显然无法得到有效推进。但自始至终，家庭医生作为一个重要的参与群体，存在着多方面的困惑：

（1）我掌握的我所服务居民的医疗健康信息能否在对方不知情的前提下提交给上级部门用于开发和利用；

（2）按照现行法律，公众医疗数据涉及个人隐私，受法律保护，我向NHS提供的相关数据是否会触犯相关法律；

（3）Care.data项目究竟能为家庭医生们带来什么，能帮助解决什么样的实际问题；

（4）数据的采集和上报将占用大量的时间和精力，在常规工作任务十分繁忙的情况下，如何更好地得到平衡，经济上如何补偿；

（5）医疗健康大数据用作商业用途，能为我带来什么样的经济价值；

（6）一些敏感医疗健康大数据的泄露，是否说明我在医疗服务方面不力，会不会引来不必要的麻烦？

以上这些问题大大影响了家庭医生参与该项目运作的积极性，而NHS在激发家庭医生的动力和活力方面显然缺乏有效的手段，最终导致阻力重重，进展缓慢。

6.3 英国医学会对项目的立场

创立于1832年的英国医学会是英国一个代表医生的专业团体和注册工会，其发表的联合声明针对Care.data项目表明了自己的立场和观点：

（1）不容置疑，更高的透明度和更好的使用数据必然可以提高医疗服务的质量，任何做卫生决策的人都需要获得高质量的信息：医生需要数据来获得他们的临床决策；病人在决定哪种治疗方案最适合自己时需要数据；当决定哪些服务是适合他们的公民时，政府专员同样需要数据。

（2）Care.data项目是NHS开发的一项新服务，旨在通过向公民、临床医生和专员提供关于卫生服务治疗和护理的及时、准确的信息来实现这一目标，对提升英国的医疗健康服务水平意义重大。

（3）Care.data项目在实际运行中对数据保密性的关注不够，其匿名化处理后的数据仍有识别具体个人的可能性，因此可能导致家庭医生失去病人的信任。

（4）Care.data项目没能清晰地界定数据共享开放的用途，数据应仅用于改善医疗，不应该出售盈利。

（5）Care.data项目应允许公众通过“选择确认”才可以加入该项目（Opt-In），而非“默认同意”加入除非明确提出反对（Opt-Out）。

英国医学会作为一个代表医生利益的官方组织，既高度认可Care.data项目的作用和价值，又客观公正地指出了存在的问题，并对改进措施提出了相应的建议。

7 “八点模型”

为了重塑信任，赢得广大公众对Care.data项目最大限度的支持，国家健康和医疗数据监护机构在发布的《对数据安全、同意和选择退出的调查》报告中提出了新的“同意/选择退出”的“八点模型”（The Eight-Point Model）。这一模型针对公众而设计，既易于理解，也有利于获得公众的信任，包括以下八个方面的内容：

7.1 公民信息受法律保护

公民的个人私密信息只能在法律允许的地方使用，未经本人的同意，将不得用于营销或保险等用途。

7.2 信息对于高质量的医护至关重要

医生、护士以及其他人在为公民进行医护服务时需要掌握公民的一些信息，以确保针对公民的护理安全且有效。但是，公民可以要求医护人员不要将特定信息传递给其他的医护人员。

7.3 信息对于其他有益的目的至关重要

国家需要有关公民的信息来维护和改善公民和整个社区的医护质量，它有助于NHS和社会保健机构在特定的地方提供合适的医护服务，并使相关的研究能够开发出更好的护理和治疗项目。

7.4 公民有权选择退出

当个人机密信息被用于超出直接医护活动时，公民有权选择退出，包括：

（1）个人信息用于提供本地服务、运行NHS、运行健康和社会保障系统时。例如，NHS所进行的旨在发现癌症病人的护理和治疗经验的调查；监管专员和那些开展医护质量监督的人员；NHS针对医院数据质量审核的改进等。

（2）个人机密信息用于支持研究以及改善治疗和护理方面。例如，大学研究NHS肠癌筛查计划的有效性；研究人员致函特定对象，邀请他们参与具体批准的研究项目；一个从NHS接收数据的商业组织，以了解污染水平对于核工业的工人是否安全等。

以上两种情况公民可以单独进行选择，或者在个人机密信息用于运行健康和社会保障系统时退出，或者在支持研究和改善治疗和护理时选择退出。

7.5 所有使用医疗健康信息的组织都应该尊重公民选择退出的权力

公民只需要说明个人的偏好，就可以在整个卫生和社会保障体系中得到体现。公民改变主意时，这种新的偏好同样会得到尊重。

7.6 明确的同意将能得到支持

即使公民已经选择退出，但只要本人愿意，公民仍然可以明确同意特定对象分享其个人机密信息，例如用于某一项特定研究。

7.7 选择退出不适用于匿名信息

英国卫生与社会照护信息中心信息专员办公室设有“业务守则”，以确保数据被充分匿名化并在受控的情况下使用，并且不会侵犯任何人的隐私，首席信息官将独立地对“业务守则”进行监控。健康和社会照护信息中心作为卫生和社会保障体系的法定保护机构，将匿名保密的个人机密信息授权给他人进行合法分享。通过使用匿名数据，NHS的管理人员和研究人员将不再需要使用公民的个人机密信息，也不用对此进行声明。

7.8 安排将继续涉及特殊情况

选择退出不适用于强制性法定要求或者超越公共利益的情况，这些将是分享信息（例如欺诈调查）或超越公共利益（例如解决埃博拉病毒）的法定义务的领域。

由上述八个方面组成的“八点模型”，较为系统地阐述了公众与Care.data项目应该建立的合理关系，以及就如何改进项目运行的一些设想。这一模型从一定程度上吸取了前期运行过程中的教训，为重塑形象、重获信任提供了条件。

8 教训与启示

英国的NHS无疑是世界上有影响、有特色、有创意的公共医疗服务保障体系，对夯实国家医疗健康服务体系的基础有着不可低估的作用。尽管这个体系暴露出了很多的弊端，但在解决世界各国普遍存在的公共医疗服务难题方面已作出了有益的探索。大数据既是医疗服务长期积累所形成的宝贵资源，也是改善医疗服务、着眼未来发展的重要武器。在过去的数十年中，英国积累了世界首屈一指的医疗健康大数据资源，如何更加科学有效地促进其开发和利用是英国政府十分关注的课题。但经过这些年的艰难探索，最终并未取得理想的成效，甚至走到了“停止运行”的结局，令人十分惋惜。总结其经验、教训，分析相关启示，主要可以概括为以下五个方面：

8.1 缺乏规划部署和试点探索

从项目的出发点以及国家整体利益来看，Care.data肯定是一个非常有价值的项目，理所当然能得到广泛的支持和全面的成功。但结果事与愿违，从中央政府层面来看，缺乏前期必要的调查研究以及较为周密细致的规划部署，对实施过程中遇到的各种问题和困难也准备不足，结果使Care.data项目仓促推进，最终未能成功。如果在全国范围内正式实施之前，能在一定区域内进行小范围的试点应该是比较稳妥的做法，通过试点找出一些问题，并能在全国范围内推广之前进行相应的优化和完善，必定会有更好的效果，这也是非常值得我们汲取的教训。

8.2 没有处理好家庭医生与项目的关系

家庭医生无疑是Care.data项目最重要的参与者，他们既要负责全体公民第一手数据的采集，又要承担相关数据的汇总、整理和报送等工作，是项目成败的关键人物。由于家庭医生是公民医疗健康状况的主要知情者，也是公民隐私的首要守护者，让他们违背情理直接上报相关服务对象的数据，显然很难得到认同和支持。与此同时，家庭医生平时的工作任务十分繁重，很难有充裕的时间和精力投入到数据处理事务中去，而且Care.data项目对家庭医生群体没有确定科学有效的激励措施，使得家庭医生参与的积极性不高，实施效果自然不会很好。对Care.data项目而言，从某种程度上可以说，成也家庭医生，败也家庭医生，家庭医生的地位和作用实在不能小觑。

8.3 缺乏公众的理解和支持

Care.data项目所承载的核心资源是英国全体公民的医疗健康大数据，公民是否充分理解这一项目的实际意义并给予应有的支持，对项目的成败自然极为关键。但是，我们可以看到，在项目运行的过程中，由于面向公众的宣传和沟通不够到位，加上对自身隐私泄露的忧虑，使得大部分公众对此持有抵触情绪，很多人认为这个项目对自己而言是“弊大于利”，没有必要为此承担风险，甚至付出代价。缺乏民意基础，不能有效地消除公众对隐私泄露的忧虑，使Care.data项目最终陷入被动。

8.4 商业开发和利用过当

医疗健康大数据的开发和利用是真正发挥其价值的根本措施，但究竟怎样开发、跟谁合作开发才能取得好的效果，是一个十分现实的问题。英国剑桥大学安全工程学教授罗斯·安德森对Care.data项目的数据利用提出了自己的看法：“人们一般不会介意剑桥大学医学研究中心这样的机构获得并使用相关的信息，但多半不希望被葛兰素史克制药公司肆意使用自己的医疗信息，当然公众并不清楚剑桥只能通过葛兰素史克才能将药品推向市场。”在他看来，个人医疗信息的商业化利用会让公众深感不安，不容易得到广大公众的认同。在早期的时候，Care.data项目在公众不知情的情况下与谷歌公司签订了秘密合作的协议，后被媒体曝光后，引起一片哗然，事实也证明了这一点。毫无疑问，公众医疗信息资源不当的商业开发和利用是其走向失败不可忽视的原因。

8.5 技术方案不够成熟

从本质上来看，医疗健康大数据是能够识别公民个人身份，并能获知公民个人医疗健康隐私的电子信息，不仅关系到个人的切身利益，而且同时也与各类医疗机构的关系重大。全国范围大规模的敏感数据一旦开放共享，必然伴随着难以控制的技术运营和管理维护的风险。Care.date项目尽管对数据进行了绿数据、红数据和琥珀数据三种分类，并对用户进行了实名、化名和匿名的分级管理，但在实际运营中，由于牵涉到的数据是海量的，涉及的用户数以千万计，原有的技术方案存在着多方面的问题，尤其是在一些化名数据、匿名数据的处理上存在着通过数据关联“破解”化名、匿名数据的风险，留下了比较大的隐患。

除以上五个方面之外，Care.date项目的失败还存在着相关立法不完善、标准规范不统一、默认加入模式不合理等多种其他方面的原因，这些都值得我们认真思考并从中汲取更多的教训。

9 案例评析

为民众提供高水平的医疗健康保障，是世界各国和地区的政府机构以及社会各界所承载的共同使命。毫无疑问，英国有着世界领先的医疗健康保障体系，政府在为广大民众提供普遍医疗健康服务的同时，也掌握着全方位的医疗健康大数据，政府基于公共利益的考量，促进医疗健康大数据的开发和利用，可谓生逢其时。被寄予厚望的英国Care.date项目在开始启动时确实有着十分难得的发展条件和先天优势，但在实际运作中因为碰到各种“钉子”导致项目“搁浅”，最终走向了“停摆”的结局，教训极为深刻，所造成的后果也是极其严重的。

与英国相比，我国医疗健康大数据的建设在某种意义上还没有起步，因为真正意义上的电子病历和跨区域、跨医院之间的数据共享几乎还未实现，但大力推进医疗健康信息走上电子化的发展轨道并促进更大范围、更深层次的交换和共享是大势所趋，是不以任何人的意志为转移的。当然，我国医疗健康大数据的建设、发展和应用还有着十分艰辛和曲折的道路要走，英国Care.date项目的“前车之鉴”应能成为中国医疗健康大数据发展的“后车之覆”。

案例 参考资料

［1］Addison. N, H, S-National Health Service［EB/OL］.［2016-09-23］. http://www.hereinuk.com/125672.html.

[2] BMA. Care.Data Joint Statement [EB/OL] . [2017-04-04] . http://www.england.nhs.uk/wp-content/uploads/2013/05/ces-tech-spec-gp-extract.pdf.

[3] CongCong, QianMin. Google robot want to take 1.6 million patient data to learn "cure" [EB/OL] . [2016-05-08] . http://www.tmtpost.com/1707769.html.

[4] CQC. Safe Data, Safe Care [R/OL] . [2016-07-01] . https://www.cqc.org.uk/sites/default/files/ 20160701%20Data%20security%20review%20FINAL%20for%20web.pdf.

[5] Goldacre B. Care Data is in Chaos. It Breaks My Heart [EB/OL] . [2014-02-28] . http://www.theguardian.com/commentisfree/2014/feb/28/care-data-is-in-chaos.

[6] Health and Social Care Information Centre. Primary Care-Secondary Care Linkage. Presentation [EB/OL] . [2013-10-07] . http://content.digital.nhs.uk/media/12354/stakeholder-forum-10-07-13-9linking-primary-and-secondary-care-data-for-commissioning-purposes/pdf/Stakeholder_Forum_10-07-13-9_-_Linking_Primary_and_Secondary_Care_Data_for_Commissioning_Purposes.pdf.

[7] James Illman. Up to 1.5m Opt-Outs of Care.data, new data suggests [EB/OL] . [2016-05-17] . https://www.hsj.co.uk/topics/technology-and-innovation/up-to-15m-opt-out-of-caredata-new-data-suggests/7004861.article.

[8] National Data Guardian for Health and Care. National Data Guardian [R/OL] . [2016-07-06] . https://www.gov.uk/government/uploads/system/uploads/attachment_data/file/535024/data-security-review.PDF.

[9] NHS England. Privacy Impact Assessment: Care.data [EB/OL] . [2014-03-04] . http://www.england.nhs.uk/wp-content/uploads/2014/01/pia-care-data.pdf.

[10] NHS. Better Information Means Better Care [EB/OL] . [2014-01-14] . https://www.england.nhs.uk/wp-content/uploads/2014/01/cd-leaflet-01-14.pdf.

[11] Nuffield Council on Bioethics. The Collection, Linking and Use of Data in Biomedical Research and Health Care: Ethical Issues [EB/OL] . [2017-04-08] . https://nuffield bioethics.org/wp-content/uploads/Biological_and_health_data_web.pdf.

[12] Presser L, Hruskova M, Rowbottom H, Kancir J. Care.data and Access To UK health records: patient privacy and public trust Technology Science [EB/OL] . [2015-08-11] . http://techscience.org/a/2015081103.

[13] Pulse Today. Q&A：NHS England's Care.data Programme［EB/OL］.［2013-10-03］. http://www.pulsetoday.co.uk/your-practice/practice-topics/it/qa-nhs-englands-caredata-programme/20004621.article#.VO4Jq2SsVsB.

[14] Sophie Borland. Google Handed Patients' Files Without Permission：Up To 1.6 Million Records-Including Names and Medical History-Passed On In NHS Deal With Web Giant［N］. Daily Mail，2016，3（3）.

[15] The Guardian. Google Also Made A Mistake To Steal 1.6 Million Patient Health Data［EB/OL］.［2016-05-05］. http://pcedu.pconline.com.cn/786/7864240.html.

[16] 葱葱，倩敏.谷歌机器人想拿160万病人数据去学习“治病救人”［EB/OL］.［2016-05-08］. http：//www.tmtpost.com/1707769.html.

[17] 卫报.Google也作恶？被指窃取160万患者健康数据［EB/OL］.［2016-05-05］. http://pcedu.pconline.com.cn/786/7864240.html.

案例06

红领（酷特智能）大规模定制案例*

我国是服装制造大国，无论是服装企业的数量还是从业人员总数，或者是服装产业规模，都位居世界前列。近年来，由于国际需求的萎缩，加上国内市场需求的变化以及电子商务等业态的冲击，我国的服装业面临着十分严峻的挑战。据中国服装协会的估算，中国目前约有300亿套服装库存，如果按照每套均价60元的成本计算，总数达到1.8亿元人民币库存货值，相当于甘肃、海南、宁夏、青海、西藏等5省（自治区）全年GDP（Gross Domestic Product，国内生产总值）总和。而且，服装业作为对时间和款式十分敏感的行业，积压的库存很难按预期的价值及时变现。在国内服装业几乎普遍面临四面楚歌的境地下，有一家总部位于青岛的服装企业——红领集团，在20多年的不懈探索中，走出了一条独特的发展道路，成为中国服装行业转型升级的“领头羊”。大数据应用是红领集团发展壮大的重要法宝，长期积累的海量数据资源已成为红领集团最为关键的经营资源。红领集团的发展经验不仅可以为我国服装行业的转型升级提供参考，而且同时还可以为其他相关行业利用大数据提升竞争力提供宝贵的经验借鉴。

1 案例背景

青岛红领集团创建于1995年，总部位于美丽的海滨城市青岛即墨红领大街17号，是一家以生产、经营高档西服、裤子、衬衣、休闲服及服饰系列产品为主的大

*为了更好地把握基于大数据的大规模定制发展机遇，红领集团以及下属企业已将企业主体变更为“青岛酷特智能股份有限公司”，“红领”目前作为酷特（Cotte）个性化定制平台旗下其中的一个产品品牌进行运作。由于案例内容侧重于对“红领”的发展研究，所以本书中仍采用“红领”作为案例主体。

型民营企业。1998年10月，红领正式成立集团公司，下属红领服饰股份公司、红领服饰发展公司、红领制衣公司和屹之龙物流科技公司等4个子公司。2000年6月，红领集团成功进行了股份制改造，完成了向现代企业体制的转轨。2001年8月，总投资1.2亿元的生态环保型园区——红领服饰精品工业园正式投产使用，引进了一大批世界先进的生产设备，形成了国内领先的服装生产能力。2001年，红领集团成为中国奥委会的合作伙伴，并荣获“第28届奥运会中国体育代表团单独指定礼仪西服”称号。2005年，红领集团与耐克、资生堂、百事可乐共同成为2005—2008年亚运会中国体育代表团的合作伙伴。经过20多年的快速发展，红领集团已成为中国服装行业的领军企业。2012—2016年，企业的产值连续5年增长100%以上，利润率达到25%以上。目前，红领集团拥有超过3000人的工人团队、720人的研发团队，具有年产80万套西装、600万件衬衣的生产能力，2条专业西装生产线，15条衬衣生产线，有15家分公司、5个国外分支机构和2个工业园区，形成了以西装厂、衬衣厂和休闲裤厂为主的专业研发、制造、配送工厂，成为我国服装行业的领军企业。与此同时，“红领”商标被认定为“中国驰名商标”并进入中国商标500强的行列，“红领”品牌系列产品先后获得“中国名牌”“山东名牌”等称号，荣获“中国服装品牌品质大奖”“出口免验企业”“全国重合同、守信用企业”“山东省消费者满意单位”“山东省重点培育和发展的出口品牌”等殊荣，连续多年获中国服装双百强企业。

红领集团借助信息科技，经过10多年的发展，数亿元资金的投入，成功地推出了全球互联网时代的个性化定制平台——全球服装定制供应商平台，彻底颠覆了传统的作坊裁缝概念，创造了一套“做不错”的彻底解决方案，使传统产业深层融入高科技，将服装定制的数字化、全球化、平台化变成现实，把复杂的定制变成简单、快速、高质、高效，为服装产业的转型升级提供了强劲的支持。

红领集团的发展壮大，与其创始人的锐意进取和奋力拼搏有着密切联系。红领集团的创始人张代理出生于1955年，从10多岁开始经商，后担任西思达制衣公司的总经理；1995年他创办了红领集团并一直担任董事长。红领集团成立之初，规模较小，经营资金短缺，1996年，企业租赁的厂房因洪水被淹，损失达数十万元，生产经营顿时陷入困境。在困难面前，张代理带领全体员工卧薪尝胆、励精图治，终于在后来国际大品牌寻找中国OEM[①]的机会降临时，红领集团赢得了先机，取得了较快的发展。2000年，红领集团开始试水定制，在青岛和济南开设了两家定制服装

① OEM的英文全称是Original Equipment Manufacturer，基本含义是定牌生产合作，俗称“代工”。

店，在旺季的时候，两个店铺最多一天可以收到80套订单，同时也开始面向国外客户提供定制化的产品。2003年，红领集团在张代理的带领下开始探索在生产线上实现个性化定制，目标是把红领集团发展成为通过信息化与工业化深度融合的手段来实现服装定制化生产的企业。随后，红领集团开始了长达10多年的定制生产之路，以3000人的工厂作为试验室，先后投入近3亿元人民币进行升级改造，除引进了一大批国际先进的服装生产设备外，还自主开发了一系列定制化生产的软件系统，并收集积累了大量的业务数据，旨在推进大数据互联网思维下信息化与工业化的深度融合。张代理当时确定的目标是要做互联网工业的缔造者、设计者、推动者，为人类贡献一种互联网工业文明的全新力量。

到2013年，红领集团研发的个性化西服定制柔性生产线基本成型，被命名为RCMTM（Red Collar Made To Measure）。这个系统在全方位开发和利用大数据的基础上，建立起了人机结合的定制化生产流水线，用于实现计算机辅助下个性化定制服装的高效快速生产，构建起了C2M（Customer to Manufactory，顾客对工厂）的生产模式，红领集团由此驶上了个性化定制的快车道。

2014年，红领集团将定制业务独立注册为“酷特”（Cotte），致力于打造个性化定制品牌。它整合了数据驱动、3D打印逻辑、智能制造、精益生产、互联网深度融合、全球化产业链协同和实时交易等于一体，产量每天可达4000件（套），完成了从传统服装生产企业向基于大数据的大规模定制服装企业的转型升级。

在早期，作为传统企业，红领集团开始做大数据、做算法时并不被大众所理解。在那段漫长的研发阶段，红领集团遭遇了资金、人才、技术等多方面的重重考验，但红领集团坚持了下来，而且全部通过自身的自主研发，建立起了服装款式数据库、服装版型数据库、服装工艺数据库、服装BOM[①]数据库等四大数据库，量级高达数百万万亿级，通过这样一些模块的组合，消费者可以有很多的选择，自主DIY（Do It Yourself），达成其个性化需求。这一模式彻底颠覆了传统的作坊裁缝概念，创造了一套行之有效的解决方案，跨越时空、国界，消除了文化、语言的障碍，为全球服装定制产业树立了新的里程碑。

2009年，张代理的女儿张蕴蓝凭借多年的海外留学和外企的从业经历已正式接班，企业的发展充满了新的活力，红领集团也在新的历史起点开始了新的征程。

① BOM的英文全称是Bill of Materials，即物料清单，指描述企业产品组成的技术文件。

2 发展决策

红领集团作为国内规模和实力位居前列的服装生产企业，在推进基于大数据的个性化定制生产之前，面临着严峻而又复杂的挑战，需要以新的思路进行战略布局。

2.1 曾经所面临的挑战

服装业作为我国面广量大的传统产业，在长期的发展中面临着越来越大的生存压力，红领集团也不例外。在当时，红领集团面临着以下四个方面的严峻挑战：

2.1.1 盈利水平不断下降，生存状态堪忧

服装业是典型的劳动密集型产业，人工成本的上涨使我国服装业传统的成本优势丧失殆尽，很多的纺织服装订单开始流向柬埔寨、越南、老挝等低成本的东南亚国家。同时，服装业还面临着来自供给和需求的双重压力：从供给侧的角度来看，各种能够标准化和规模化生产的服装都严重产能过剩，到了“衣满为患”的地步；从需求侧来看，个性化、多样化的需求正变得越来越迫切，传统服装业的运营方式无法有效地满足个性化、专业化和多样化的需求，这造成了“现有产能严重过剩”和“有效供给无法满足”共存的困境，最终结果是导致了服装业的持续低迷，服装生产企业平均利润普遍低于5%，出口服装企业更是低于2%，越来越多的服装生产企业在生死线上挣扎，全行业面临着极为艰难的生存局面。

2.1.2 “以产定销”模式遭遇重大冲击

传统的服装业基本都按照“以产定销”的方式进行运作，服装生产企业根据自身对市场的预测来设计和生产相应的服装产品，每种服装的款式都要生产6种不同的尺码，再加上面料和颜色选项衍生的规格极多，库存高导致资金压力极大，换季打折、反季促销几乎是服装业的“家常便饭”。不少的服装生产企业虽然对此苦不堪言，但又无法改变这一局面。与此同时，传统的服装业同质化现象十分严重，款式、面料、颜色等“撞车”让消费者颇为苦恼，而服装生产企业对此基本束手无策。

2.1.3 传统的销售渠道正面临着严重考验

传统的服装销售主要依靠线下渠道，服装生产企业自建门店的投资大、成本高，房租、人员、市场推广以及备货压力都很大，信息反馈也较为迟缓；加盟式销售对价格、服务和库存等情况都无法进行有效控制，合作的效率和经营的效益都面临着多方面的危机。在当今服装电子商务快速发展的背景下，线下门店自身的生存

状态已岌岌可危，出路何在是一个必须面对的现实问题。

2.1.4　传统的服装经营思路已难以为继

在过去服装市场供不应求的时代，服装生产企业为了提高经济效益，往往采用扩大规模、控制产业链、提效降成本等手法，基本都能奏效。在当今服装产能严重过重、消费者主权地位不断提升的背景下，传统的服装经营思路已经无法适应市场形势的需要，服装生产企业必须颠覆传统，寻求新的发展模式。

在严峻的挑战面前，红领集团选择基于大数据的“大规模定制”作为突破口，希望通过变革和创新，能走出一条以大数据为驱动力的提升产品价值、塑造企业品牌之路，开创属于自己的一片蓝海。

2.2　发展思路

在全国服装业积重难返的巨大困难面前，红领集团通过大量的调研和反复的论证之后，最终明确了自身的发展思路：以发展大数据为支撑，从传统的“大规模制造”向现代“大规模定制”转型，对传统制造和经营模式进行彻底的转型升级，将客户的个性化需求全面融入到数据采集、研发、设计、生产、物流和配送等全过程，完全支持客户自主设计，打造自主知识产权的、完全定制的专属运营系统，同时对商业模式、经营理念、组织结构、流程体系、生产过程和供应链体系等方面进行全方位的再造。在明确发展思路之后，红领集团确定了实现发展目标的核心价值模型（如图6-1所示）。

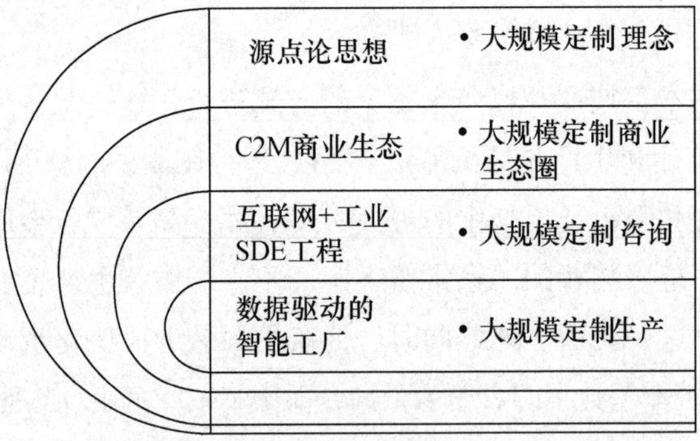

图6-1　红领集团实现发展目标的核心价值模型

如图6-1所示，红领集团的核心价值模型由以下四个部分组成：

第一层：数据驱动的智能工厂。这是整个红领模式的实践基础，目的是通过数据来驱动流水作业，以制造个性化产品，支撑红领集团的大规模定制生产。红领集团长年生产经验积累得来的消费者交易记录和个性化的需求数据是红领集团开展大规模定制生产的基石。

第二层：互联网+工业SDE工程。SDE（Source Date Engineering，源点论数据工程）包含帮助传统工厂进行柔性化和个性化的定制改造，通过与“互联网+”的融合，为传统工厂提供大规模定制的咨询服务。红领集团以服装为切入口，探索了一条从大批量制造到大规模定制的解决方案，基于这个解决方案整合了原有的技术和研发资源，探索出了适合于不同行业的转型升级的咨询工程，同时为红领集团自身转型为大规模定制咨询服务商提供了支撑。

第三层：C2M商业生态。红领集团通过自己的实践来实现C2M，并希望在协助各个行业转型大规模定制的基础上，能够将各品类行业联合起来，打造出一个大规模定制的商业生态系统。

第四层：源点论思想。源点论，即红领集团核心价值模型的理论基础，从两个层面体现出了企业的战术需求和战略愿景：一是所有管理由“源点”驱动，“源点”指引企业生产经营活动的基本方向；二是通过整合价值链资源和创新管理模式，最终满足“源点”需求，实现企业愿景。客户的需求是红领集团核心的“源点”，也是构成其“互联网+”管理的基本要素和根本动力。

2.3 源点论的推进

基于源点论的发展理念，红领集团形成了“小前端，大平台，富生态”的组织形态：以需求为出发点，利用“互联网+”思维构建网格化组织架构和“端到端”的运作机制，以打破部门、突破科层，完全由需求数据来驱动价值链条，各个岗位节点就像是一个细胞，以提高客户的最佳体验和满足客户的需求为源点，并以利润最大化作为其绩效主要指标。“细胞”按照需求聚合，随时可以按照客户的需求组成自己的聚合圈，聚合后的“细胞”同样也无须传统的科层或部门来管理，它们只需要对着源点做事，其绩效便是源点需求的满足情况。一个个“细胞”依附于商业生态中，商业生态为每个“细胞”提供源源不断的养分，以保证生态的活力与演化，从而形成高效、顺畅、富有活力的运营体系，这也是区别于传统组织管理模式的本质。

红领集团SDE工程把“先产后销的高库存模式”转变为“先销后产的零库存模式”，把“C2B2B的中间商模式、B2C的商对客零售模式”转变为“C2M模式——消费者需求驱动工厂定制直销”，创造了一套大工业流水线规模化生产、个性化定制产品的方法，并进行了编码化、程序化和一般化。这一创新性的解决方案包括

C2M平台消费者端的个性化定制直销入口、大数据平台的数据模型和智能逻辑算法、制造端的工厂个性化定制柔性制造解决方案以及组织流程再造解决方案等基础源代码。解决方案按照规范化的管理思路和标准化的运营体系设计，方法是共通的，可以在其他的行业进行转化应用。图6-2为红领集团源点论组织体系的架构。

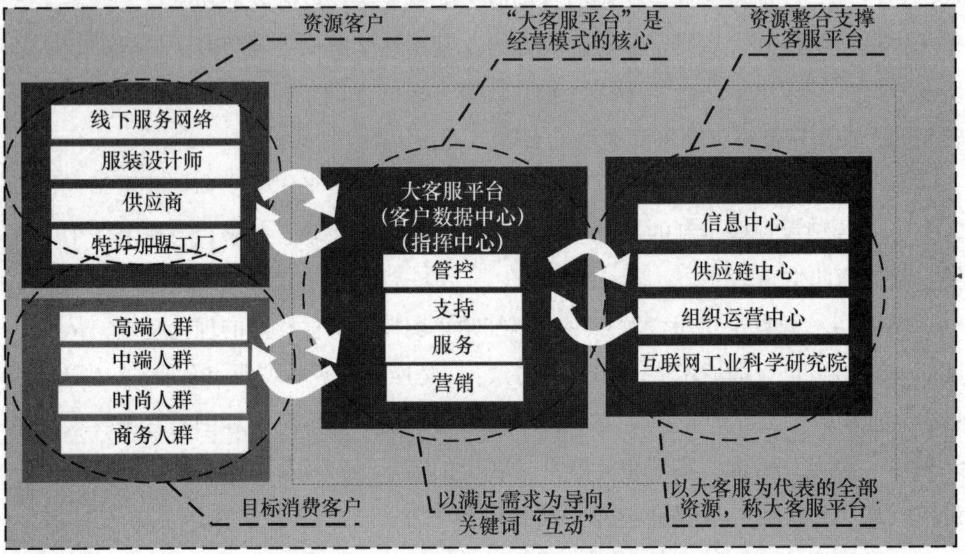

图6-2　红领集团源点论组织体系的架构

如图6-2所示，左侧是源点论的需求端，包括各类资源客户和目标消费客户；中间端是大客服平台，涵盖客户数据中心、指挥中心等，用于实现管控、支持、服务和营销等业务功能，是整个经营模式的核心；右侧是由信息中心、供应链中心、组织运营中心和互联网工业科学研究院共同组成的支撑大客服平台运行的保障中心，实现了资源整合、保障到位的目标。

3 智能制造体系建设

红领集团基于大数据的大规模定制依托自身智能制造体系进行运作，智能制造体系历经多年的探索，已逐步形成了以数字化运行平台为支撑、柔性化制造为特征、数据驱动的智能工厂为载体、云制造平台为保障的运行体系。

3.1 数字化运行平台

数字化运行平台是智能制造的基本载体，旨在实现客户订单全生命周期的各种数据的汇集和融合，实现信息流、资金流、商流和物流的互联互通，从而形成一体化的作业体系。红领集团数字化运行平台体系的架构如图6-3所示。

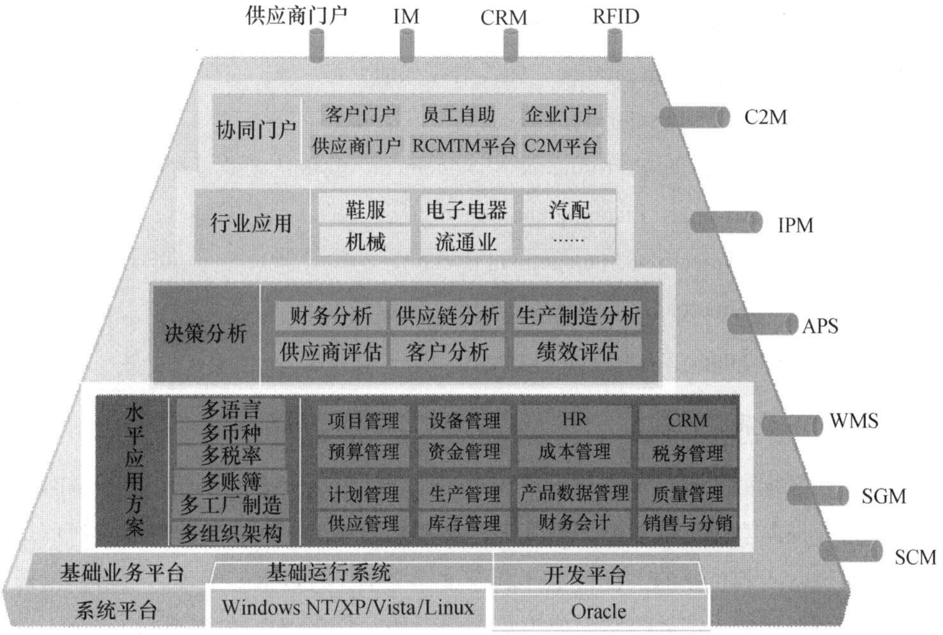

图6-3 红领集团数字化运行平台体系的架构

如图6-3所示，红领集团数字化运行平台包括以下各个组成部分：

第一层：系统平台。系统平台由Windows NT等操作系统和Oracle数据库组成，是红领集团数字化运行平台的基础条件。

第二层：基础业务平台。基础业务平台由基础运行系统和开发平台组成，是数字化业务开发的保障系统。

第三层：水平应用方案。水平应用方案以多语言、多币种、多税率、多账簿、多工厂制造和多组织架构为特征，涵盖项目管理、设备管理、HR（Human Resource，人力资源管理）、CRM（Customer Resource Management，客户关系管理）等企业内部的各项管理职能，全方位履行企业管理的各项事务。

第四层：决策分析。决策分析涵盖财务分析、供应链分析、生产制造分析、供应商评估、客户分析和绩效评估等内容。

第四层：行业应用。行业应用以鞋服应用为基础，可以推广至电子电器、汽配、机械和流通业等各个行业。

第五层：协同门户。协同门户包括客户门户、员工自助、企业门户、供应商门户、RCMTM（Red Collar Made To Measure，红领个性化定制）平台和C2M平台等。

上端的接口包括供应商门户、IM（Instant Messaging，即时通信工具）、CRM和RFID（Radio Frequency Identification，无线射频识别）芯片等，右侧的功能模块如下：

（1）C2M：消费者驱动的制造模式。

（2）IPM：Integrated Performance Management，集成化绩效管理。

（3）APS：Advanced Planning and Scheduling，高级计划与排程。

（4）WMS：Warehouse Management System，仓库管理系统。

（5）SGM：Smarter Group Management，班组管理。

（6）SCM：Supply Chain Management，供应链管理。

3.2 柔性化制造流程

基于大数据的大规模定制化生产要求，企业能够以大规模标准化生产的时间和成本，迅速地向客户提供能够满足其个性化需求的产品。红领集团将新一代信息技术深层次地融入到企业的大批量生产制造过程之中，将可重新编程、可重新组合、可连续变更的服装生产系统结合成为一个全新的、信息密集的智能制造系统，实现了客户自主设计、智能设计版型和工业化流水线生产的有机统一。图6-4为红领集团大规模定制柔性化制造系统的流程。

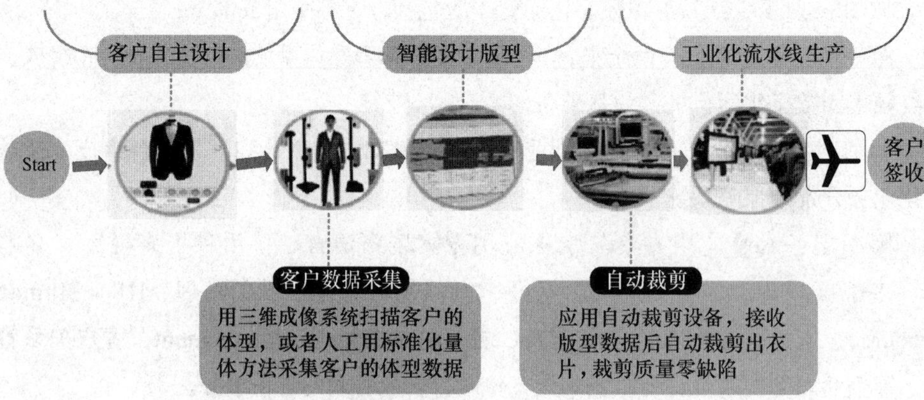

图6-4 红领集团大规模定制柔性化制造系统的流程

3.3 建设数据驱动的智能工厂

以数据驱动的智能工厂是实现大规模定制化生产的基本载体，也是红领集团竞争优势的重要表现。智能工厂通过建立数字化模型进行模拟仿真，实现规划、采购、生产、运营和物流等各个环节全流程的数字化管理，以数据流驱动各个环节的协同运作，最大限度地提升效率，提高运营效益。红领智能工厂体系的架构如图6-5所示。

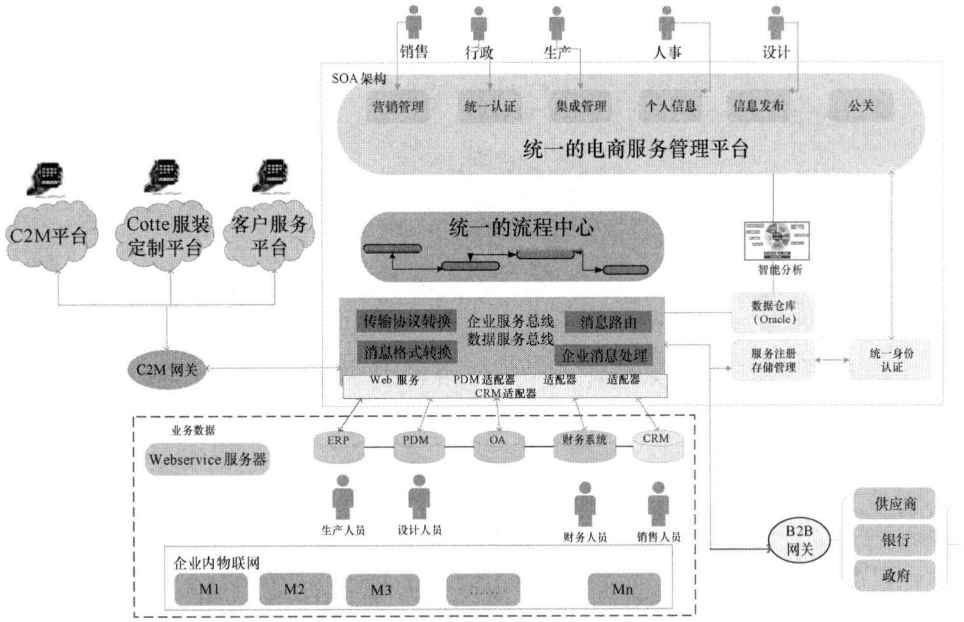

图6-5 红领智能工厂体系的架构

如图6-5所示，红领智能工厂底层由企业内物联网将分散的制造车间联接在一起，为企业ERP（Enterprise Resource Planning，企业资源计划）、PDM（Product Data Management，产品数据管理）等业务系统提供基础数据，由销售、行政、生产、人事和设计等部门通过SOA（Service-Oriented Architecture，即面向服务的架构）构建统一的电商服务管理平台，并通过智能分析、数据仓库进入到统一流程中心，C2M平台等通过C2M网关与统一的流程中心互联，统一的流程中心通过B2B网关与供应商、银行和政府等实现联通，形成以数据流为纽带的一体化智能工厂。

3.4 构筑可复制的云制造模式

为了打通人与人之间、人与工厂之间、工厂与工厂之间、服务与服务之间的隔阂，红领集团利用云计算技术打造云制造平台，通过纵向集成打通了集团内部的信息孤岛，实现了企业内部所有环节的无缝衔接；通过横向集成使企业与合作伙伴之间实现了高效的资源整合，达到了各个企业之间的无缝合作，提供实时产品与服务端到端的集成；通过价值链上不同企业资源的整合，实现从产品设计、生产制造、物流配送以及使用维护等产品全生命周期的管理和服务，构筑起可复制的云制造模式。红领集团创立的可复制的云制造模式如图6-6所示。

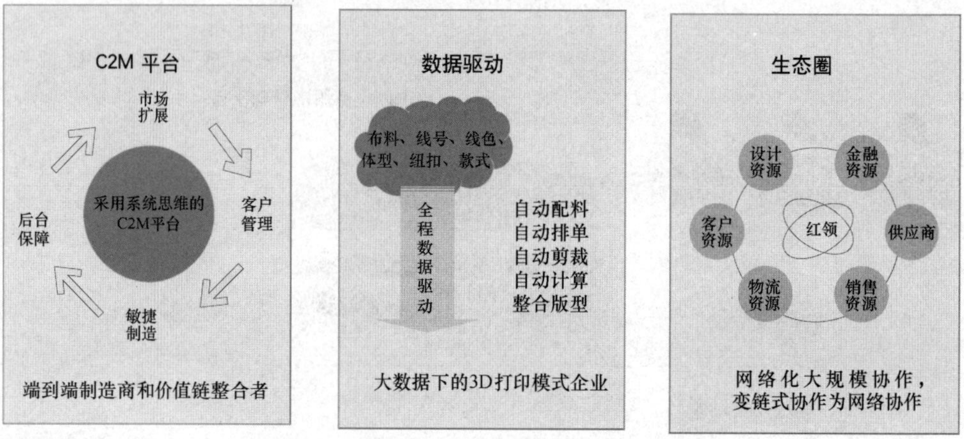

图6-6　红领集团创立的可复制的云制造模式

如图6-6所示，红领集团创立的可复制的云制造模式包括C2M平台、数据驱动和生态圈三个部分：第一个部分C2M平台是实现大规模定制的支撑平台；第二个部分数据驱动是这一模式的显著特征，也是其取得独特成效的重要保障；第三个部分生态圈包括客户资源、设计资源、金融资源、供应商、销售资源以及物流资源等，是保证这一模式规范运营的重要条件。

4　C2M商业模式

打造C2M商业模式，让客户直接给工厂下单，工厂根据客户的个性化需求进行定制生产并直接交付，既是众多制造业企业，也是广大客户的企盼，尽管很多的企业对此开展了尝试，但真正成功者并不多。红领集团经过10多年坚持不懈的探索，终于踏上了C2M发展的快车道，打造出国内有影响的个性化定制直销平台，把C端和M端有效地整合到同一个平台上，形成了以“定制”为核心的大规模定制生态圈。

4.1 技术体系

C2M商业模式以客户的需求作为企业生产制造的出发点，构建一种完全以客户为中心的服装生产、营销与服务体系。客户利用各类移动终端或PC终端登录进入红领集团的C2M平台，提交个性化的需求订单，红领集团即可根据需要开展定制化的生产。这种新型的制造模式彻底改变了传统的“以产定销”的经营思路，对减少中间环节、降低费用、节省成本、提高响应速度和提升经济效益有着十分显著的影响。C2M商业模式包含较为复杂的技术体系，红领C2M商业模式的关键技术体系如图6-7所示。

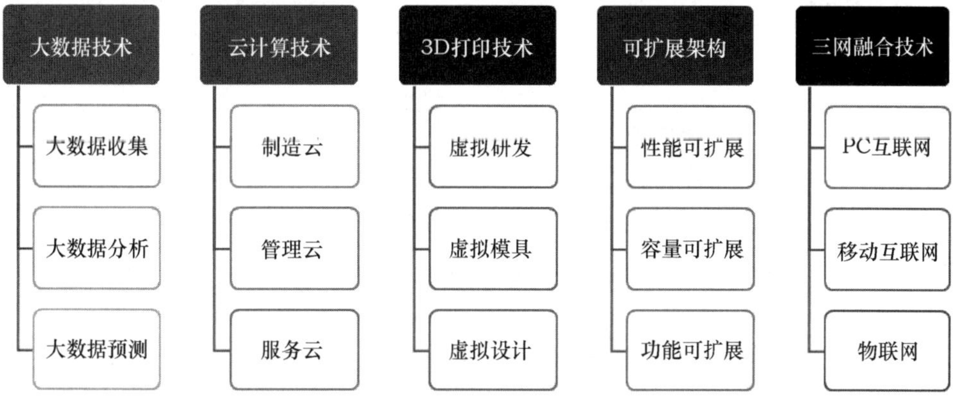

图6-7 红领C2M商业模式的关键技术体系

如图6-7所示，红领集团的C2M平台包含一个完整的技术体系，除使用大数据技术进行收集、分析和预测外，还用到了云计算技术、3D打印技术、可扩展架构技术以及三网融合技术，形成了各类技术融合共生、互为促进的状态。

4.2 运作流程

红领C2M商业模式的运作流程如下：客户的源点需求通过定制化平台实现数据驱动，由智能工厂按照特定的需求进行生产，生产完成后通过智能物流将个性化产品交付给客户，以满足客户个性化的需要（如图6-8所示）。

C2M商业模式以智能产品直销为核心，提供了一系列自主设计、协同设计和个性化定制的体验场景，使客户的个性化体验和社区互动体验最终以个性化产品的形式呈现出来，具备工艺款式组合设计功能、在线着装顾问服务功能、产品生产状态全程跟踪功能、消费数据分析查询功能以及后台支持与管理系统，同时还支持电脑、手机等终端的登录应用，支持3D成衣效果展示。图6-9为C2M电子商务定制直销平台的架构。

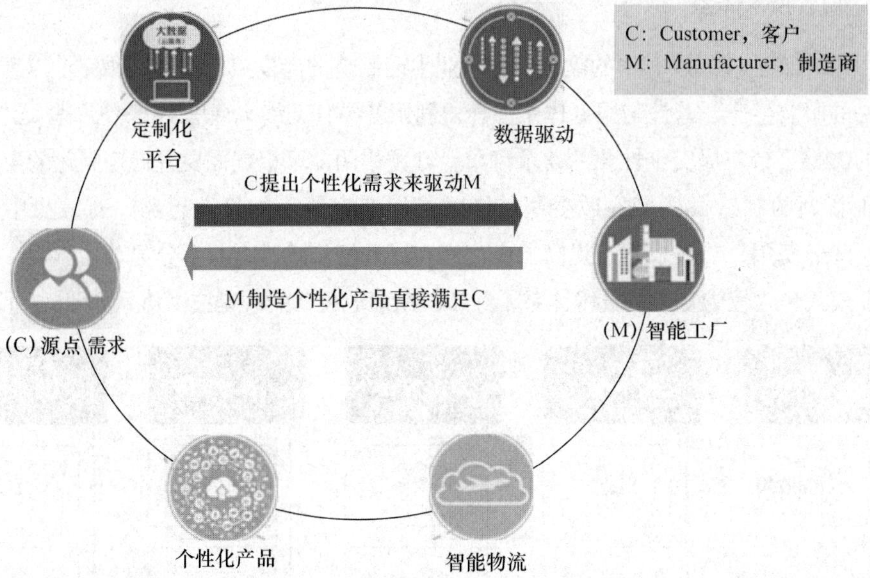

图6-8　红领C2M商业模式的运作流程

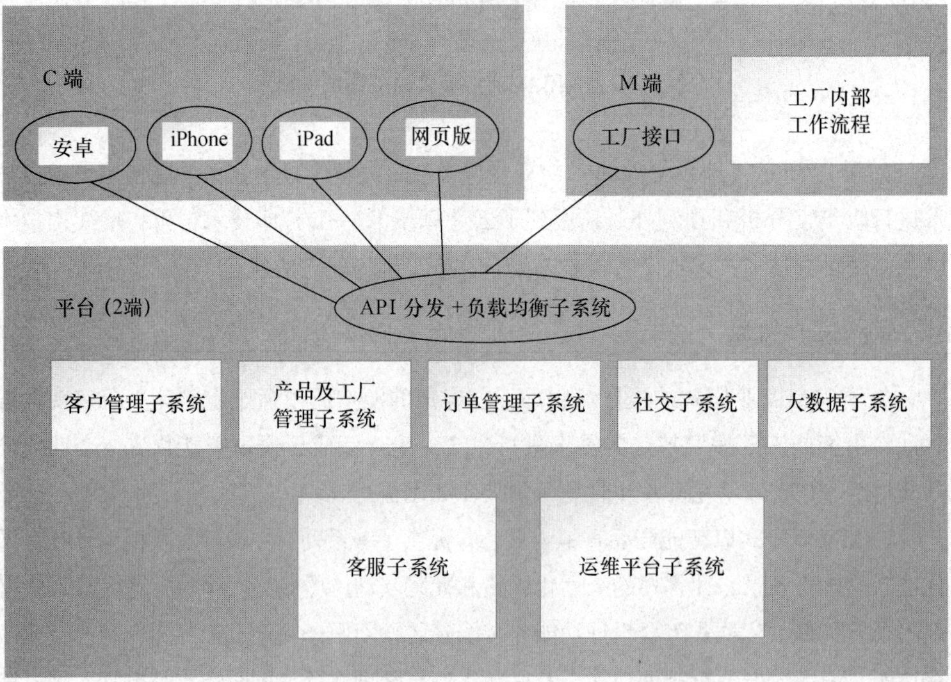

图6-9　C2M电子商务定制直销平台的架构

如图6-9所示，客户通过C端的各类终端登录平台（2端），由平台的API[①]分发与负载均衡子系统、客户管理子系统、产品及工厂管理子系统、订单管理子系统、社交子系统、大数据子系统、客服子系统和运维平台子系统进行交互，同时通过工厂接口进入M端，与工厂内部工作流程实现交互。

4.3 C2M与O2O的融合

为了给客户提供更大的方便，进一步满足客户线上线下联动的需要，红领集团实行“网络营销+体验中心”的“O2O 模式”（如图6-10所示）。C2M商业平台以定制为核心，聚焦客户个性化需求的满足，打通实时接触客户的通路，给予客户充分的交互体验，同时通过人人创业和万众研发平台，进行粉丝营销、口碑传播，产生了病毒式裂变的效果。红领集团的新一代定制体验店，集“门店体验”和“线上线下定制”功能为一体，为客户提供全方位的服务。

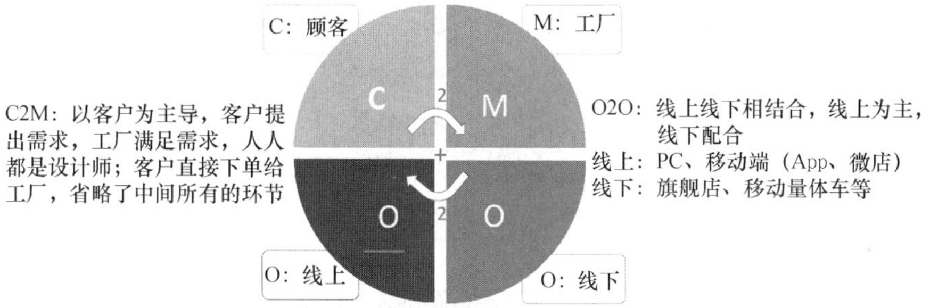

图6-10 红领集团的C2M与O2O融合发展模式

4.4 商业生态

C2M商业模式是红领集团长期探索的结果，但它的价值不只限于红领集团单独一家企业适用，而且这种模式的运用和推广对传统制造业转型升级都具有重要的价值和复制推广的意义。所以，红领集团致力于打造由各方参与实现价值创造、价值传递及价值实现的商业生态圈。商业生态圈的载体是C2M商业平台，以定制模式为核心，展开多领域跨界合作。图6-11为红领集团的C2M商业生态圈的组成。

如图6-11所示，红领集团作为母公司通过控股或参股方式参与C端和M端的业务运作，C端和M端作为参股合伙人与红领集团组建A、B、C、D等运作实体，然后再

① AIP的英文全称是Application Programming Interface，应用程序编程接口。

以控股的方式参与S方的业务运作，S方则以模式输出、管理咨询、IT技术支持和基金融资风投等方式向C端和M端实现管理输出。

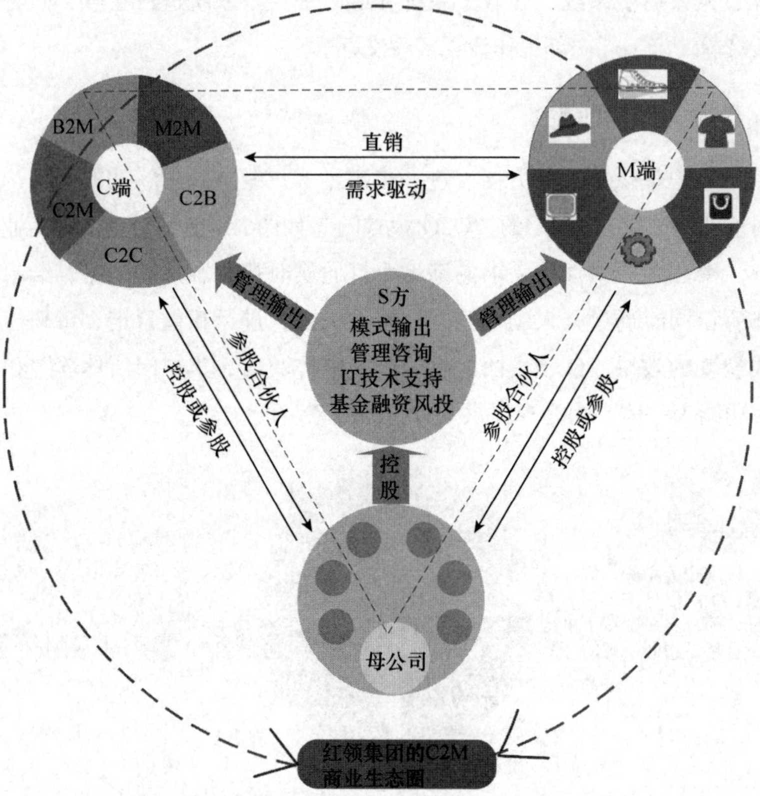

图6-11　红领集团的C2M商业生态圈的组成

按照红领集团的设想，发展C2M商业态圈，首先是要输出红领集团工业化定制服装的生产模式，输出将客户需求变成数据模型技术、数据驱动的智能工厂解决方案，先在服装、鞋、帽子、假发等关联产业进行复制推广，再在更广的行业推广，将大批传统企业转型升级，并由C2M商业平台将相关企业融合起来，凝聚出制造、服务一体化，跨行业、跨界别的庞大产业体系，集聚快速增长的新动能。在此基础上，要以红领定制工厂为圆心，由战略合作公司、面辅料供应商、粉丝客户以及研发设计团队、信息系统团队等共同构成红领集团的C2M商业生态圈，以网络协同模式开展工业生产，从而全方位、多角度、深层次地满足市场需求，培育能实现大规模定制的森林生态。

5 个性化定制

红领集团将传统服装制作与现代信息技术完美融合，运用“大数据，云计算，新模式，智能化”打造了全球独一无二的服装个性化定制平台，真正实现了“个性化，差异化，国际化，数字化”服装全定制的工业化流水生产，精准、高效、一次性满足客户的个性化定制需求，为服装生产企业提供服装定制的全程彻底解决方案。

5.1 定制的演进趋势

服装定制有不同的类型，工业化的全定制是基本的趋势。

5.1.1 定制的类型

服装定制大致分为三种，即简定制、半定制和全定制。

（1）简定制就是标准号生产，很少有企业可以满足小批量的款式变化，成衣尺寸是不能变化的。

（2）半定制就是在标准版上简单的套码（也称套号或套版），即按照成衣尺寸对个别部位的长度进行加减，围度是不能变动的。目前，大部分的职业装和定制服装均采用这种制作方法。

（3）全定制是完全按照客户的要求或者由客户自主设计，为客户量尺寸，匹配专属版型，配备专属工艺，进行单件制作，即“一人一版，一衣一款，一件一流”。

在过去漫长的时间，普通大众追求的是“有衣就行”，对个性化要求并不高。现在，广大的客户纷纷追求品质、品味、时尚、个性，服饰的颜色、尺寸、款式、搭配要求符合自己的身份。但由于每个客户的身高、体重、胖瘦、骨架、身材比例、胸围、腰围、臀围等都不相同，传统的标准号型、简单的套码、固定的款式和面料已无法满足客户的个性化需求，在消费者主权时代完全被动的消费必将消失，服装的全定制必将成为趋势和潮流。

5.1.2 全定制的实现

目前，实现服装全定制有两种方式，即手工全定制和工业化全定制。

（1）手工全定制。

手工全定制即小裁缝店的定制，靠裁缝师傅的经验量体、裁衣、加工。它的优点表现为：是真正的量体定制，可以满足客户的个性化需求，通过半成品试衣来确保相对合体；缺点表现为：没有标准的流程、体系，不能形成规模生产，靠裁缝师傅的经验量体、裁剪，生产周期长，生产成本高，售价非常高。

（2）工业化全定制。

工业化全定制是指通过大数据、云计算等技术的应用进行个性化、差异化的工业化流水全定制生产。它的优点表现为：是真正意义上的全定制，可以满足客户的个性化需求，完全按照客户的诉求进行研发、设计、生产，完全实现数字化、智能化、程序化，成本可控、质量有保证、交货期短；缺点表现为：必须具备非常高的信息化水平，且必须实现信息化和工业化的深度融合，必须具备个性化流程，并由相关大数据来支撑。

经过多年的实践探索，红领集团的数字化大工业3D打印模式已经实现了工业化流水生产的全定制，用工业化的效率制造个性化产品，用数字化、信息化、智能化技术搭建C2M交互环境；支持客户以最简单、最方便、最合理、最愉悦的方式实现全定制梦想。图6-12为红领集团全定制成衣的生产场景，可以看出每件衣服都各不相同。

图6-12　红领集团全定制成衣的生产场景

5.2　全流程定制的优势

5.2.1　成品交货

专业的信息化服装加工彻底解决方案实现了服装制作的设计、下单、制版、工艺匹配、计划排程、生产、入库、配送和客服各个环节全部信息化控制，突破了个性化定制产品流水生产的所有瓶颈，实现了不同的款式、工艺、面料、尺寸产品的工业化流水生产。

5.2.2 快速交付

速度优势是工业化全流程定制的独特优势，单体定制不用试衣，7个工作日即可交付全定制产品。图6-13演示了红领集团全流程定制7个工作日的流程。

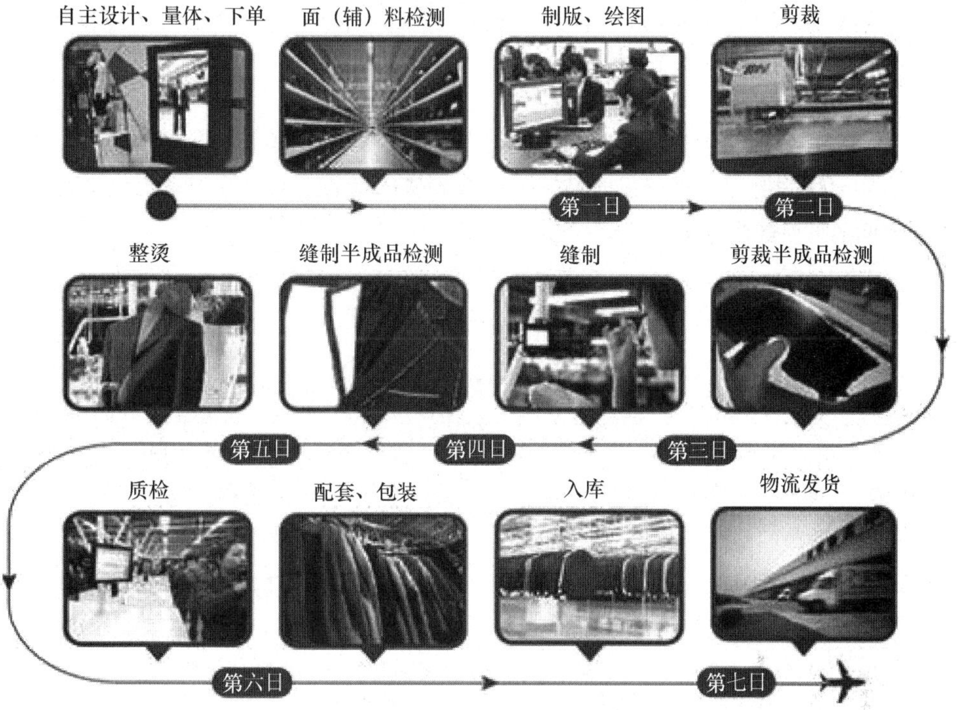

图6-13 红领集团全流程定制7个工作日的流程

如图6-13所示，客户进行自主设计、量体和下单后，第一日、第二日完成制版、绘图、剪裁；第三日、第四日进行剪裁半成品检测和缝制；第五日进行缝制半成品检测和整烫；第六日进行质检、配套、包装和入库；第七日交物流发货。

5.2.3 质量保障

网络设计、下单，定制数据全部数字化传输，可以确保来自全球订单的数据零时差、零失误率，准确传递；每件定制产品都有其专属的电子标签，使得每道工序、每个环节都可以在线实时监控，确保了定制服装的精准、合体、质量稳定和返单准确。

5.2.4 个性设计

客户可以随心所欲地进行款式、工艺、面料、辅料的选择和设计，这样确保了客户可以通过最简单、最便捷的方式，在最短的时间内定制出符合自己个性的服装。

5.2.5 价格优势

私人定制产品的工业化流水线生产，实现了定制的批量生产，提高了生产效率，缩短了交货期，增强了满足能力，降低了生产成本，保证了明显的价格优势。

5.2.6 操作简单

合作伙伴只需找到目标客户，设计、制作、发货、客服等全部工作都由企业完成，这样可以为合作伙伴提供一站式、一票到底的高质、高效服务，提供全程、全生命周期的彻底解决方案。

表6-1对红领集团的全球定制西装的优势与普通定制（成衣）西装的劣势进行了比较。

表6-1 红领集团的全球定制西装的优势与普通定制（成衣）西装的劣势比较

项目	红领集团的全球定制西装的优势	普通定制（成衣）西装的劣势
版型	系统为每位客户设计专属版型	在标准版上修修改改的简单修改
交付期	7个工作日交付	无法保障短期内交付
个性设计	客户所有的个性化需求均可实现	无法实现个性化需求
高端工艺	全手工工艺、全麻衬工艺	普通、简单的机制工艺
环保制作	无里子、无衬、无垫肩，涵盖衬衣面料、针织面料、丝绸面料	不透气、沉重、古板、僵硬，舒适度欠佳
量体方法	享有专利的、独创的量体方法	用样衣套号，加加减减，不合身
试衣	不需试衣，一次性确保合身	无法保证合适，只能反复修改
下单方式	平台系统下单，一键完成	手工下单，速度慢，容易出错
生产优势	全球最高端的信息化定制专业工厂	非专业的定制工厂
全定制	身份的象征，个性展示，健康、舒适、享受	是一件普通的、随处可以买到的衣服

5.3 定制流程

红领集团创建的大规模定制服装生产系统，实现了全流程的数据驱动：自动排单、自动裁剪、自动计算并整合版型等，完全摆脱了传统人工的束缚，并将交货期、专用设备产能、线号、线色、个性化工艺等编程组合，以流水线生产模式来生产个性化产品，实现了传统制造业的转型升级。红领集团的大规模定制包括以下六个方面的流程：

5.3.1　下单

需要订购红领集团服装的客户既可以通过手机和电脑网络下单，也可以使用传统的电话方式下单。如果所在城市设有红领集团的门店，那么客户还可以到店铺下单。在下单时，客户要录入相关的基本信息和量体数据，基本信息包括客户的姓名、身高、体重和联系电话等。

5.3.2　量体

实现大规模定制的第一步是要量体标准化。为此，红领集团开发出了具有自主知识产权的“三点一线坐标量体法”，即用一把尺子和一套量体工具（肩斜测量仪）在人体上找坐标：肩端点、肩颈点、第七颈椎点和中腰水平线，形成三点一线的“坐标量体法”，以点对点的简单测量来采集人体19个部位的22个尺寸，并采用3D激光量体仪，实现人体数据在7秒内自动采集完成，解决与生产系统自动智能化对接、转化的难题。零基础人员培训一周可以上岗，标准化量体方式形成的精准数据为版型建模和智能剪裁奠定了基础。远程客户也可以根据红领集团的量体视频教程或说明自行进行量体，此外客户也可以要求红领集团的量体师傅上门量体。图6-14为红领集团专门用于流动量体的大巴车。客户体型数据的输入，驱动系统内近1万个数据的同步变化，能够满足驼背、凸肚、坠臀等113种特殊体型特征的定制，满足了客户的个性化设计需求。

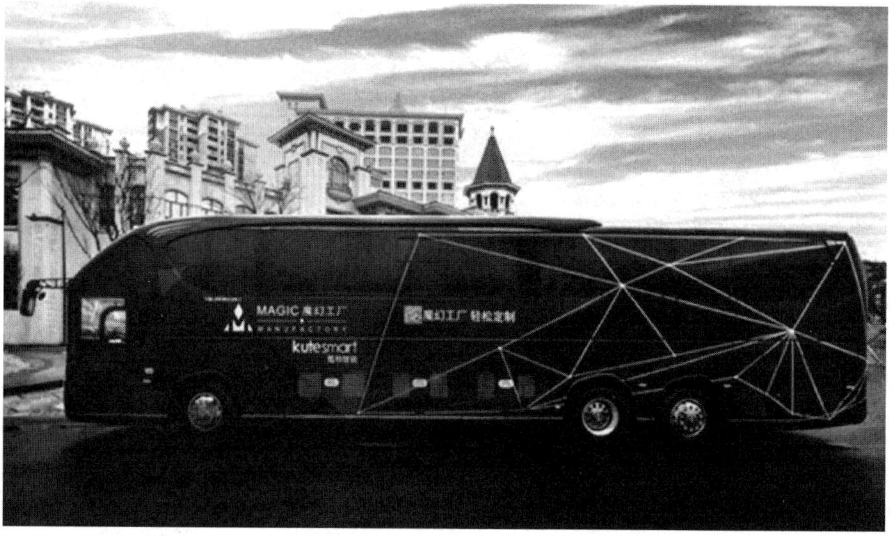

图6-14　红领集团的流动量体车

5.3.3　打版

提交订单、在线付款后，为客户设计的西装就会通过互联网进入RCMTM系统，这一系统的CAD（Computer Aided Design，计算机辅助设计）系统会自动生成适合的版型。自动制造版型系统较为复杂，除有大数据的支撑外，还要采用大量的算法和规则，一个采集的数据变化会同时驱动模型库9666个数据同步变化，以确保客户定制的衣服贴身合体。自动打版系统正式启用后，发挥出了十分重要的作用。利用这套系统，一秒钟时间内可以自动生成20余套西装的制版。在传统的手工定制行业中，一名版型师一天最多只能打两个版。红领集团用长期积累的超过200万名客户的个性化定制数据建立了一个标准数据库，使用CAD制版，只需要少量的版型师，他们的主要工作是配合打版软件的系统开发，相当于技术类的设计师。目前，红领集团做到了依靠CAD系统进行打版，工作人员只需要在出现异常数据时进行审核和确认。

5.3.4　剪裁

版型确认后，智能裁剪系统将与订单匹配的面料与版型数据一起发送到剪裁部门。剪裁是根据数据在机器上自动剪裁（如图6-15所示），配以少量工人进行简单的辅

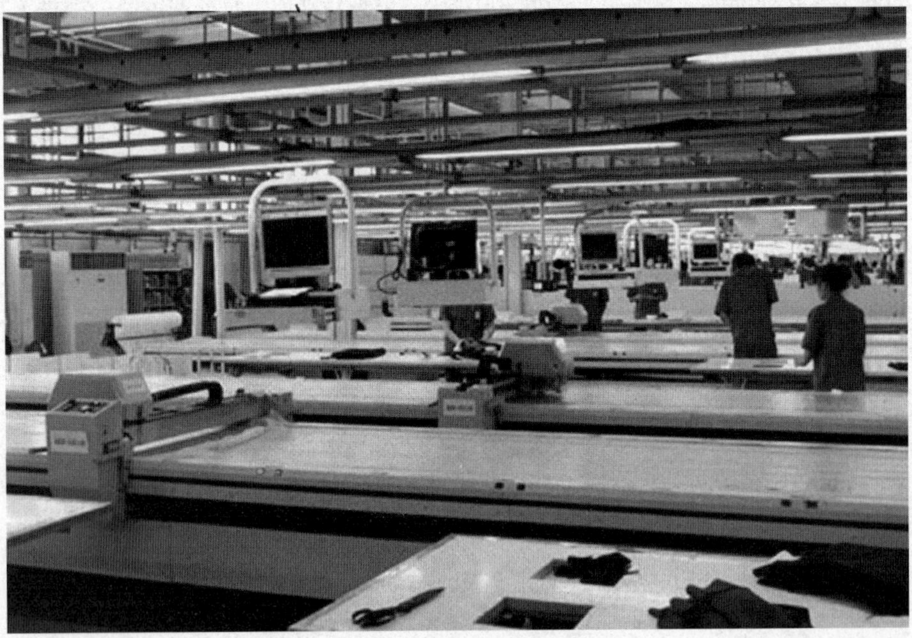

图6-15　红领集团的自动裁剪生产线

助操作。剪裁后的布料会挂到轨道上，传送到制作车间。红领集团大规模定制车间的天花板上布满了交错有序的轨道，轨道上挂满了进行到不同程度的衣料或半成品，每件衣服都配有一张 IC 卡作为“身份证”，以便轨道上的节点和操作工人对订单进行识别。

5.3.5 制衣

大规模定制服装生产系统根据订单IC卡把半成品传送到下一步工序的操作工位，工人只需刷一下半成品的“身份证”，系统就会把该工位需要完成的工序告知工人。例如，订单上标注扣眼用红线锁边，工人不用自己去寻找红色线轴，线轴板上的红色线轴会自动弹出，工人只需取下弹出的线轴，安装到扣眼锁边机上进行锁边操作即可。衣料或半成品就这样在轨道上依次被传送到不同的操作工位，每套西装要经历300多道加工工序，其中包括刺绣姓名等客户可以自由选择的个性化工序。图6-16为红领集团的数字化制衣现场。

图6-16 红领集团的数字化制衣现场

5.3.6 出货

服装制成后，成品服装会被统一传送到轨道的“终点”，再由专门人员运送到库房，挂到库房的传送带上。库房系统会自动地把成套的西装或者是同一个订单中的多件服装汇集到一起，工人只需把整理后的定制西装用快递送达全球各地的客户手中。图6-17为红领集团的出货场景。

红领集团的定制可以通过B2M（Business to Manufacturer，面向中间商的制造）

和C2M两种制造模式来实现，在数量占绝大多数的海外市场，任何一个和红领集团合作的定制商户都可以把自己的订单交给RCMTM系统完成，实现B2M的制造模式；在占比较低的国内市场，红领集团主推C2M模式，客户的个性化需求通过大数据等技术实时传递给工厂，工厂迅速精准地组织生产并在第一时间交付给客户，中间不经历任何延误，既能保证高效快捷，又能做到低成本、高效益运营。

图6-17　红领集团的出货场景

6 智能化运营

红领集团从自身的业务需求出发，建立起了高水平的智能工厂，实现了全方位的智能化运营，具体表现在以下六个方面：

6.1 版型制作管理智能化

红领集团在产品设计方面采用了与传统服装行业不同的三维CAD、CAPP（Computer Aided Process Planning，计算机辅助工艺规划）方式，开发了离散制造MTM（Method-Time-Measurement，时间测量方法）模块，对服装的款式、尺码、颜色等实现智能化管理。根据长期积累的个性化定制产品数据，红领集团将市场需求的个性化版型和工艺进行了规范化、标准化，搭建了符合人体结构的数据模型，用信息化手段固化、建模，建成版型数据库和工艺数据库，实现了产品生产过程的版型数据和工艺数据自动管理，满足了“一人一版”的个性化定制需求。

6.2 生产计划管理智能化

红领集团应用APS（Advanced Planning System，高级计划系统）实现了生产计划管理。系统根据工艺及原材料自动选择生产单元下单，将订单安排到相应的电脑自动裁床上，实现了下单过程智能化，使制造系统整体效益最大化。与此同时，系统跟踪并预警订单的生产状况，并进行实时的计划调整，以确保生产计划保质、保量、保进度完成。

6.3 生产物料管理智能化

红领集团应用仓库管理系统（WMS）和物料管理系统，对内部、外部的供应链资源进行整合，以低成本和高效率来满足业务需要；与主要供应商结成战略合作伙伴关系，采用基于无线射频识别（RFID）技术的仓储管理系统，对物资储位、货位、货架、批次和配送等实现全程跟踪管理，物料的实时数据存储在信息系统中；并对收货、发货、补货、盘点等各个环节实行全程追溯管理。

6.4 生产过程智能化

生产过程智能化表现在两个方面：一是应用自动裁剪设备。根据排产计划实现个性化定制产品（专属版型）“单量单裁”的智能剪裁，实现了版型数据与裁剪系统的无缝对接，比人工裁剪的效率高出10倍以上，实现了裁剪质量零缺陷，对人工剪裁技能的要求大大降低。二是应用智能吊挂推送系统。通过电脑设定产品工序流，将工序任务推送到指定工序的指定操作工位，高效率、准确地完成工序推送。

6.5 企业制造执行系统

红领集团的MES（Manufacturing Execution System，企业制造执行系统）作为车间信息管理技术的载体，在实现生产过程的自动化、智能化和网络化等方面发挥着突出作用。离散制造行业柔性生产离不开智能终端的作业指导指令，工厂的每个工人、每台设备都要通过MES的指令工作，不但实现了产品个性化定制全生命周期的单件流管理、制造全流程零占压和计划的精细化自主管理，而且还实现了个性化定制产品价值链源点的最大价值管理，还显著提高了价值链条响应的时效性。

6.6 仓储物流管理智能化

应用智能仓库物流系统，将不同的生产单元生产的产品通过智能配套系统进行一对一智能配套，配套及分拣效率高，可以达到百分之百的准确率。当产品入库时，通过RFID芯片卡自动扫描、自动入库，不需人工记录，RFID芯片卡与条形码、二维码结合使用，准确地反映了库存、库位，大大提升了仓储物流管理的效率，降低了管理的成本。

7 组织再造

在大力发展基于大数据定制的过程中，红领集团充分意识到传统的组织结构必须进行全方位的再造才能适应新的发展形势。于是，红领集团推行了以客户需求为中心的反向组织资源整合以及以节点管理为核心的组织再造。

7.1 机构和职能整合

为了科学有效地实现组织再造，红领集团全面整合和清除冗余部门，将原有的30多个部门整合为六大中心进行协同管理，分别是供应链中心、生产中心、客服中心、财务中心、信息中心和人力资源中心，从原来的层级化管理走向平台化管理，确保无障碍、点对点无缝衔接。以供应链中心为例，它囊括了仓储、供应、研发、设备、生产等部门，整合之后可以更好地实现协同，从而能最高效地满足客户的需求。同时，红领集团还建立了以客服中心为神经中枢的管理模式，客户的所有需求全部汇集至客服中心，使得客服中心能点对点直接下达指令，调动企业所有的资源以满足客户的需求。整合之后，客服中心的每个节点对外都代表红领集团，对内则代表客户的需求，可以给任何部门的任何岗位直接下达需求指令。红领集团借此消除了中间层级，把客户的需求与企业的能力之间隔着的“墙”全部拆除，完全做到了以客户为中心。

经历了机构和职能整合之后，在红领集团没有任何领导能对一线工人的业务发号施令，因为指令完全来自于IT系统而非人工发出，系统的刚性极强，要下命令就得先修改系统。在这种情况下，各级组织领导的任务只是提供方法和资源、识别例外并作出处置，员工是“自治”型，企业是“无为而治”型，一切都变得有条不紊、按部就班。

7.2 建立以节点管理为核心的管理模式

与以简化结构、以客服中心为中枢的管理结构相匹配的是建立以节点管理为核心的管理模式。所谓节点管理，即点对点的高效率、扁平化管理模式，客户的需求可以直接下达给节点员工而非部门主管，客服中心因事找岗，但如果员工在工作中遇到困难，可以向主管寻求支持。在考核上，当任务完成后，需求部门会给任务完成部门的主管打分，部门主管再根据打分情况对部门员工进行考核，即实行点对点机制下的部门主管负责制。在红领集团，所有的工作都是点对点，高层领导很少签字，职位虽然存在但职能已经转变，管理者更多承担的是服务和支持工作、建体系和流程。节点管理体系不会自动运行，需要管理者去推动并考察其运行的健康状态。另外，管理者还需要根据企业内外部环境的变化持续完善管理体系和流程，以消除运行过程中的瓶颈和障碍。

节点管理模式的核心是标准化、规范化和体系化，把每个节点需要员工用经验和能力去解决的问题通过系统全部解决，另外每个岗位的权限非常清晰，员工只需要操作执行即可，但在每个岗位工作的员工有义务发现问题并进行反馈。客服人员说的每句话、做的每件事系统上都有；工人也一样，只要一刷卡，需要做什么显示得清清楚楚，不需要他们过多地去发挥，尽力做到高度标准化，把很多不规范、不标准、靠经验的东西全部标准化，把标准化的点分到不能再分，从而达到标准化的最高境界。

7.3 用智能化实现“去经验化”

除实现“去中心化”和“去中介化”外，红领集团在“去经验化”方面也作出了重要的探索，形成了独树一帜的智能化管理体系。以客户需求的数据为源点，形成了以数据为核心的生产作业体系，系统内部运行的所有数据都是通过模型算法自动计算或自动演化集成协同而成的，中间不接受各类人工的干涉，这样使得大量的设计师被智能化的自动设计所替代，总数相当于1000人的设计师的工作任务由系统自动完成，并且能得到更加准确、可靠的设计结果。

一部分被分流的设计师的工作重心被转移到“例外情况”的处理上，毕竟经验丰富、资历较高的设计师能够对例外情况作出更加可靠的判断。比如，某客户的裤子数据中显示两条裤管的长度相差10厘米，一般人会认为肯定是尺寸量错了，而高水平的设计师却会推断出可能这名客户的腿部有疾病；还有下单后的参数修改需要通过人工进行核对干预，最终的成衣检验也要靠人眼的观感翻看检查；另外，RFID芯片卡也需要人工取下等。因此，机器在很大程度上以智能化实现了“去经验化”，但经验仍然有用，只不过更多地用在了智能化的机器设备所鞭长莫及的地方。

8 经验总结

在以互联网为代表的现代信息技术快速发展的背景下，传统的服装生产企业普遍面临着复杂的形势和复杂的挑战。红领集团积极主动地去拥抱时代的变革，并通过自身锲而不舍的努力，闯出了一条行之有效的发展道路。其主要的发展经验总结如下：

8.1 大规模定制是服装业未来发展的战略选择

长期以来，服装业是典型的大规模流水线作业的产业，“万人穿同款”是整个服装业的基本规则，也是服装企业扩大规模、降低成本、增加利润的前提条件。红领集团充分认识到市场发展的趋势，创新性地将互联网和大数据等信息化技术运用到服装制造这一传统行业，形成了基于大数据的大规模定制的模式，实现了“消费者主导，制造商按需定制”的新方式，打造了大数据支撑下的定制平台，将传统服装行业的生产模式由“标准号批量制作”转变为“定制产品的大规模生产”，引导着装文明由“同质化（千篇一律）”向“个性化（一人一款，专属版型）”转变，不但有效地迎合了新形势下客户的需求，同时也为自身迎来了广阔的发展前景。在谈到“互联网时代，制造业将何去何从”这一问题时，红领集团的创始人张代理认为：“这一潮流的本质是以信息化与工业化深度融合为引领，以3D 打印技术为代表，从而实现个性化定制的大规模工业化生产，进入信息化和互联网条件下的个性化制造，其先进性在于以工业化的效率控制成本，制造个性化产品，增强竞争力。”红领集团的实践表明，迈向大规模定制不仅是服装制造业未来的发展方向，而且同时也为其他行业提供了重要的借鉴。

8.2 大数据成为传统制造业转型升级的技术支撑

传统制造业企业面临着技术、市场、客户等因素的复杂变化，如何实现可行的转型升级是任何一家传统制造业企业都在苦苦求索的问题。红领集团将大数据技术和发展理论与服装制造业有机融合，将大数据发展成为企业用之不竭的宝贵资源，使其成为自己独特的竞争力的来源。红领集团研发了版型数据库、款式数据库、工艺数据库和BOM数据库，形成了数量极其庞大的设计组合，可以有效地满足99.9%的个性化设计需求。尽管数据的体量是海量的，但数据输出时只有计算机认识，输送到每道工序时会形成工艺指导书，每个工人在作业过程中虽然不知道最后的成衣是什么样的，但是他知道自己所在工序每次加工需要做的事。尽管定制非常复杂，但拆解到每道工序必须非常简单，否则工人没法工作。目前，红领集团大数据系统中包括了20多个子系统，全部以数据驱动来运营：每天系统自动排单、自动裁剪、自动计算、整合版型，一组客户量体数据完成定制、服务全过程，无须人工转换、纸质传递，数据完全打通、实时共享传输。可以说，大数据成为红领集团生产经营活动的“命脉”，是其成功转型升级的关键所在。可以肯定，在大数据时代，任何一家制造业企业没有数据技术和数据资源做支撑，显然是不可想象的。

8.3 客户的需求主导将成为未来主流的生产模式

基于大数据的大规模定制最根本的出发点是要从客户的需求出发，生产出客户自己想要价格又能接受的商品。在红领模式下，企业、客户及其他相关各方通过互联网广泛、深度地参与到价值创造、价值传递、价值实现等环节，客户得到个性化产品和定制化服务，无论是研发与设计、生产与制造，还是营销与服务都必须以满足客户的需求作为出发点和归宿点，真正意味着消费者主权时代的到来。与此同时，在红领模式下，服务方的服务能力对需求方完全开放，需求方需要服务时，服务节点是不受时间和自身的运营限制的，可以随时接受需求的调用，创造了一种全新的“制造转型服务”的模式，有力地促进了制造和服务一体化的发展。红领集团在这方面的实践，已形成了较为丰富的经验，可以为更多的企业提供借鉴。

9 案例评析

红领集团从传统服装生产企业转型升级为基于大数据的大规模定制的C2M制造商，成为国内制造业企业共同学习和借鉴的对象。同在青岛的海尔集团创始人张瑞敏在考察完红领集团后发出了这样的感慨：“参观红领时，看到传自纽约的个人订单，在信息化流程中能迅速完成发货，感慨颇深。这正是互联网时代传统企业必须跨过的坎：从大规模制造转为大规模定制，以满足用户个性化的最佳体验，红领做到了，这是其心无旁骛、几年磨一剑的结晶。”此后半年内，他又分批派出九拨高管赴红领集团学习，取得了良好的学习效果。红领集团以客户的需求为中心逆向整合生产要素，以大数据技术和资源为武器，实现了由传统制造到智能制造的转变，形成了符合时代特征和未来方向的商业模式。红领集团这种彻底颠覆传统生产垂直分工体系的创新，不仅大幅度提高了企业的经营效率和经济效益，而且还把大量的一线工人和设计师从繁复低效的人工作业中解放出来，形成了多方共赢的新格局。红领模式的主要价值可以概括为以下七个方面：

（1）红领模式将设计、制造和销售整合在一起，消费者与制造企业直接沟通，消除各种中间环节，同时以创新平台做“人人研发设计”，以电商做“渠道”，使制造环节不再受制于人。此时，微笑曲线反转，制造环节变得尤为重要，因而形成了巨大的利润空间。

（2）红领模式是一个完整的价值链再造，无论是研发、制造、物流还是服务都发生了根本性的转变，颠覆了传统服装企业的商业规则和经营模式。

（3）红领模式为供给侧改革提供了有效思路。

（4）红领集团的多年实践证明，运用红领模式，企业只需增加软件和信息化硬件设备，进行流程再造，就可以大幅度地提高传统企业的效益，提升我国传统产业的核心价值。

（5）红领模式是管理思维的创新，是一种全新的经营思想。

（6）红领模式是互联网时代制造业与电子商务有机结合经营的典范，实现了实体经济与虚拟经济的深度融合。

（7）红领模式符合中国国情，具有极高的复制和推广价值，适用于各行各业，将引领我国的制造业转型升级，成为经济发展的核心力量。

服装制造业在我国的制造业体系中占有举足轻重的地位。当前，我国大多数服装生产企业还处于传统粗放型生产模式，为了争夺有限的市场，必须经历残酷的价格战，基本处于价值链的最底端，缺乏发展壮大的基本动力。在艰难的发展环境下，我国的服装生产企业要闯出生路，必须大胆地探索转型升级之路，红领集团基于大数据的大规模定制发展经验，为整个服装业提供了有效的借鉴经验。而且，红领集团已经形成了包括服务服装行业在内的全定制、全生命周期、全产业链个性化定制的全程解决方案，为需要转型升级的企业提供了全方位的保障。可以期待，我国将会有越来越多的企业登上基于大数据的大规模定制的列车，为实现“从制造大国向制造强国跃升”的中国制造梦夯实基础。

案例 参考资料

[1] 李海滨. 青岛红领集团有限公司通过信息化和工业化深度融合实现服装大批量定制的经验 [EB/OL]. [2016-04-15]. http://www.sdeic.gov.cn/resource/sdjxw/att/201604/d09b902d-283b-4f73-9e27-d35449829229.pdf.

[2] 潘东燕. 红领：制造业颠覆者？[J]. 中欧商业评论，2014,（8）.

[3] 张代理. 转型：做企业利润最重要，先想好商业模型不是学雷锋 [EB/OL]. [2016-07-16]. http://www.hksilicon.com/articles/1132992？lang=cn.

[4] 张蕴蓝. 制造业的魔幻转身 [EB/OL]. [2016-08-10]. http://finance.sina.com.cn/times/48.html.

[5] 郑渝生，梁超，何珊. 红领集团：服装大批量生产转型大规模定制——长江商学院案例中心 [EB/OL]. [2016-08-01]. http://www.ckgsb.edu.cn/uploads/201606/08/1465374111301004.pdf.

[6] 周静. 红领集团酷特智能C2M商业生态 [EB/OL]. [2015-05-08]. http://www.chinadaily.com.cn/micro-reading/china/2015-05-08/content_13669202.html.

案例07

海尔大数据应用案例

海尔集团是世界白色家电的领导者，同时拥有“全球大型家电第一品牌”“全球冰箱第一品牌”“全球冰箱第一制造商”“全球洗衣机第一品牌”“全球酒柜第一品牌与第一制造商”“全球冷柜第一品牌与第一制造商”等国际殊荣。目前，在全球17个国家和地区拥有8万多名员工，用户遍布世界100多个国家和地区。海尔集团作为以全球数亿个家庭为主要服务对象、以制造为主体业务的跨国巨型企业，拥有得天独厚的大数据资源优势。在大数据资源利用和大数据技术开发方面，海尔集团坚持“无交互不海尔，无数据不营销”的发展理念，努力打造大数据企业，成为大型实体企业发展大数据的典型示范，积累了大量宝贵的经验和创新的做法。

1 案例背景

海尔集团创立于1984年，当时已经资不抵债、濒临破产的青岛电冰箱总厂迎来了新的掌舵人——时任青岛市二轻局下属青岛市家电工业总公司副经理的张瑞敏。张瑞敏受命于危难之中，上任不久便作出了一项历史性的决策——引进德国利勃海尔电冰箱生产技术，提出并制定名牌战略。1985年，张瑞敏带头把76台有质量缺陷的冰箱全部砸烂，并在全厂确立起了“有缺陷的产品就是废品”的质量理念，由此走上发展的快车道。从1984年创立至今，海尔集团已经经历了五个发展阶段，分别是名牌战略发展阶段（1984—1991年）、多元化战略发展阶段（1991—1998年）、国际化战略发展阶段（1998—2005年）、全球化品牌战略发展阶段（2005—2012年）以及从2012年12月开始至今尚在经历的第五个发展阶段——网络化战略阶段。在每个发展阶段，海尔集团都有不同的目标，而随着目标的变化，组织也相应地发生着变化（如图7-1所示）。

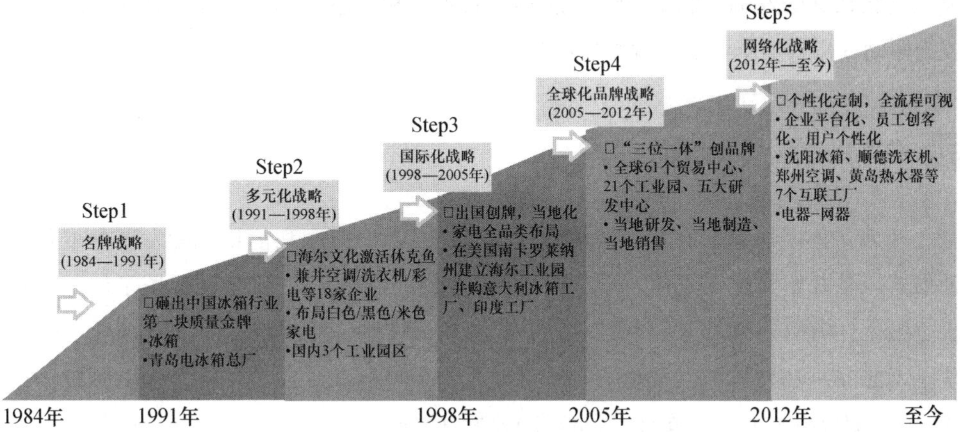

图7-1　海尔发展阶段业务重点

经过30多年的快速发展，海尔集团已从开始单一生产冰箱起步，拓展到家电、通信、IT数码产品、家居、物流、金融、房地产以及生物制药等领域，成为全球领先的美好生活解决方案提供商。海尔集团作为全球布局的国际化公司，目前运营着海尔（Haier）、卡萨帝（Casarte）、统帅（Leader）、亚科雅（AQUA）、斐雪派克（FISHER & PAYKE）和日日顺等十大品牌，拥有遍布全球的十大研发中心和108个工厂。海尔集团旗下包括两家上市公司：一家是“青岛海尔”，主营业务方向是家电制造业，负责在新型制造业方面的经营；另一家是“海尔电器”，主营业务方向是渠道，即日日顺物流，承担新型物流业务的运营。

进入第五个发展阶段后，海尔集团致力于转型为真正的互联网企业，打造以社群经济为中心、以用户价值交互为基础、以诚信为核心竞争力的后电商时代共创共赢生态圈，成为新经济时代的引领者。为了更好地实现转型，海尔集团在以下三个方面进行发力：

（1）在战略上，建立以用户为中心的生态圈，实现生态圈中各利益攸关方的共赢增值；

（2）在组织上，变传统的封闭科层体系为网络化节点组织，开放整合全球一流资源；

（3）在制造上，探索以互联工厂取代传统物理工厂，从大规模制造转为规模化定制。

海尔集团作为已进入2亿中国家庭、拥有超过6亿国内用户的数据密集型企业，大数据已在其研发端、制造端、产品端、服务端和生态端等多个环节开花、结果，成为驱动新形势下企业超常规发展的核心动力。

2 数字化转型

在海尔集团快速发展壮大的过程中，信息技术的应用和信息化的发展是重要的助推器。从开始实施多元化发展战略开始，海尔集团的IT战略分别经历了信息化起步阶段（1991—1998年）、基础管理信息化阶段（1998—2005年）、人单合一转型阶段（2006—2012年）以及由流程驱动转变为信息驱动（2012年—至今）阶段，以IT应用的数字化转型促进集团“网络化转型”的深化。

2.1 商业模式创新

进入到“网络化转型”发展阶段之后，海尔集团确立了商业模式创新的方向，基本的思路是从过去“制造产品”向“孵化创客，人单合一”的双赢模式转变。为了实现这一转变，海尔集团确立了“从产品销量转向用户流量”“从价格交易转向价值交互”和“从产品金融转向生态金融”三个新的思想，重点推动“互联网+工业”“互联网+商业”和“互联网+金融”三大业务板块健康、快速地发展。图7-2为海尔集团的商业模式创新框架。

商业模式的创新给海尔集团的IT战略发展带来以下三个方面的严峻挑战：

（1）战略转型：企业要变成平台，从制造产品向孵化创客转变，员工变成自己的CEO，如何更好地适应新的形势是一个全新的课题；

（2）组织重构：去中心化、去中介化，从串联到并联，如何搭建共创共赢生态圈是一个必须要实际解决的问题；

（3）机制颠覆：确立新的“三权”（决策权、分配权、用人权）、“三自”（自驱动、自创业、自组织）体系，从企业付薪到用户付薪，从雇佣者到创业合伙人，一系列新的问题既无先例又无现成的模式可循，十分棘手。

2.2 IT建设愿景

为了更好地发挥IT在促进企业转型和支撑业务快速发展中的作用，海尔集团确立了如图7-3所示的IT建设愿景。

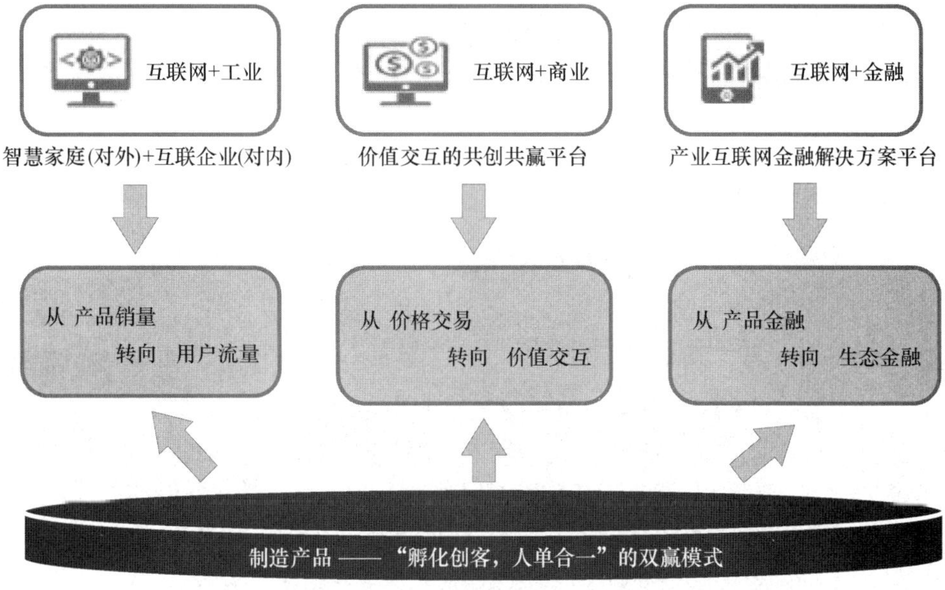

图7-2　海尔集团的商业模式创新框架

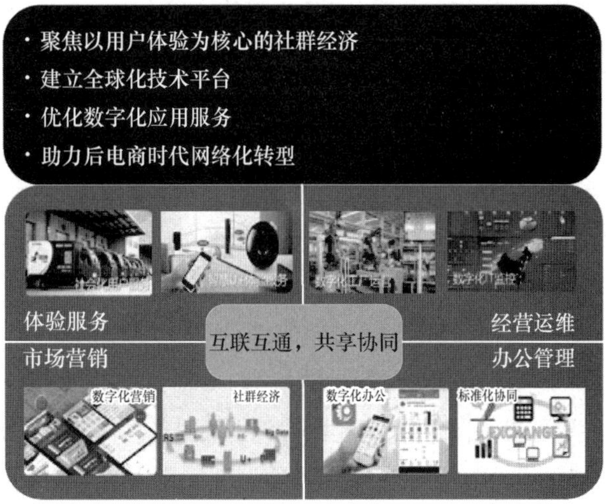

图7-3　海尔集团的IT建设愿景

如图7-3所示，海尔集团的IT建设要以促进“互联互通，共享协同”为基本着力点，加强IT在体验服务、市场营销、经营运维和办公管理中的全面应用，实现“聚焦以用户体验为核心的社群经济、建立全球化技术平台、优化数字化应用服务以及助力后电商时代网络化转型”等方面的建设目标。

2.3 IT服务模式

海尔集团在长期的IT战略实施过程中，形成了既具有特色又富有成效的IT服务模式（如图7-4所示）。

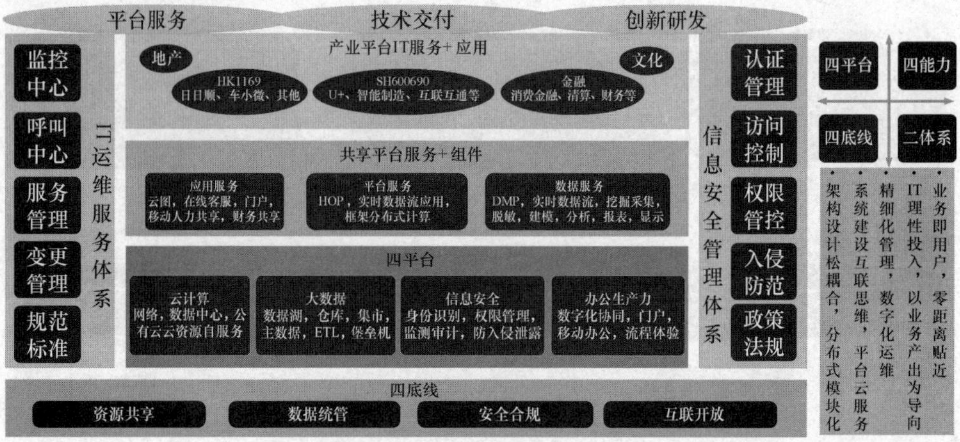

图7-4 海尔集团的IT服务模式①

如图7-4所示，海尔集团的IT服务模式以四平台（云计算、大数据、信息安全和办公生产力），四能力（企业架构能力、平台服务能力、技术交付能力和数据交付能力），四底线（资源共享、数据统管、安全合规和互联开放）和二体系（IT运维服务体系和信息安全管理体系）为基本保障，面向集团各产业提供“产业平台IT服务+应用”和全方位的平台服务、技术交付和创新研发。

2.4 IT支撑战略实施

在“网络化转型”发展阶段之后，家电产业集团作为海尔集团的核心支柱，提出了“海尔690战略”，以加快推进“互联网+工业”为战略任务，包括两大核心使命：对外是智慧家庭，从单一产品引领到方案引领，通过网器形成“务联网”②；对

① 在图7-4中，HOP的英文全称是Hair Open Platform，是指海尔开放平台；DMP的英文全称是Data Management Platform，是指数据管理平台。ETL的英文全称是Extract Transform Load，用来描述将数据从来源端经过抽取（Extract）、转换（Transform）、加载（Load）至目的端的过程。

② 务联网即服务联网，是指将生产服务、消费服务、金融服务等各类服务资源通过网络实现连接，构建综合性的服务生态系统。

内是互联企业，从大规模制造到大规模定制，通过智能互联形成物联网。海尔集团要想实现这一战略目标，必须通过强有力的IT支撑战略来进行保障。图7-5为IT支撑战略实施分解图。

如图7-5所示，IT支撑战略的实施必须以强大的IT能力作为基础，提升组织、机制、流程、分析和应用五大能力，在精确的识别和洞察、创新的开发和改进、高效的推广和交付、实时的管理和提升四大应用类型中全面发力，最大限度地发挥用户、交互、机器、渠道、地域、企业、利益攸关方和市场等八大类型数据资产的价值，实现“围绕战略目标，通过运营数据资产提升用户价值、企业价值和生态圈价值”的战略愿景，最终确保战略目标的全面实现。

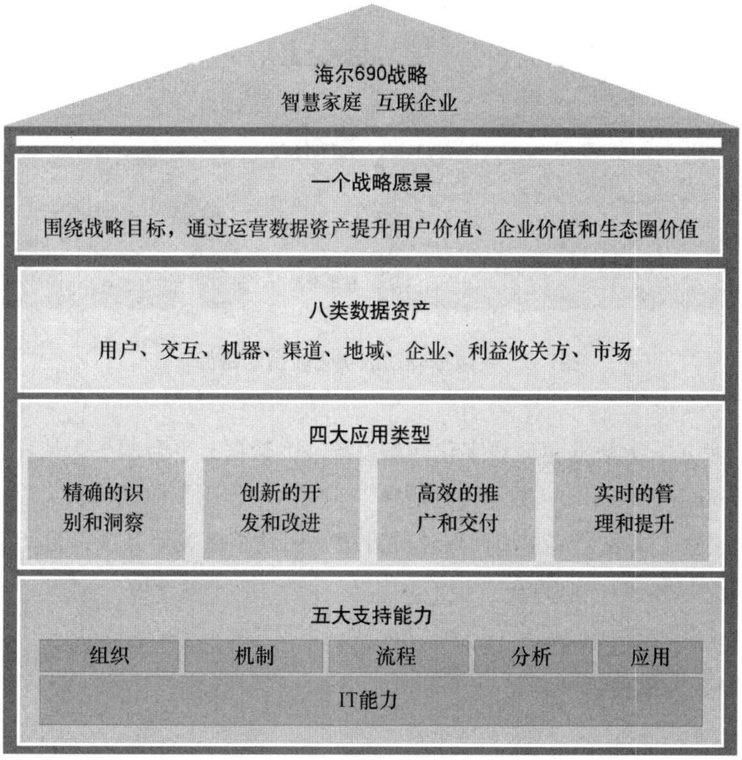

图7-5　IT支撑战略实施分解图

2.5　大数据驱动的数字化转型

充分发挥大数据推动企业在数字化转型中的突出作用是海尔集团IT建设的中心任务之一。为此，海尔集团明确了企业实时大数据战略：

（1）集团层面全面数据接入，包括社群及媒体传播数据、物联网数据、经营管理数据、客户行为数据、非结构化数据；

（2）优化模型及算法，发掘潜在数据价值；

（3）切实提升数据实时分析能力，缩短显差及分析周期，全面提高业务洞察力。

根据企业提出的实时大数据战略，海尔集团提出了如图7-6所示的大数据驱动数字化转型的路径。

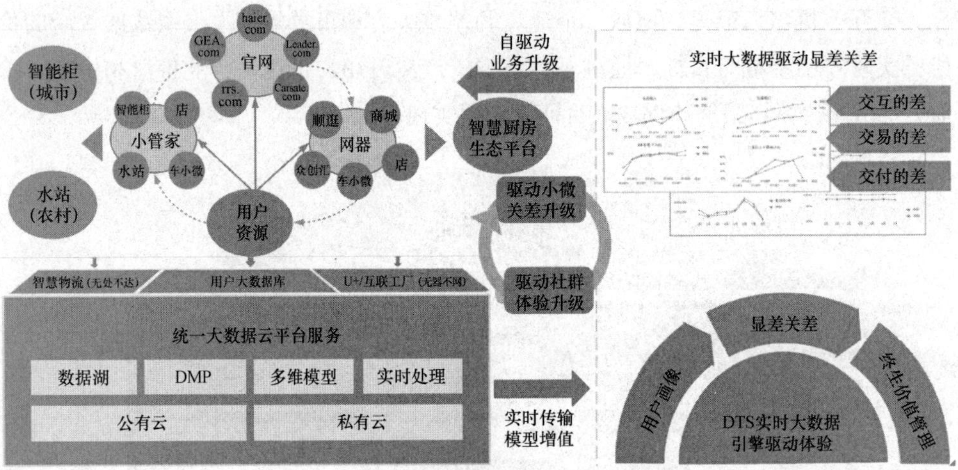

图7-6　大数据驱动数字化转型的路径

如图7-6所示，大数据驱动数字化转型以统一大数据云平台服务为依托，以DTS（Data Transmission Service，数据传输服务）实时大数据引擎驱动体验，以实时大数据驱动显差关差，实现了“驱动社群体验升级，驱动小微关差升级，自驱动业务升级”等方面的目标。

3 SCRM数据平台

SCRM（Social Customer Relationship Management，社交化用户关系管理）数据平台是海尔集团大数据应用的主要载体。这一平台与海尔集团全流程12个数据系统通过数据接口进行数据采集、融合、识别、聚类和建模，将1.4亿线下实名数据与19亿线上匿名数据进行动态匹配管理，实现了个性化、专业化、全方位、多角度的客户数据动态管理。

3.1 数据采集

传统的CRM系统基本的做法是将用户的各种背景资料、消费情况等收集进来，然后通过系统的方式进行持续跟踪，包括进一步消费的记录归档，然后根据所掌握的数据通过电话、短信、电子邮件等方式发送一些信息，开展一些面向用户的服务。经过长期积累，海尔集团内部CRM系统积累了丰富的用户数据，但这些用户数据在一定程度上并没有发挥应有的作用，主要存在四个方面的问题：一是有销售记录，但没有用户详细的个性化数据；二是有交易过程，但没有交互过程；三是有订单数据，但无订单之外的相关数据；四是有营销，但用户缺乏忠诚度。SCRM数据平台以用户数据为核心，全流程连接企业的运营数据，全方位连接社交行为数据，通过大数据挖掘为用户贴上标签，并根据标签形成最基本的用户模型，通过用量化分值来定义用户潜在需求的高低，精准满足其个性化的需求。与传统的CRM系统相比，由于其中加入了社交交互模块，平台的互动性更强，数据动态更新及时，在交互过程中使得用户信息的完整度更有保证。图7-7显示的是SCRM数据平台数据采集的主要来源。

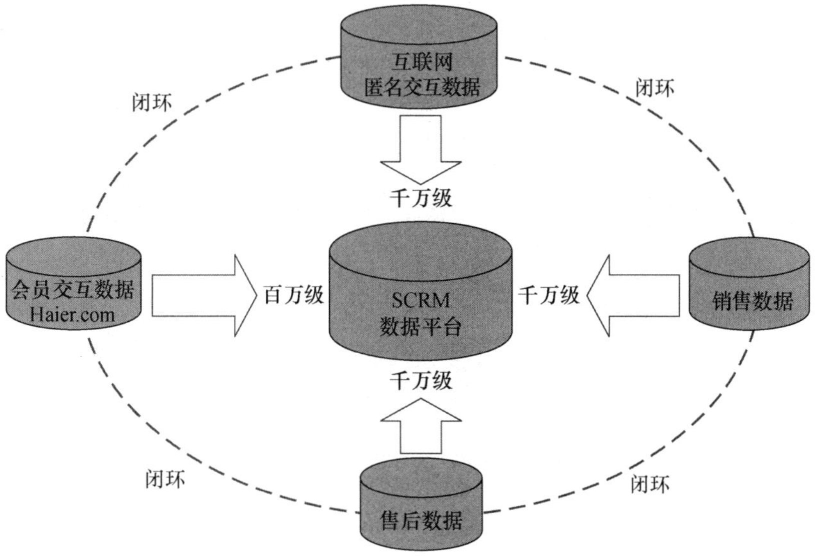

图7-7　SCRM数据平台数据采集的主要来源

如图7-7所示，SCRM数据平台的数据来源主要包括互联网匿名交互数据、销售数据、售后数据、会员交互数据等。纳入这一平台的数据提供渠道包括社交媒体

（微博、微信、QQ）、知乎账号、官网、用户电话中心、iHaier（模块商）、众创汇（海尔集团为用户提供的产品定制平台）、海创汇（海尔集团为创客提供的创意孵化平台）等。同时也包括海尔集团在线下的各类自建销售渠道或合作销售渠道（如苏宁、国美），拥有线下实名用户超过1.5亿人，线上匿名用户超过2亿人。借助SCRM数据平台，海尔集团还建立了口碑交互系统，对100多个主流社交媒体进行舆情监测。只要用户在其中发帖或发言，系统就会实时自动抓取与海尔电器有关的数据，并自动反馈给各个产业部门或小微的接口员，他们可以直接在平台内与用户回复互动，回复数据会直接回传到相应的社交媒体或网站。

3.2 数据模型

海尔集团建设SCRM数据平台的根本目的是通过汇集全方位的用户数据进行数据挖掘，并用于各类预测和决策。这一平台经过数据融合、用户识别，生成数据标签，以建立起各类数据模型。海尔集团先后建立了3个大类、10多个数据模型。比如，预测用户接下来会有哪些大的行动（如购房、结婚、异地搬迁等），会有什么样的消费需求，或者对已有的产品、方案有哪些改进、完善的需求等。图7-8为SCRM数据平台数据模型的构成。

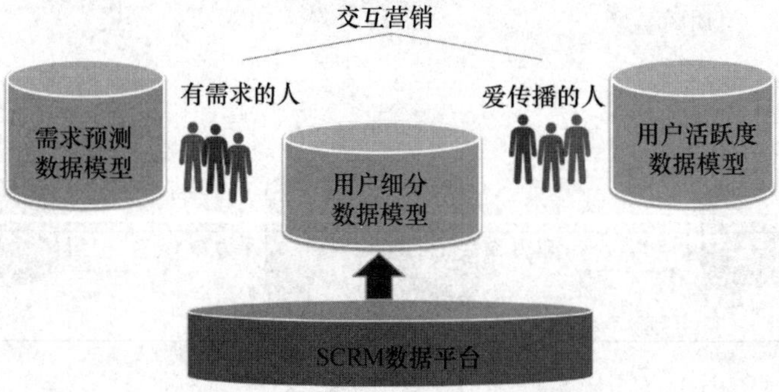

图7-8　SCRM数据平台数据模型的构成

3.3 数据应用

基于SCRM数据平台，海尔集团开展了全方位的数据应用，尤其是数据密集程度最高的空调领域，诞生了总数量超过500亿条的室内空气大数据，覆盖了全球30多个国家、地区和国内500多个10万人以上的小区。各类数据在海尔集团的研发端、制造端、产品端、服务端和生态端有着全方位的应用。

3.3.1 研发端应用

在研发端，空调事业部通过大数据实现了从研究“机器”到研究“人”的跨越。通过大数据联合研发智能仿生人技术，空调事业部可以模拟人体30个身体部位、20种新陈代谢模式、162个神经元传感器以及17种温冷环境。海尔集团将人体对空调吹风的舒适度量化，建立了全球首例人体空气舒适性模型，同时依托仿生人研发出的自然风、自清洁以及离子送风等原创技术和产品，能满足用户健康舒适的个性化需求，真正做到了使个性化需求得到最大限度的满足。

图7-9为根据SCRM需求预测模型所得出的洗衣机需求预测实例。

打分逻辑 判断分类	项目类	分值	判断条件(rules)	时间范围	其他条件	原始数据源
新居/成套	1.大家电购买	3	购买大家电产品（包含洗衣机、冰箱冰柜、热水器、彩电）	≤30日	≥2类	EHUB、HP安装、会员注册产品
新居/成套		2	购买大家电产品（包含洗衣机、冰箱冰柜、热水器、彩电）	≤60日	≥2类	EHUB、HP安装、会员注册产品
新居/成套		1	购买大家电产品（包含洗衣机、冰箱冰柜、热水器、彩电）	≤90日	≥2类	EHUB、HP安装、会员注册产品
新居/成套	2.厨电购买	3	购买厨电类产品	≤30日	子类≥2类	EHUB、HP安装、会员注册产品
新居/成套		1	购买厨电类产品	≤30日	子类=1类	EHUB、HP安装、会员注册产品
新居/成套		2	购买厨电类产品	≤60日	子类≥2类	EHUB、HP安装、会员注册产品
新居/成套		1	购买厨电类产品	≤90日	子类≥2类	EHUB、HP安装、会员注册产品
更新换代	3.已有购买可能性标签	3	逻辑同peter标签：1个月内购买		标签的逻辑判断对象 仅限洗衣机大类产品	HP维修、咨询数据
更新换代		1	逻辑同peter标签：1—6个月内购买		标签的逻辑判断对象 仅限洗衣机大类产品	HP维修、咨询数据/会员数据
更新换代	4.空调维修记录	1	产品有维修记录	≤90日	≥1次洗衣机维修记录	HP维修数据
更新换代		2	产品有维修记录	>90&≤365日	1次洗衣机维修记录	HP维修数据
更新换代		3	产品有维修记录	>90&≤365日	≥2次洗衣机维修记录	HP维修数据
更新换代	5.空调移机申请	1	空调移机申请，已派单已完成	>30&≤365日		HP维修数据
更新换代		2	空调移机申请，已派单已完成	≤30日		HP维修数据
更新换代		3	空调移机申请，已派单已完成			HP维修数据
更新换代	6.小区判断	1	所住小区建成年代在5—13年			节能补贴数据
反馈可能性	7.短信反馈	1	记录回复愿意成为会员			SCRM
反馈可能性	8.官网登录	1	近一个月登录梦享+会员			SCRM
反馈可能性	9.历史记录	-1	之前在破坏性创新活动中已经发送过短信的			通过手动统计

图7-9 洗衣机需求预测实例

3.3.2 制造端应用

海尔集团以SCRM数据平台的用户数据为助力，实现了从“大规模生产” 到“大规模定制”的转变。例如，海尔集团通过海尔空调应用大数据分析发现，用户群普遍存在空调清洁上的痛点。为此，海尔集团发明了会自己“洗澡”的空调——海尔自清洁空调。这种空调会根据用户的开机时间、使用时长等大数据分析其自清洁需求，当达到自清洁指标时，海尔自清洁空调就会给用户发送自清洁指令，用户只需一键控制就可以让空调给自己“洗澡”。相关数据显示，售出的200万套海尔自清洁空调已为用户节省了3.2亿元的清洗费用。

3.3.3 产品端应用

在产品端，海尔集团基于大数据实现了从“电器”到“智能网器”的升级和产品智能化的跨越，同时还以海量数据为基础建立了地域差异化的舒适节能模型，主动学习用户的使用习惯，实现“千人千面”的个性化节能。比如，在夏天使用空调时不少的用户为了追求速冷舒爽的效果，把空调设置为18℃，但实际上这个温度不仅不节能，而且很容易引发感冒。通过大数据分析，系统能推算出在不同的季节、不同的地区所适宜的空调温度是多少，从而为不同区域、不同年龄段的用户提供一个最佳的解决方案。

3.3.4 服务端应用

在服务端，海尔集团利用大数据实现了从“派单”到“抢单”的模式转变，引入了优胜劣汰的行业服务竞争机制，开启了行业主动服务的新标准。在传统服务流程中，订单首先会被先派到服务网点，然后再由服务网点派给服务兵。而在大数据支持体系下，优秀的服务兵可以自由抢单，得到更多的服务机会，为用户带去更好的服务体验，创造更高的服务价值。

3.3.5 生态端应用

海尔集团还将大数据跨界应用到供热、供电领域，取得了一定的成效。通过与江苏电力有限公司展开电力削峰合作，海尔集团将海尔空调云端数据与国家电网对接，调节居民侧的高峰用电负荷，降低电网峰谷差近20%，缓解了电网运行压力；通过与北京金房暖通节能技术股份有限公司展开供热合作，将空调室内空气大数据用于企业供热小区室温实时监测，辅助实现供热企业的适时按需供热，取得了良好的成效。

4 大数据营销

利用大数据资源实现大数据营销是海尔集团开发和利用大数据资源的重中之重，海尔集团在建设和运营SCRM数据平台的基础上进行了全方位的探索。

4.1 规划与建设

在规划与建设阶段，海尔集团从以下六个维度来推进建设：

（1）营销流程：针对海尔集团内部组织管理架构、业务流程，以及如何保证流程的顺畅运行方面进行了相应的规划和梳理，为开展大数据营销建立了新的流程。

（2）数据管理：对如何捕获数据、怎样对数据进行ETL处理以及如何进行存储、清洗、整合等问题，确定具体的方案。

（3）营销分析：如何利用数据指导决策，怎样站在企业的高度对战略和业务发展方向进行指导规划。

（4）营销系统：分析各业务部门是如何进行营销的，并针对实际情况提出实施精准营销的措施。

（5）沟通渠道：考虑在传统沟通渠道的基础上，增加微信、App推送等沟通渠道。

（6）评价体系：参考淘宝网、天猫等平台的一些评价规则，提高评价的作用和价值。

4.2 数据归集和数据清洗

在海尔集团，与用户行为比较相关的六套系统分别是海尔商城、净水商城、微信公众号、线下店系统、物流系统和售后服务系统。海尔集团在对这六个系统进行分析的基础上实现数据归集和数据清洗，形成统一的系统。

（1）海尔商城：已集聚数千万的用户数据，由于数据完整、时效性较强，应用价值比较高，所以在整合后供其他的系统使用。

（2）净水商城：主要集聚了购买海尔净水设备的用户数据，利用开发的系统，通过海尔商城和净水商城的交叉销售，找到用户之间的关联，促进交叉销售。

（3）微信公众号：把日日顺服务号等微信公众号的信息整合到统一的系统中，将用户的其他信息和手机号相关联，促进用户数据的统一和完整。

（4）线下店系统：集成线下店数千家商户的信息，实现线上、线下的整合。

（5）物流系统：将用户通过海尔商城、天猫商城配送的地址信息和系统中的用户信息进行匹配，丰富和完善物流基础数据。

（6）售后服务系统：将已经入库的数亿用户售后数据激活，用于不同产品线的大数据营销活动。

4.3 用户画像

基于大数据资源进行用户画像，可以全面系统地抽象出一个用户的信息全貌，为进一步精准、快速地分析用户行为，提供了足够的数据基础，以便更好地满足用户个性化、差异化和多样化的需求。海尔集团拥有海量的线下实名数据和线上匿名数据，为全方位开展用户画像提供了基础。在实际运作中，海尔集团将用户数据分成3个层级、7个维度（入市意向、地理位置、人口统计特征、兴趣爱好、使用偏好、品牌喜好度以及购买及使用倾向）、200多个标签和5000多个节点进行用户画像（如图7-10所示）。

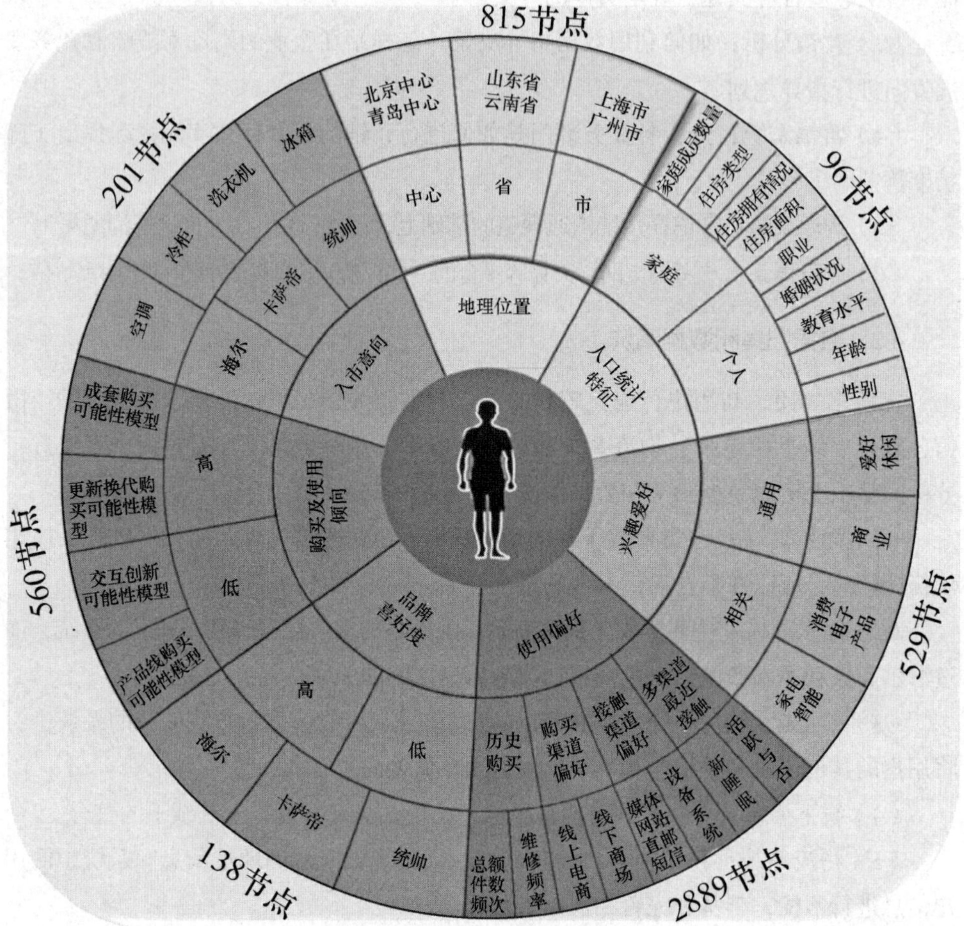

图7-10　用户画像的依据

用户画像既可以通过现有用户数据更好地发现消费需求，又可以洞察新产品开发的商机。比如，有一位王先生曾经在10年前购买了一台“海尔”的波轮洗衣机，最近两年有两次上门维修的记录，系统显示王先生的收入为中上水平，近期要搬入新居，平时对“海尔”品牌较为关注。为此，SCRM数据平台向王先生推送了海尔集团新开发的时尚滚筒洗衣机的产品信息，最终促成了这次购买。又如，海尔用户数据显示，用户群体中40岁以下的人数超过2/3，他们的学历层次远超社会平均水平，对健康问题较为关注，生活有较高的品位等。海尔集团据此开发出了一整套智慧自健康家电，包括既能保湿又能保干的海尔干湿分储冰箱、边洗衣边清洗内桶的免清洗洗衣机以及一键清洗蒸发器的劲铂空调等。这些创新型的自健康家电产品通过自主解决机器自身存在的安全、健康和洁净等问题，在为用户带来健康、智慧、时尚的生活体验的同时，也充分体现了用户画像的独特价值。

在用户需求变得更加个性化、多样化同时也更加碎片化的时代，产品的创新与迭代变得更加不可捉摸，海尔集团将用户画像数据与用户消费数据、交互数据、体验数据、反馈数据、评论数据和产品画像数据有机融合，可以在第一时间掌握用户的现实需求和潜在需求，从而为各类经营决策提供依据，对提升企业的竞争力和发展力必然大有裨益。

4.4 营销自动化系统

基于用户画像所获得的大量用户数据，海尔集团开发了一套自动化营销系统。这一系统基于用户画像，可以对用户进行全方位的分群、筛选，并制定相应的营销规则。营销的自动执行主要通过短信、电子直邮邮件、微信以及App推送，在这个过程中，业务人员可以检测点击与访问数据，比如说电子直邮邮件是否到达、是否被点击，购买情况是什么样的等。这些信息都会回传到EDW（Enterprise Data Warehouse，企业数据仓库）系统中，形成数据流的闭环。

为了更好地利用营销自动化系统，海尔集团建立了统一的营销规则，明确了每个部门都可以利用大数据平台，或者说利用营销自动化平台达到自己的营销目的。在同一个平台上，不同部门的用户享有不同的权限，他们可以使用各方的数据，同时需要确保良好的沟通，避免重复营销，以免引发用户的反感情绪。

4.5 U+智慧生活平台

海尔集团大数据营销的重要发展方向是搭建“U+智慧生活平台”。“U+智慧生活平台”是以“互联平台，云平台，大数据平台”为支撑，构建并联交互平台和生态圈，为全球数亿用户提供互联网时代美好生活解决方案。图7-11为“U+智慧生活平台”的框架。

如图7-11所示，“U+智慧生活平台”以硬件资源、软件资源、内容服务资源、第三方资源和其他资源为支撑，打造统一交互平台、智慧家庭互联平台、云服务平台和大数据分析平台，构筑智慧用水生态圈、智慧娱乐生态圈、智慧安全生态圈、智慧健康生态圈、智慧空气生态圈、智慧美食生态圈和智慧洗护生态圈。

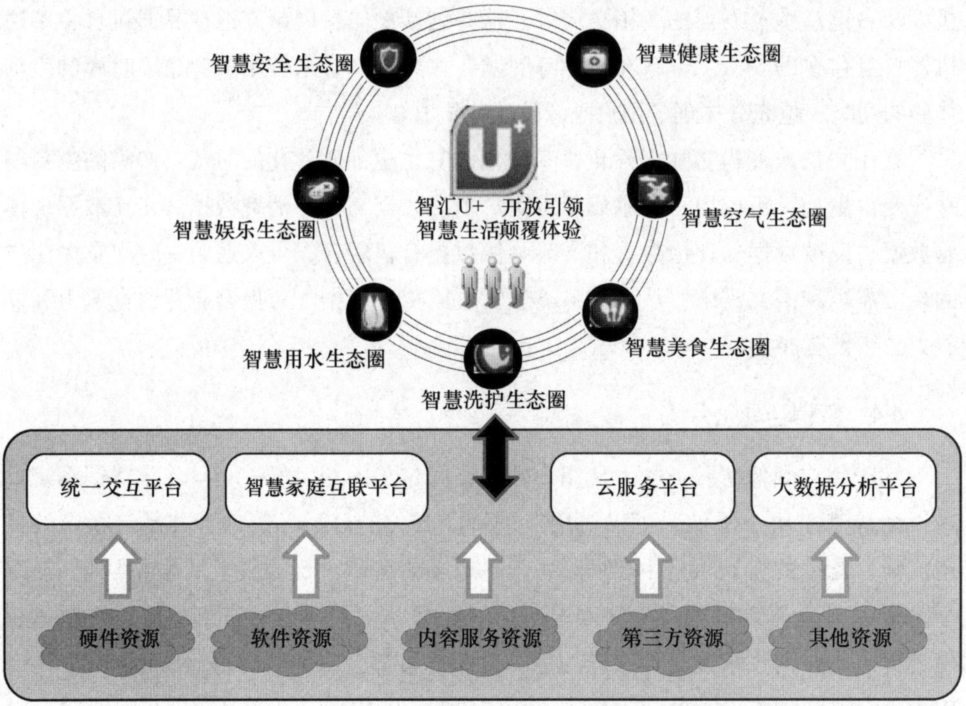

图7-11 “U+智慧生活平台”的框架

4.6 大数据营销工具

为了更好地开展线下交互营销，SCRM数据平台开发了两个大数据营销工具。

4.6.1 海尔营销宝

海尔营销宝是为营销及销售人员开发的具有精准营销功能的大数据产品，可以辅助其面向区域、社区和用户个体开展精准营销。它是一个手机App，主要包括社区热力图、用户热力图和小微播音台等功能。

社区热力图的本质体现的是“互联网+”虚拟社区，告诉小微创客们目标区域在哪里、区域里的目标人数有多少等。当使用者打开社区热力图时，它会基于使用者所在的地理位置把周边30个小区显示出来，这样使用者就可以知道每个小区有多少“海尔”的用户、哪些用户可能需要对他的家电产品进行更新换代，如此便于营销及销售人员能够在正确的时间到正确的地点把产品卖给有需求的人。图7-12为社区热力图的实例。

图7-12 社区热力图的实例

用户热力图要实现“互联网+门店”的运作模式，用可视化的大数据告诉营销及销售人员每个用户的潜在需求是什么，如何去开展精准交互。用户热力图可以告诉门店人员在其周边5千米范围内，有多少“海尔”的用户现在需要进行产品的更新换代，门店人员可以和这些用户直接取得联系。这个应用的使用原则是“数据可用不可见”，用户的个人隐私是不能泄露的。图7-13为用户热力图的实例。

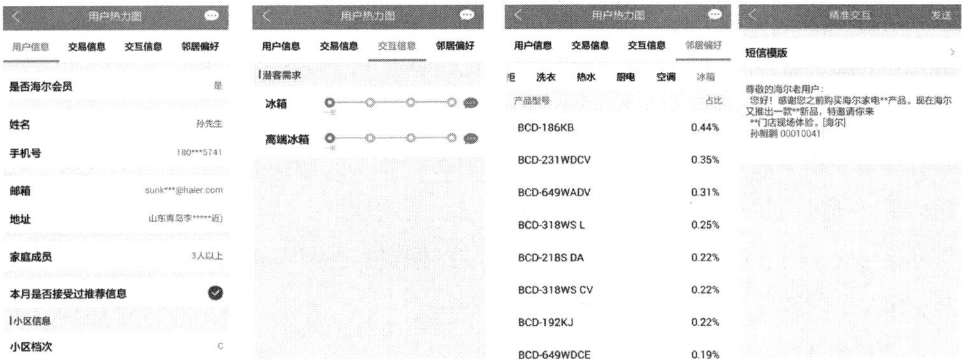

图7-13 用户热力图的实例

小微播音台要实现“互联网+地域”的运作模式，用便捷的操作工具，帮助小微公司大规模一对一开展精准营销。这是给海尔集团42个区域的小微公司使用的，当它们想与所在区域的所有有需求的用户进行精准沟通时，SCRM数据平台可以告诉他们这个区域有多少“海尔”的用户，用户对海尔集团的哪一款产品有需求，小微公司就可以大规模地和用户进行精准联系。图7-14为小微播音台的实例。

图7-14　小微播音台的实例

4.6.2　海尔交互宝

海尔交互宝是为研发人员开发的具有用户交互功能的大数据产品，可以帮助研发人员更好地发掘会员俱乐部内的海量活跃用户，并进行交互创新。它的开发主要要面对以下挑战：

（1）数据分析流程非自动化，无法满足交互和实时分析的需求；

（2）数据分析结果无法与其他的IT系统对接；

（3）用户画像数据还不够完备，缺乏外部数据的补充，需要一线业务人员高可用的智能决策系统。

海尔交互宝有助于建立以用户为导向的数据应用场景，整合以需求分析、新品研发、上市渠道选择、推广内容制作、消费者意见反馈、消费者调研为构架的闭环，帮助研发人员更全面地了解用户的痛点、受欢迎的产品特征、用户的兴趣分布与可参与交互的活跃用户，为对的人在对的渠道选择对的产品和对的内容。图7-15为海尔交互宝的原理。

海尔交互宝具有以下三个方面的特征：

（1）场景驱动：分角色、分场景的产品体验设计，通过关联规则分析的算法，找到最适合特定目标人群的若干种产品特征组合，通过对应分析的算法，比较不同人群对产品的差异化需求。

（2）智能预测：内置的营销场景模型，交互式实时分析，数据可视，所见即所得，能根据产品特征需求在时间轴上的波动，预测某一产品特征在未来的需求增减情况。

（3）行动明确：使分析结果明确可执行，并可以无缝对接其他数据的应用，结合关联规则分析和人群特征匹配算法，按可能性从大到小给出潜在人群推荐。

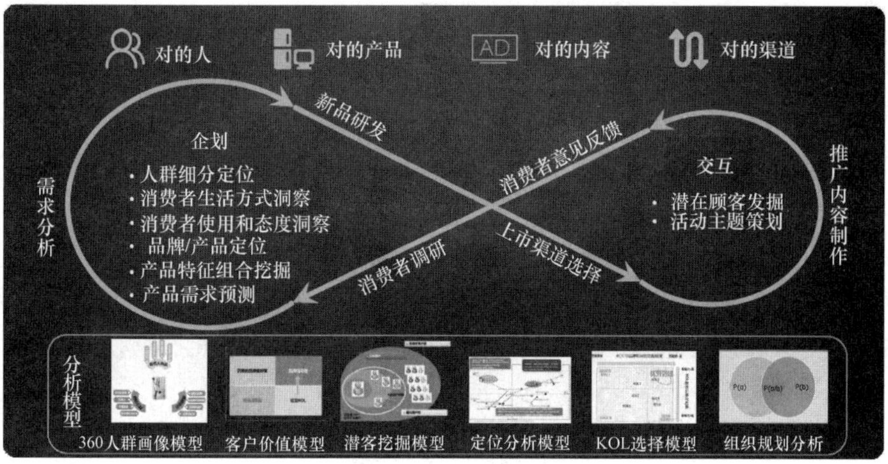

图7-15　海尔交互宝的原理[①]

海尔交互宝包括以下四个核心应用：

（1）活跃用户雷达：告诉研发人员有哪些消费者愿意和海尔集团打交道，主要依据“用户活跃度数据模型”得出具体的对象。

（2）用户痛点雷达：根据售后每天数百万条数据进行大数据挖掘，用可视化的办法告诉研发人员，用户在体验过程中有哪些痛点，需要在哪些方面进行优化、体验。

（3）用户兴趣雷达：根据一年数千万台产品销售数据分析而得到的结果，可以告诉研发人员用户对什么感兴趣，可以在哪个地方进行放大，形成爆点。

（4）用户生活圈：用大数据挖掘“海尔”的用户在社交媒体上讨论什么话题，哪些人说的话对他们有影响力，以确定用户是谁、在哪里、喜欢什么。

5 COSMOPlat平台

如何利用大数据等技术实现大规模的个性化定制，实现制造业的转型升级，是每个制造业企业都在苦苦追求的目标。海尔集团通过构建和运营COSMOPlat平台，探索出了一条行之有效的发展道路。

5.1 建设思路

2015年，海尔集团在沈阳建成并正式投产全球首个冰箱互联工厂，将用户碎

① 在图7–15中，KOL的英文全称是Key Opinion Leader，是指关键意见领袖。

片化、个性化的需求与智能化、透明化的制造体系无缝对接，打通了整个生态价值链，实现了用户、产品、机器和生产线之间的实时互联。在互联工厂内，用户能够参与到产品的交互、设计、制造等全流程中，由单纯的消费者变成“产消合一”的产消者。在此基础上，海尔集团推出了中国首个自主创新的工业互联网平台——COSMOPlat。这一平台以互联工厂模式为核心，改变了传统工业制造中单纯“以机器换人”的模式，让用户全流程参与产品的设计研发、生产制造、物流配送以及迭代升级等环节，从提出设想到设计、下单，再到最后拿到产品，用户可以看到定制产品的全过程，产品生产出来后直接就送到用户的家中。图7-16为从创意到交付的全过程。

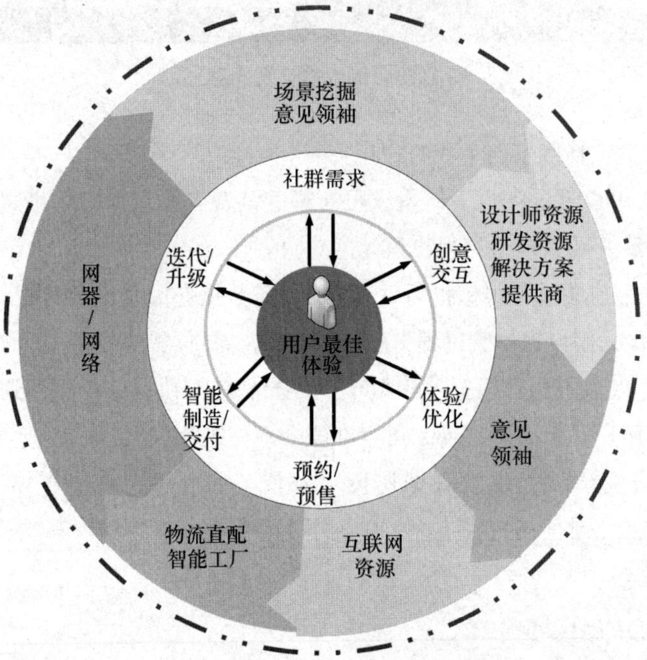

图7-16 从创意到交付的全过程

COSMOPlat平台除体现以用户需求为中心外，还展现出了大数据所具有的独特价值。目前，这一平台上聚集了上亿的用户资源，同时还聚合了300万以上的生态资源，为平台服务更多的企业，实现智能制造的转型升级提供了强大的支撑能力。

5.2 建设目标

COSMOPlat平台建设的总体目标是要缔造社会化服务平台，从海尔生态扩展到工业新生态，助力更多的中国制造业企业实现换道超车。

COSMOPlat平台建设的具体目标是通过将互联工厂模式产品化、社会化，为企业智能制造转型升级提供整体解决方案——互联工厂解决方案的应用系统，帮助企业实现全流程的业务模式革新，精准抓取用户需求、精准生产，实现高精度、高效率的大规模定制升级转型。COSMOPlat平台提供的互联工厂解决方案包括协同创新、众创众包、柔性制造、供应链协同、设备远程诊断维护、物流服务资源的分布式调度以及计划的跨企业协同等，全面提升了产业链的整体效率。与此同时，企业内部的研发、生产、工艺、物流和服务等全流程信息互联、并联协同，有助于促进企业资源聚集用户需求，推动模式和技术创新，创造出更大的价值。

5.3 平台架构

COSMOPlat平台的总体架构由物联层、平台层和应用层构成。底层的物联层包括两类大数据，即消费端的用户产品形成的产品大数据以及制造端加工设备形成的智能制造大数据；平台层将产品大数据和智能制造大数据实现融合，完成从交互、设计、定制、生产、物流、服务到使用，再到体验迭代的全过程；应用层通过HOPE（海尔内部开放创新平台）、众创汇（用户交互定制平台，用户全程参与个性化设计）、海达源（模块商资源平台）等平台实现智能生产、能源管理和设备管理，具体的应用系统包括用户交互系统、定制系统、开放创新系统、模块采购、智能生产和智慧物流等。COSMOPlat平台的系统架构如图7-17所示。

COSMOPlat平台作为海尔互联工厂的支撑性平台，具有以下先进性：

（1）开放的云平台：开放的架构、接口在保障平台安全性的同时也支持了跨行业的发展。

（2）模块化微服务：将传统的工业模型、工业流程分解为可高度适用的微服务模型，能支持应用方案的快速部署和灵活定制。

（3）分布式的架构：支持平台性能横向无限扩展，能满足高并发、高可靠和负载均衡的需要。

（4）智能物联：采用快速采集和高压缩存储技术，支持工业级别数据流式在线分析、实时预测响应和资源分布式调度，实现全面的智能物联。

5.4 核心能力

COSMOPlat平台作为中国版自主创新的工业互联网平台，具有有别于其他平台的核心能力：

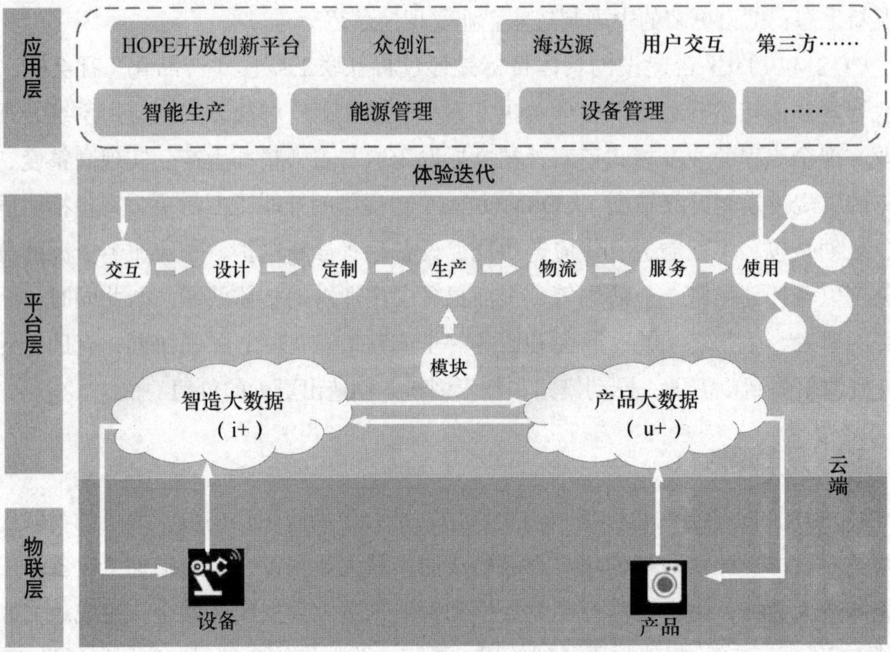

图7-17 COSMOPlat平台的系统架构

（1）用户全流程参与的大规模定制体验迭代：支持用户参与企业运作，具有全流程大规模定制的能力，不仅能让企业精准地获取用户需求，而且用户需求可以推动企业的全流程的变革和优化，推动企业的经营理念从“以企业为中心”向“以用户为中心”转变。

（2）强化企业的基础运营能力：目前，国内的很多企业还停留在自动化和孤岛式信息化层面，内外部之间的互联互通尚未实现，通过COSMOPlat平台构建全要素互联互通的能力，有助于企业提升全要素、零距离的运营能力，夯实精准营销、智能生产以及大数据应用的基础，把设备数据、工业数据等企业数据和用户数据深度融合，真正释放出数据的无限潜能。

（3）开放、共创、共赢的诚信新生态：COSMOPlat平台致力于提供覆盖企业全生命周期的生态服务，进而帮助企业构建起围绕自己的用户全生命周期以及产品的全生命周期的生态圈。

5.5 实施成效

COSMOPlat平台在比较短的时间内受到了广泛的关注，并已经取得了以下两个方面的成效：

5.5.1 初步形成了聚合用户和资源的生态体系

COSMOPlat平台正走出海尔集团，逐步构建起一个开放、共享的工业生态体系。在这个生态体系中，中心是用户，交互、定制、研发、采购、制造、物流和服务等七大节点都是与用户并联的。在整个流程中，所有的内外部资源都同时参与运行，全流程、全周期地为用户提供服务。在这个平台上已经聚集了海量资源和用户，以支持平台的良性循环。比如，在开放创新方面，COSMOPlat平台聚合了全球设计资源近300万种，为企业提供从创意交互到协同设计、虚拟设计验证再到产品持续迭代等全流程的服务，实现用户参与设计、用户体验驱动产品迭代。目前，这一服务已实现跨行业应用，创新设计出了非家电类产品数十种，为数以百计的外部公司提供了创新设计服务，得到了合作伙伴的认可。

5.5.2 输出七类可社会化服务的系统应用

海尔集团在交互、定制、研发、采购、制造、物流和服务全流程节点的业务模式变革，已经输出为七类可社会化服务的系统应用。这些应用，一方面可以帮企业实现开放、跨界的协同，提升企业精准交互用户、实现外延式创新的能力；另一方面可以通过信息集成共享，提升企业的柔性、响应速度等内在的能力。比如IM（Intelligent Manufacturing，智能生产）系统和传统的MES（Manufacturing Execution System，制造执行系统）不同，其基于平台的架构可以灵活配置、按需定制、快速部署，八大功能模块支持智能排产、生产实时监测、精准配送和能源优化等，同时还可以将生产过程全数据链集成，实现生产、质量信息的全过程可追溯。

6 透明工厂大数据应用

海尔集团作为一家有100多家工厂分布在世界各地的全球跨国企业，如何实现高效、敏捷、协同的管理，一直是其所需要面对的挑战。利用大数据手段构建“透明工厂”战略是解决这一问题的有效手段。

6.1 建设目标

海尔集团实施“透明工厂”战略主要包括以下建设目标：

（1）实现以用户为中心的个性化定制生产，激活海尔集团的市场、研发、生产、销售和服务等环节，形成一个对市场反应迅速、对用户需求敏感的生产体系；

（2）在互联工厂的模式下，通过与用户产生交互，形成互联互通的工厂，使企业管理者和用户能随时查看正在运转的生产线的情况，并可以跟踪产品的整个生产过程；

（3）和用户产生高频次的互动，实现去中介化，让企业和用户享受更多因成本下降、效率提升所带来的实际利益；

（4）让企业能够实时听到市场的声音，保证产品的升级和变革能更快地适应市场需求，增加产品的竞争优势，提高产品的可持续创新性。

“透明工厂”战略最终要实现利用物联网了解实体工厂中每个物理对象的状态，通过互联网加强上下游供应商以及终端客户的需求和行为管理，同时满足制造系统中各级管理人员管控业务的需要。

6.2 建设思路

“透明工厂”制造大数据的建设思路包括以下三个方面：

（1）对各互联工厂的生产执行情况进行实时掌控，实现全面的可视化，达到对内可以满足集团、产业线、工厂及各职能部门的管理需求，对外可以满足用户个性化定制的订单全过程追踪需要；

（2）通过设备报警和预警显示，对报警的问题进行闭环处理，实现快速排故及设备预测性检修，使设备停机时间降低20%；

（3）通过对质量影响因素识别与关联进行分析，以及对集团级质量控制和过程的追溯，对质量状况、质量问题进行监控，实时显示和分析，使订单合格率在原有合格率的基础上提高2%。

6.3 实现方案

海尔集团“透明工厂”大数据架构的最底层是各个空调工厂、冰箱工厂等互联工厂，它们是数据产生的源头。在这些工厂之上，建立一个集团级的大数据平台。该平台包括数据集成、存储、预处理的技术，以及可视化分析和大数据分析的技术，为整个海尔集团互联工厂的制造大数据提供技术性、平台性的支撑（如图7-18所示）。

“透明工厂”战略中的数据集成包括非实时数据接入服务、实时数据接入服务，以及实时、批次处理；数据存储及预处理包括非结构化数据存储、结构化维表数据、结构化事实表以及分布式计算；平台实现的大数据可视化包括集团可视化（如制造大数据可视、采购大数据可视、供应链大数据可视等），工厂平台层可视化（如订单、物料、设备、质量和人员等维度的可视化），业务追溯层可视化（如执行层可视、问题分析、用户交互可视等）；最后的大数据分析是利用数据分析的算法和数据挖掘的手段，在质量、制造、服务等方面进行探索和应用。

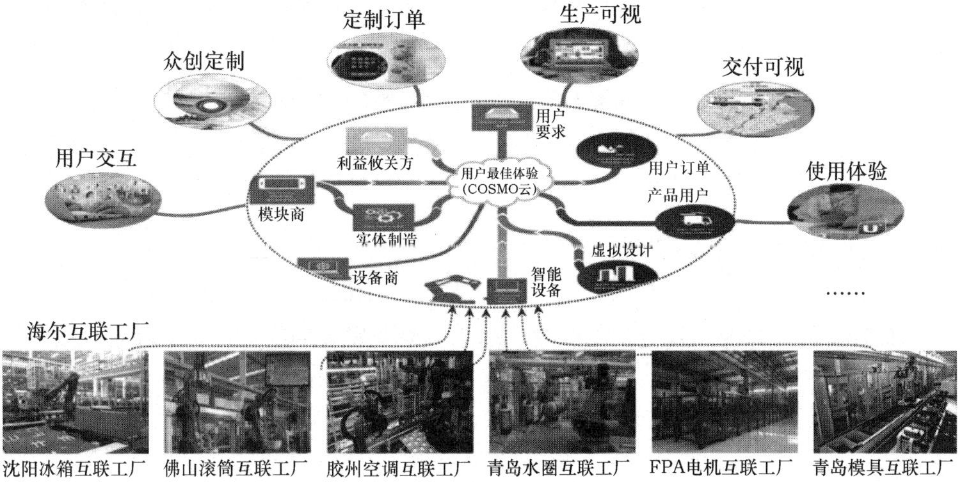

图7-18　技术实现方案参考图

6.4　可视化建设

海尔“透明工厂”的可视化建设包括以下两个部分：

6.4.1　互联工厂运行状况可视化

运行状况可视化主要用于向集团大屏幕提供数据展示支撑，同时给集团的领导层提供PC端应用。大屏幕上展现的是海尔集团全球各个互联工厂的运行情况，根据海尔集团管理的纵向维度分为集团、区域和工厂三个级别：全球级别的展现以世界地图为核心，在地图的周边展现各项生产运行指标；在地图上主要分为七大区域，周围展现的指标是对这七大区域形成对比的数据，包括整个供应链中的生产执行情况、设备参数实时展现、设备运行情况监控、订单执行报警等数据；生产过程将展示企业内部以及各个业务主体、各个产品在设计过程、采购过程、制造过程、应用过程的相关设备、订单信息，通过对于各个不同产品、不同过程的分析，达到对于各个阶段质量信息的展现。

6.4.2 生产过程动态可视化

生产过程动态可视化是对工厂级的整个生产过程进行建模，实现一个动态的展现图，满足动态可视化监控的需要。每个生产场景都可以看到该区域的负责人、各生产单元的管理人员的信息，还包括用户对各位人员的评价等。在展现图上，管理人员可以看到货物在工厂内流转的情况，可查看的信息包括该产品的产品批次、订单、所属用户等。这些动态的监视图既可以展现在车间管理人员的PC端桌面，使管理人员实时掌握该工厂各生产线的订单、设备、负荷、质量、异常报警、用户评价等生产运行情况，又可以展现给用户，使用户能快速地看到订单的生产走到哪个环节。

7 日日顺物流大数据应用

日日顺物流是海尔香港上市公司“海尔电器”旗下的主业务，主要定位于为居家大件提供供应链一体化解决方案的服务平台。日日顺由海尔集团自身企业物流起家，大数据是其发展的重要驱动力量。

7.1 发展历程

日日顺物流成立于1999年，至今已经历了以下三个发展阶段：

7.1.1 企业物流再造——打造家电供应链一体化服务能力

日日顺物流成立之初对原先分散在28个产品事业部的采购、原材料配送和成品分拨业务进行整合，创新提出了三个JIT（Just in time，即时生产）的管理模式，赢得了基于速度与规模的竞争优势。同时，日日顺物流还提出了“一流三网”同步模式，即整合全球供应商资源网、全球配送资源网、计算机网络，三网同步流动，为订单信息流提速，建立起贯穿供应链一体化的服务能力。

7.1.2 物流企业的转型——为用户定制供应链一体化解决方案

凭借多年来打造的供应链一体化服务能力、业务流程再造经验和专业化物流团队等资源，日日顺物流开始从企业物流向社会化物流企业转型。随着全国三级物流网络的快速布局，日日顺物流建立起了服务订单/产品的全程透明可视化信息平台，并为用户定制供应链一体化解决方案。

7.1.3 平台企业的颠覆——打造大件物流信息互联生态圈

在互联网时代，物流企业单一服务、简单仓配服务、打价格战等已经很难满足用户的需求，因此物流企业开始向平台企业转型。定位于为居家大件提供供应链一体化解决方案服务平台，以用户的全流程最佳体验为核心，以用户付薪机制为驱动，日日顺物流建立起开放的、互联互通的物流资源生态圈，快速吸引物流地产商、仓储管理合作商、设备商、运输商、区域配送商、加盟车主、最后一公里服务商、保险公司等一流的物流资源自进入，实现了平台与物流资源方的共创共赢。

目前，日日顺物流在全国拥有 9个发运基地、90个物流配送中心，仓储面积达200万平方米以上，还建立了7600多家县级专卖店，约2.6万个乡镇专卖店、19万个村级联络站，并在全国 2800多个县建立了物流配送站和1.7万多家服务商网点，形成了集仓储、物流、配送、安装于 体的服务网络。日日顺物流平台上聚集了9万辆创业“车小微”和18万创客服务兵，每年配送的订单仅在C端（个人用户端）就高达6000万单，每年配送的方量达5500万立方米。

7.2 核心竞争力

日日顺物流的发展先后经历了从企业物流→社会化物流企业→平台企业的三个转型，依托先进的管理理念和大数据等物流技术，整合全球一流的网络资源，建立起了四网融合的核心竞争力。

7.2.1 覆盖到村的仓储网

日日顺物流建立起辐射全国的分布式三级云仓网络，拥有10个前置揽货仓、100个物流中心、2000个中转库，总仓储面积在500万平方米以上，实现了全国网络无盲区覆盖。

7.2.2 即需即送的配送网

日日顺物流建立起了即需即送的配送网，在全国规划了3300多条班车循环专线、9万辆创业“车小微”，为用户提供到村、入户送装服务，并在全国2915个区县已实现“按约送达，送装同步”。

7.2.3 送装一体的服务网

日日顺物流在全国范围内建立了6000多家服务网点，实现了全国范围内送货、安装同步上门服务，为用户提供安全可靠、全程无忧的服务体验。

7.2.4 即时交互的信息网

日日顺物流建立了开放智慧物流平台，不但可以实现对每台产品、每笔订单的全程可视，而且还可以实现人、车、库与用户需求信息即时交互。

依托四网融合的竞争力，日日顺物流为用户提供了供应链一体化解决方案，搭建起开放的专业化、标准化、智能化大件物流服务平台和资源生态圈平台，为用户提供差异化的服务体验。

7.3 解决方案

为了解决当下大件物流偏远地区送不到、时效差、破损多和送装不同步等问题，日日顺物流以强化三线、四线城市的配送网络及送装入户能力为己任，针对大件配送的全流程提出了如图7-19所示的五大核心解决方案。

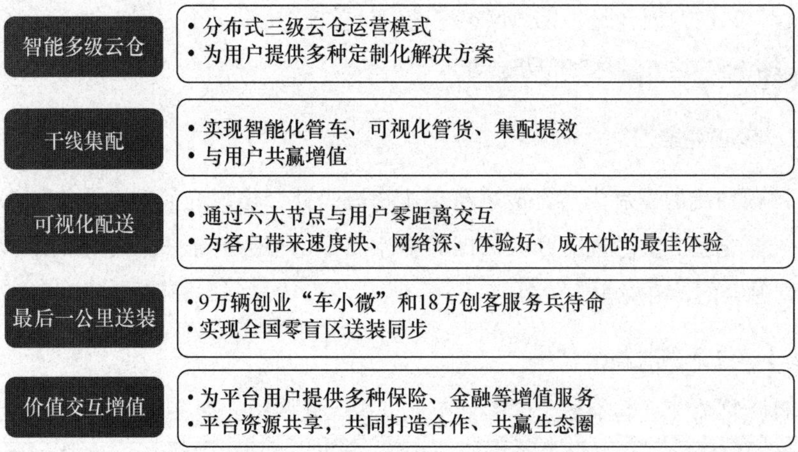

图7-19　日日顺物流的五大核心解决方案

五大核心解决方案从仓储、配送到安装，全流程无断点，为用户提供全流程的解决方案，打造最佳的购物体验，成为大件物流行业服务新标准。日日顺物流作为大件物流的领导品牌，基于自身强大的智慧物流送装网络和多年沉淀的大数据，以及进村入户、送装同步的差异化优势，为全国范围内大件商品物流“触网”提供强有力的支撑。日日顺物流现已打造开放型的物流大数据平台，在一端聚合了家电、家居、快消品等品牌及跨境、冷链客户，另一端引入了物流地产商、仓储管理合作商、仓储自动化设备商、IT公司及干线运输商、区域配送商、“车小微”创业车主、金融投资方等合作伙伴，匹配大件物流供求双方的需求，提供更多、更好的增值服务。

7.4 “三零”运作模式

经过多年的探索，日日顺物流已逐步形成“三零”运作模式。

7.4.1 零库存：打造社会化物流平台

目前，日日顺智慧物流仓可以做到90%以上的线下直发，商品从生产线下来之后直接装车配送，基本可以实现“零库存”。其中，部分小家电及零散订单由物流中心集中中转，流转时间小于24小时，极大提高了仓库的使用效率。

7.4.2 零盲区：打造大件智慧物流标杆

从国内外的发展现状来看，大件物流行业面临着“最后一公里”的配送难题。历经近20年的发展，日日顺物流已经建立起了覆盖全国近3000个区县的一整套智慧化物流体系，为全国范围内的客户提供24小时按约送达、送装同步的服务，是国内唯一一个能够进村入户、送装一体的大件物流服务提供商。

7.4.3 零断点：提供全流程的解决方案

日日顺物流基于四网融合的核心竞争力，已形成了包括智能多级云仓方案等五大核心解决方案，同时以3万个海尔专卖店订单为基础匹配同类型大件订单，这样既解决了集配时间长、送达慢的问题，又解决了大件行业因中转多次、中转混装导致的破损，从仓储、配送到安装，无断点式提供了全流程的解决方案。

7.5 车小微

日日顺物流于2014年6月启动了“车小微”工程，将每辆配送车武装为一个小微公司，布局“最后一公里”物流服务平台，依托全国的门店体系和物流网点，给每辆配送车装上“大脑”，强化“最后一公里”物流配送的保障，实现对整体物流体系的升级。“车小微”的形成，让日日顺物流颠覆了传统物流车的单一配送功能，将“车”升格为“送装一体化用户服务云终端”，建立起面对用户资源需求的“人车合一”经营模式。每辆日日顺物流送货车均配有POS机、GPS、PAD，在为用户提供增值服务的同时变成服务平台，真正做到了“销售到村，送货到门，服务到户”，切实有效地解决了大件网购市场“最后一公里”的配送难题，可以为全国的用户提供“无处不达，送装一体”的全流程体验。

“车小微”的运作类似于物流界的“滴滴打车”，每辆车上的工作人员都安装有专门的App，用于物流业务抢单。当日日顺物流平台有物流业务需求时，就会就近向

“车小微”的工作人员发布，工作人员根据相关规则抢单接活，这样就解决了车找不到货、货找不到车的痛点，将订单资源和物流车辆资源无缝对接。该平台还提供了评价功能，创客服务兵完成物流任务后，由用户给本次服务送货的车时效如何、服务能力如何、是否满意等进行打分评价，得分高的司机将会抢到更多的货源订单，而得分低的司机抢到订单的机会就会减少。每个司机的收入也和自己的服务能力、用户评价紧密挂钩，既保证了较高的公平性，又做到了较强的科学性。

8 大数据质量管理

质量是海尔集团的命脉，也是海尔集团称雄世界的“王牌”。对质量的精益求精是海尔集团不断发展壮大的重要法宝。大数据在海尔集团的质量管理中发挥着不可或缺的作用，已成为海尔集团实施质量战略的新武器。

8.1 质量战略

在30多年的发展历程中，海尔集团经过不断的探索逐步认识到，质量的高标准是由用户制定的，只有用户满意才是真正的高质量，只有为用户不断地提供超出期望的体验，才能真正创造好的质量。鉴于这样的理念，海尔集团形成了如图7-20所示的质量战略框架。

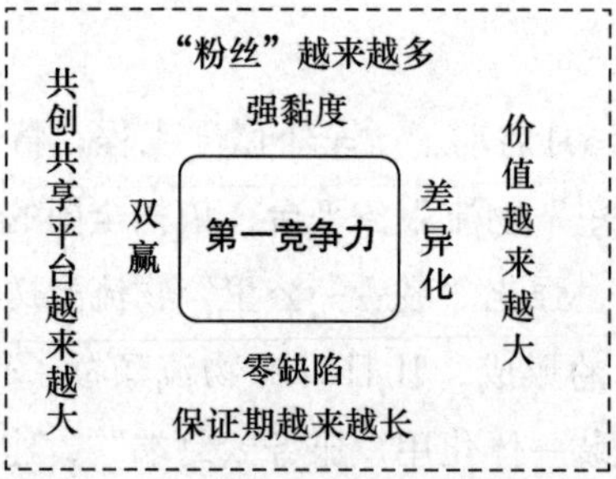

图7-20 海尔集团的质量战略框架

如图7-20所示，海尔集团认为质量是企业发展的第一竞争力，必须围绕以下四个维度进行发力：

（1）双赢：通过全方位的交互满足共享需求，使共创共享平台越来越大。

（2）强黏度：通过持续性高水平的服务和交互，洞察用户的需求，超越用户的期望，满足用户超值的愿望，使海尔集团的“粉丝”数量越来越多，形成强大的“粉丝经济”。

（3）差异化：通过可持续的创新满足用户的衍生需求，为用户创造越来越大的价值。

（4）零缺陷：以极高的可靠性满足用户对产品质量的基本需求，使产品的保证期越来越长。

8.2 质量绩效体系

“人单合一双赢模式”是海尔集团独创的企业文化管理模式，“人”即是海尔集团的员工，“单”即是用户的需求。“人单合一”是要让员工与用户融为一体，而“双赢”则体现为员工在为用户创造价值的同时体现出自身的价值。“人单合一双赢”的本质是“我”的用户“我”创造，“我”的增值“我”分享。员工有权根据市场的变化自主决策，有权根据为用户创造的价值自己决定收入，通过“人单合一双赢模式”成为自己的经营者。海尔集团以“人单合一双赢”为出发点，搭建全流程以用户最佳体验为核心，以持续卓越绩效共赢为目的，开放的、广义的质量保证体系。图7-21为海尔集团的质量绩效体系。

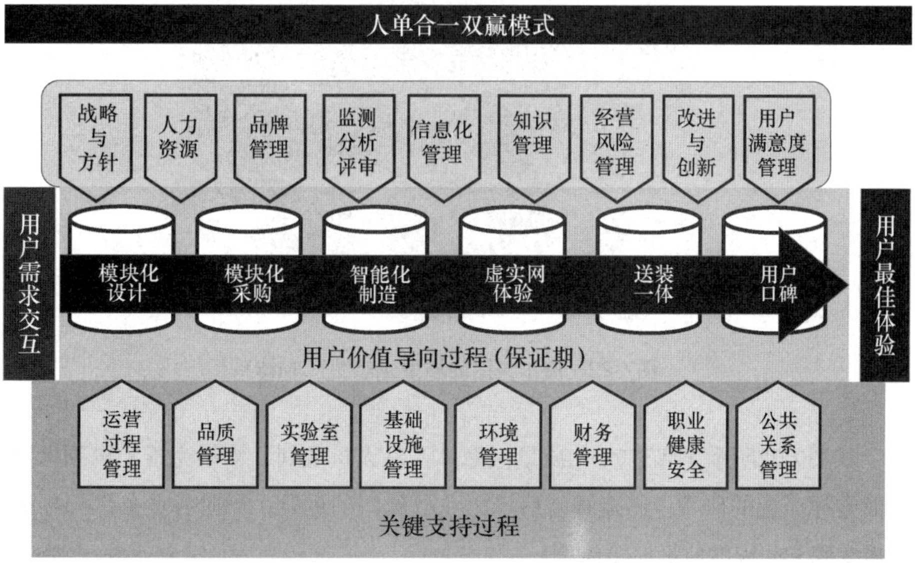

图7-21　海尔集团的质量绩效体系

如图7-21所示，海尔集团提供运营过程管理、品质管理等关键支持过程，在企业内部以用户价值导向完成模块化设计、模块化采购等作业过程，创造用户最佳体验。海尔集团在组织增值过程中提供战略与方针、人力资源、品牌管理等方面的全面指导，在业务运作的过程中，全面贯彻各类质量标准体系，如ISO 9000、ISO 14000、TS 16949等。

8.3 TQM保障体系

全面质量管理（Total Quality Management，TQM）是风靡世界的质量管理模式，是指企业以产品质量为核心，以全员参与为基础，通过让用户满意和企业利益攸关方共同受益而建立起的一套科学、严密、高效的质量体系，从而提供满足用户需求的产品的全部活动。全面质量管理要求海尔集团采取一系列的活动，有效率、有效益地实现发展目标，在适当的时间以合适的价格提供满足用户需求的海尔产品和服务。图7-22为海尔集团的TQM质量保障体系。

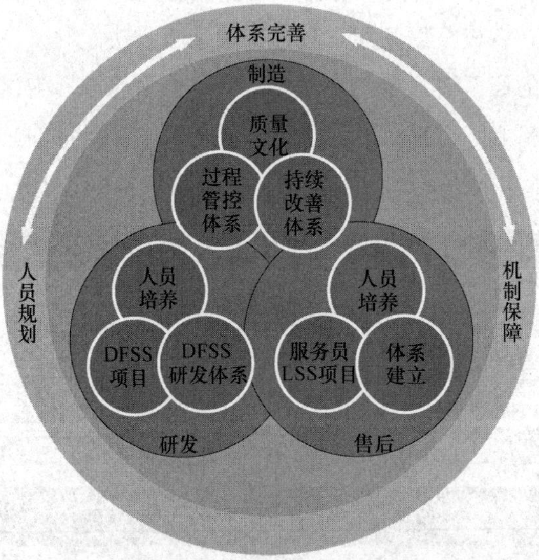

图7-22 海尔集团的质量生态圈TQM体系[①]

如图7-22所示，海尔TQM质量保障体系从人员规划、体系完善和机制保障三个方面支撑企业的研发、制造和售后三大业务部门的运营，同时各业务部门根据自身的需要确立相应的质量保障体系。

① 在图7-22中，DFSS的英文全称是Design Fox Six Sigma，是指六西格玛设计；LSS的英文全称是Lean Six Sigma，是指精益六西格玛。

8.4 海尔质量屋

海尔质量屋是海尔集团实现高水平质量管理的工具方法，集成了一系列的理念、技术与方法，形成了一个创新的质量管理模式（如图7-23所示）。

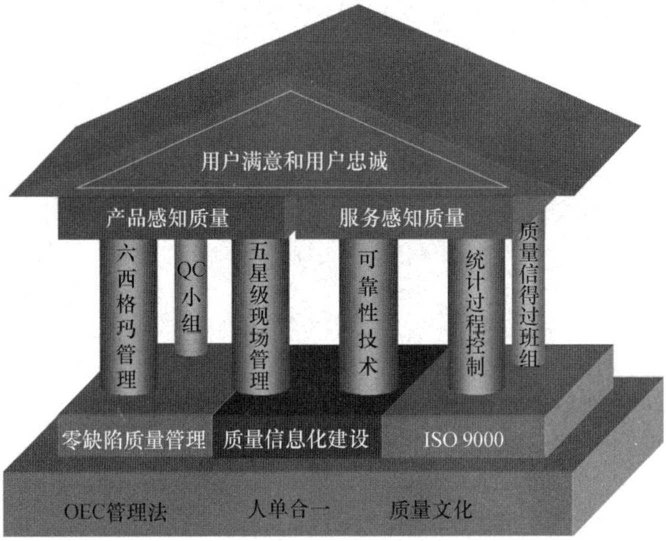

图7-23 海尔质量屋

如图7-23所示，海尔质量屋的各组成部分如下：

（1）基础“地基”：由OEC管理法、人单合一和质量文化共同组成，夯实了发展的根基。

（2）集成“地板”：由零缺陷质量管理、质量信息化建设和ISO 9000共同组成。

（3）创新“支柱”：由多种质量方法融合海尔集团的文化和管理模式创新使用，包括六西格玛管理、QC小组、五星级现场管理、可靠性技术、统计过程控制、质量信得过班组等。

（4）稳健“栋梁”：用一流的产品设计、一流的服务黏住用户。

（5）美丽“屋顶”：创造用户满意和用户忠诚，搭建起牢不可破的世界一流质量华盖。

8.5 设计质量大数据监控

设计质量是质量管理的重要一环，决定着生产和销售的商品最终能否得到市场的认可。海尔集团将大数据置于设计的源头，通过大数据捕获用户的需求趋势并用于体验用户的痛点，并借助并联交互平台将用户、供应商与全球范围内一流的研发资源实现对接，形成独特的设计质量大数据控制模式（如图7-24所示）。

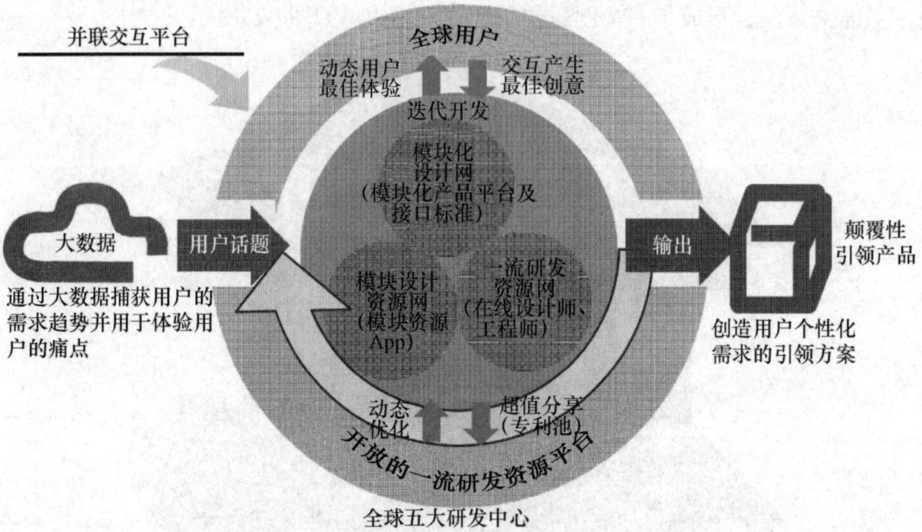

图7-24　海尔集团的设计质量大数据控制模式

如图7-24所示，以用户话题形式表现的大数据进入到海尔集团的设计体系，由模块设计资源网、模块化设计网以及一流研发资源网共享相关的数据，通过全方位的协同设计，最终产生创造用户个性化需求的引领方案，输出颠覆性引领产品。

8.6　模块质量大数据强化

模块商是向用户提供优质产品和服务的参与主体，主要提供模块供货能力、设计能力、质量保证能力以及二级、三级供应商的管理能力。海尔大数据平台为模块商提供了无障碍进入的渠道，促使利益攸关方能动态地优化各种模块的能力，从运作模式上实现了以下三个方面的转变：

（1）从单纯的买卖关系转变为共创共享的利益共同体；

（2）从采购零件转变为交互模块化引领方案；

（3）从内部评价转变为共同面向用户、用户评价导向。

模块商资源共享云平台实现了与用户的需求零距离，形成了一流模块商资源生态圈，通过全流程用户体验评价，驱动用户小微自交互，开放引入一流资源，有效地强化了模块质量（如图7-25所示）。

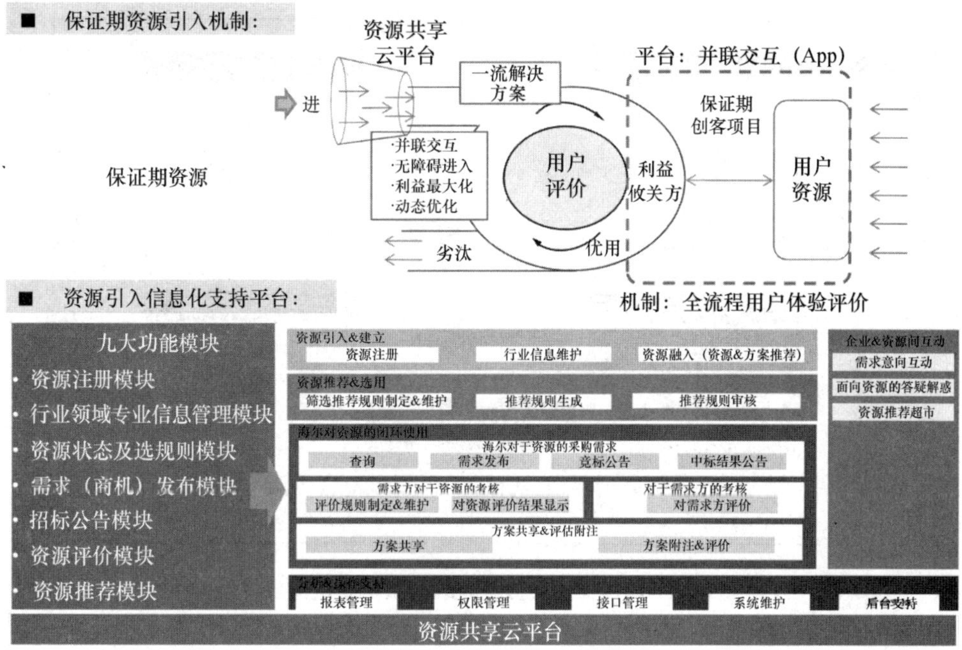

图7-25 模块质量大数据强化

如图7-25所示，海尔集团所提供的资源共享云平台包括资源注册等多个功能模块，为模块商资源引入提供了信息化支持，同时保证其资源引入机制，吸引一流的资源进入资源共享云平台，从而实现了资源的优用劣汰，进一步保障了模块质量。

8.7 服务质量大数据提升

服务质量的高低直接决定了用户满意的程度，海尔集团利用大数据云平台保持与用户的零距离，做到用户评价信息到人、价值到人，驱动利益攸关方自优化、自演进，使大数据成为提升服务质量的利器。图7-26为海尔集团大数据驱动的服务质量运行保障。

如图7-26所示，不同的用户通过各种智能感知终端入口将服务需求进入到大数据云平台，服务兵在线抢单并提供服务，用户在线进行评价，评价结果反馈到服务兵、模块商以及智能制造等部门，做到信息到人、价值到人，形成服务的闭环，促进了服务的自优化和自演进，切实保障了服务质量的不断提升。

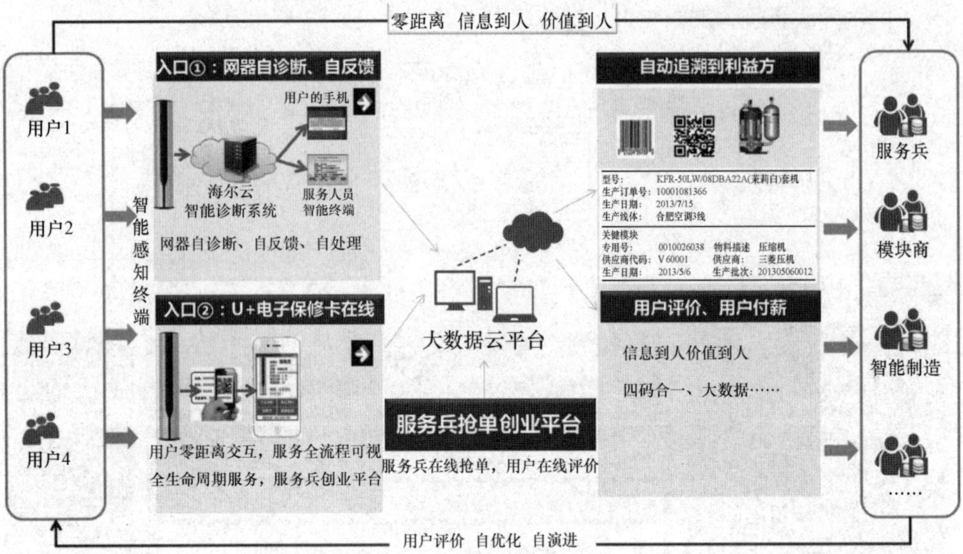

图7-26　海尔集团大数据驱动的服务质量运行保障

9 案例评析

海尔集团是当之无愧的我国民族企业的骄傲，经历了30多年的发展历程，一步一个脚印，造就了世界级的企业航母，取得了非凡的成就。海尔集团是服务全球数亿用户的超级企业，数据是海尔集团所拥有的特有资源，企业将数据资源取之于用户又用之于用户，真正发挥了大数据资源的作用和大数据技术的价值。从海尔集团发展大数据所取得的成果，我们可以得出以下四个方面的启示：

第一，发展大数据是实体企业转型升级的战略选择。海尔集团是我国制造业企业中信息化发展水平领先的企业，是信息化带动工业化发展的杰出典型。早在大数据技术刚刚出现的2012年，在国内很多行业、很多企业还不太关注这一技术的时候，海尔集团就开始启动数据智能化的部署。经过数年的快速发展，海尔集团在大数据发展方面已渐入佳境，走在了国内制造业企业的前列。

第二，要将发展大数据作为提高效率、提升效益的重要抓手。当海尔集团的全球营业额在1200亿元左右时，会计人员达到1800个；当2016年全球营业额超过2000亿元时，集团会计人员已下降到240人。以前每位会计月均处理业务1000多单，现在每人月均处理业务1.1万单，这一显著的变化，大数据的作用自然功不可没。类似的例子不胜枚举，充分证明了大数据对企业发展的巨大价值。

第三，以共享开放的姿态打造大数据生态圈至关重要。数据的价值在于应用，数据的生命在于流动。在内部，海尔集团实现了大数据在工厂端、研发端、销售端、物流端和服务端的充分共享，将数据视作企业业务运营的“血液”；在外部，海尔集团向模块商以及电网、供暖等行业的合作伙伴开放数据，使数据发挥出更大的作用和价值。共享和开放是大数据应用的常规法则，如何在“互利共赢”的基本原则下，明确各自的责权利，形成合作互惠的新模式，是每个企业都必须考虑的现实问题。

第四，大数据的开发和应用必须牢牢把握“以用户需求为中心”这条基本准则。海尔集团通过多种形式和渠道掌握了非常丰富的用户数据，这些数据首先转化为研发的具体需求，所以海尔集团的新品开发和服务升级都能给用户带来需求痛点解决以后的惊喜，自然会得到广大用户更多的认同。在大力推进个性化、定制化的过程中，大数据更是发挥着无可替代的作用，COSMOPlat平台在短时间内取得极大的成功也说明了这一点。

当然，大数据的发展和应用是一个长期不断推向深入的过程，在看到大数据为海尔集团带来巨大价值的同时还要看到其所面临的各种挑战，只有锲而不舍地攻坚克难，才能使大数据结出更加丰硕的果实。

案例参考资料

[1] 陈录城. 海尔工业互联网创新实践：COSMOPlat——助力企业换道超车［EB/OL］.［2017-07-27］. http://www.isc.org.cn/xhkw/hlwtd/listinfo-35554.html.

[2] 傅勇. 大数据驱动中国家电制造转型［N］. 经济参考报，2017-03-01.

[3] 侯继勇. 海尔制造：企业自组织、无灯工厂、大数据［EB/OL］.［2014-01-14］. http://www.gg-robot.com/asdisp2-65b095fb-40825-.html.

[4] 李国刚. 海尔日日顺的车小微模式颠覆传统物流业？［EB/OL］.［2015-03-05］. http://www.vccoo.com/v/5bdcb0.

[5] 李洋，邓迪. 海尔：用户驱动的互联网化转型［EB/OL］.［2016-12-08］. http://www.iyiou.com/p/35737.

[6] 马元业. 海尔互联工厂模式与COSMO实践［EB/OL］.［2017-07-25］. http://www.gfnds.com/show.php？id=500.

[7] 藕继红，杨燕. 海尔网络化转型与大数据实践［EB/OL］.［2016-03-24］. http://

blog.ceconlinebbs. com/BLOG_ARTICLE_237495.HTM.

［8］宋照伟. 海尔大数据营销初探［EB/OL］.［2014-12-16］. http://www.yoyi.com.cn/about-us/news/2014/1216/590.html.

［9］孙鲲鹏. 海尔大数据交互营销的故事［EB/OL］.［2015-11-07］. http://www.ccidnet.com/2015/1107/10048746.shtml.

［10］孙鲲鹏. 海尔SCRM大数据精准营销［EB/OL］.［2016-07-15］. http://blog.sina.com.cn/s/blog_6e02ef060102wkf7.html.

［11］孙鲲鹏. 揭秘海尔转型之大数据精准营销SCRM平台［EB/OL］.［2014-06-05］. http://www.e-future.com.cn/news_details.php？nid=1419.

［12］孙鲲鹏：海尔大数据交互营销［EB/OL］.［2015-10-26］. http://www.cbdio.com/BigData/2015-11/02/content_4073581.htm.

［13］王刚. 没有成功的企业　只有时代的企业——海尔大数据营销初探［EB/OL］.［2015-10-16］. http://www.huodongshu.com/file/document/file/20151016/20151016153546_85468.pdf.

［14］王文璐. 海尔，已成为一家大数据企业［EB/OL］.［2016-07-03］. http://oicwx.com/detail/ 1058390.

［15］颜晓滨. 海尔日日顺乐信公司大数据总监张峰——大数据还是数据大——基于应用场景的大数据［EB/OL］.［2017-05-18］. http://www.sohu.com/a/141656264_162179.

［16］殷皓. 数字化时代的传统IT转型［EB/OL］.［2017-01-11］. http://event.d1net.com/uploadfile/2017/0111/20170111111554678.pdf.

［17］张德华. 互联网时代海尔质量创新实践［EB/OL］.［2016-12-07］. http://www.ctisd.com/upload/2016/haier20161207.pdf.

综 合 篇

案例08

小米大数据应用案例

小米科技有限责任公司（以下简称“小米公司”）是伴随着我国移动互联网的快速发展而成长起来的创新型企业，在短短数年的发展历程中，小米公司以“让每个人都能享受科技的乐趣”为愿景，应用互联网开发产品的模式，用极客[①]（Geek）精神做产品，用互联网模式精简中间环节，致力于让全球每个人都能享用来自中国的优质科技产品，走出了一条富有特色、充满活力并具有巨大潜力的发展道路，成为我国企业转型升级的成功典范。小米公司作为一个专注于高端智能手机、互联网电视以及智能家居生态链建设的创新型科技企业，不仅是数据密集型企业，而且更是数据驱动型企业，大数据在小米公司的发展壮大中发挥出了突出的作用。

1 案例背景

小米（英文名为“MI”，是Mobile Internet的缩写）公司是由富有传奇色彩的创始人雷军联合其他人员于2010年4月共同创办的。1987年，雷军考入武汉大学计算机系，上大学期间因为深受一本专门讲述20世纪七八十年代在硅谷创业的书——《硅谷之火》的影响而确立了“创办一家世界性的企业”的梦想，并为之开展不懈追求。大学毕业一年后，雷军参与创办了金山软件公司，1998年他出任公司的CEO。1999年，雷军创办了卓越网，2004年8月卓越网以7500万美元被亚马逊收购。2007年，金山软件公司上市后，雷军卸任金山软件公司的总裁兼CEO职务，担任副董事长。此后几年，雷军作为天使投资人，投资了凡客诚品、多玩、优视科技等多家创

① 极客是指对计算机和网络技术有狂热兴趣并投入大量时间钻研的人。

新型企业。2010年4月6日，雷军选择重新创业，小米公司应运而生。小米公司的创始人团队堪称“专业、豪华”，除雷军外，其他七名成员为：

（1）林斌，1990年毕业于中山大学，1992年获得美国德雷塞尔大学计算机科学硕士学位。历任微软亚洲工程院工程总监、谷歌中国工程研究院副院长、谷歌全球工程总监等职务，曾全权负责谷歌中国移动搜索与Android本地化应用的团队组建及工程研发工作。

（2）黎万强，2000年毕业于西安工程大学工业设计专业，毕业后参与创办了金山软件设计中心。历任金山软件设计中心设计总监、互联网内容总监和金山词霸总经理等职务。

（3）黄江吉，毕业于美国普渡大学，1997—2010年就职于微软公司，曾任微软中国工程院开发总监，先后负责微软商务服务器高性能数据分析系统以及微软中国Windows Mobile、浏览器和即时通信等项目研发。

（4）周光平，1991年获得美国乔治亚理工大学博士学位，1995年加入摩托罗拉总部，1999年回国协助创办摩托罗拉中国的研发中心。曾任摩托罗拉北京研发中心高级总监、摩托罗拉个人通信事业部研发中心总工程师及硬件部总监、摩托罗拉亚太区手机质量副主席等职。

（5）洪锋，本科毕业于上海交通大学，硕士毕业于美国普渡大学计算机专业，曾在谷歌和Siebel担任了一系列产品和工程主管职务，主导或参与了谷歌音乐等应用项目。

（6）王川，1993年取得北京科技大学计算机专业硕士学位，1997年创立了雷石科技，并将其发展为中国最大的影音娱乐设备公司。2010年创立了多看科技，并担任CEO一职。2012年加入小米公司，担任联合创始人及副总裁。

（7）刘德，毕业于美国著名的艺术中心设计学院，获得工业设计硕士学位，曾创办了北京科技大学工业设计系并担任系主任。

八位创始人有着深厚的技术背景和十分丰富的创业实践，为小米公司的成长奠定了坚实的基础。创始人雷军是个很地道的“手机控”，在创办小米公司之前，他先后研究过60多部手机，对自己用过的手机总是有一些不满意。他创立小米公司最原始的初衷就是要做一款真正好用的手机，后来这个初衷慢慢演变为做一款“让用户尖叫的产品”——高配置、低价格，用户发自内心喜欢的产品。

小米公司自创办以来，取得了令人惊艳的快速增长：2011年销售收入为5.5亿元；2012年售出手机719万台，取得销售收入126.5亿元；2013年售出手机1870万台，取得销售收入316亿元；2014年售出手机6112万台，取得销售收入743亿元；2015年售出手机7100万台，取得销售收入780亿元；2016年，由于供应链的问题，遭遇了4个月的缺货，销售情况比2015年有所下滑，但小米手机周边的生态链系统全年收入超过150亿元，连接了超过5000万台智能设备，小米公司也因此成为全球最大的智能硬件孵化生态链。与此同时，小米公司的国际业务在2016年也取得了突破性进展，例如在印度全年销售突破10亿美元，成功跻身印度手机市场前三名。

除在手机市场异军突起外，小米公司在互联网电视机顶盒、互联网智能电视，以及家用智能路由器和智能家居产品等领域也颠覆了传统市场。2016年3月29日，小米公司对小米生态链进行战略升级，推出全新品牌——MIJIA（中文名为“米家”），品牌名称取自小米智能家庭当中的“米”和“家”两个字，理念是“做生活中的艺术品”。2017年年底，小米公司旗下生态链企业已达99家，其中紫米科技的小米移动电源、华米科技的小米手环、智米科技的小米空气净化器以及万魔声学的小米活塞耳机等产品均在短时间内迅速成为影响整个中国消费电子市场的明星产品。小米生态链建设坚持“开放，不排他，非独家”的合作策略，形成了独特的智能产品生态体系。

小米公司从一开始就建起了小米社区，聚集了一批手机发烧友，随后做了MIUI操作系统。MIUI操作系统发布之后又做了手机，然后做了小米网电商。电商成功后，小米公司以巨大的决心开发云服务和大数据业务，然后迅速渗透到电视和路由器领域，接着做了全网电商、互娱、生态链、小米之家、互联网金融和有品商城（原名叫“米家有品”），可以说各项业务的发展都是环环相扣、循序渐进和持续升维的。图8-1是小米公司自己总结的发展模式，内部称为“旋风图”。按照计划，未来有品商城要达到2万个SKU（Stock Keeping Unit，库存量单位）、小米商城要达到2000个SKU、小米之家要达到200个SKU。

小米公司作为拥有超过2亿手机用户、5000万小米OTT（Over The Top，通过互联网向用户提供各种应对服务）用户以及3000万小米手环用户、年销售规模正向千亿元目标冲刺的成长型企业，一方面具备不可多得的大数据资源优势，另一方面企业的快速发展壮大亟需通过大数据赋能，为企业超常规发展提供强劲的动力。

2 业务需求

小米公司是伴随移动互联网而成长起来的企业，数据是其业务运营的基本“血液”，如何保持数据高效顺畅的流动，同时发挥数据的应用作用，是小米公司必须面对的现实问题。

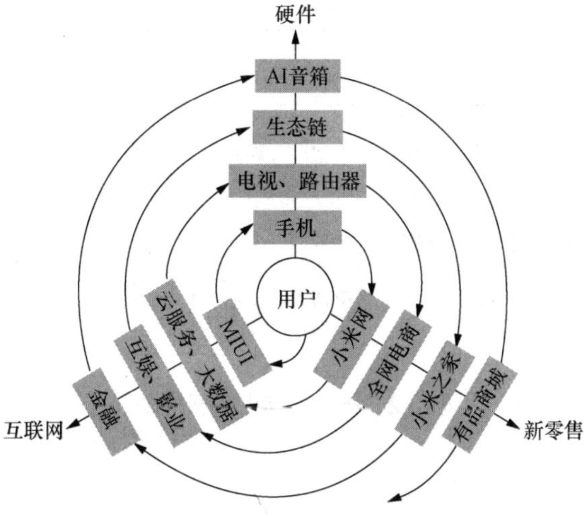

图8-1　小米公司的发展模式

2.1　小米生态大数据

小米公司作为智能硬件制造商，所生产的产品几乎都跟移动互联网紧密相关，都能产生数据，所以从某种意义上小米公司可以看作是一家销售智能产品的大数据公司。迄今为止，小米公司已售出销售总数位居国内前列的手机、电视和盒子产品，并且路由器、手环、扫地机器人、空气净化器、传感器和电饭煲等诸多生态链智能产品的销量已形成相当规模。在软件方面，小米公司的MIUI操作系统是一个深度定制的安卓系统，是国内安装量最大的智能终端操作系统之一。与此同时，各类App使用、搜索、购物、社交、娱乐等已成为小米公司大数据的重要来源，如小米公司的应用商店最高日下载量超过8000万次，小米公司内置的新闻资讯产品日活跃也近千万人。图8-2为小米生态大数据构成。

依托来源广泛并且不断扩张的大数据渠道，小米公司形成了以“全生态，多样性”为基本特征的生态大数据体系，打造出了几乎是独一无二的“大数据王国”——“米粉”从早上起床、上班、下班到晚上的一天24小时中，手机、电视、手环、路由器、传感器等各种智能设备上的数据都会源源不断地上传到小米云平台上，成为小米大数据不竭的经营资源。

含非 MIUI 平台
硬件
小米手机
电视 & 盒子
小米路由器
手环/生态链
软件服务
MIUI+云平台
MITV
MIWiFi
MIPush
数据类型
App使用
搜索
购物
社交
个人信息
娱乐
视频
家庭场景
生活周边
数据来源
浏览器
小米商城
米聊
账号
游戏
MIUI系统
应用商店
小米之家
论坛
电话短信
直播
MITV系统
MIWiFi系统监控
小米运动智能家庭

图8-2　小米生态大数据构成

2.2　小米云平台

与小米手机销量快速上升相对应的是小米用户数据量的急剧提升，小米云平台是支撑各项业务运营和数据存储处理的基本载体。小米云平台包括两个定位：一是为小米公司的各项业务提供云端平台性支持；二是为小米公司的用户和小米生态链合作伙伴提供优质的云服务。小米云是小米云平台的最重要产品，由如图8-3所示的三个部分组成。

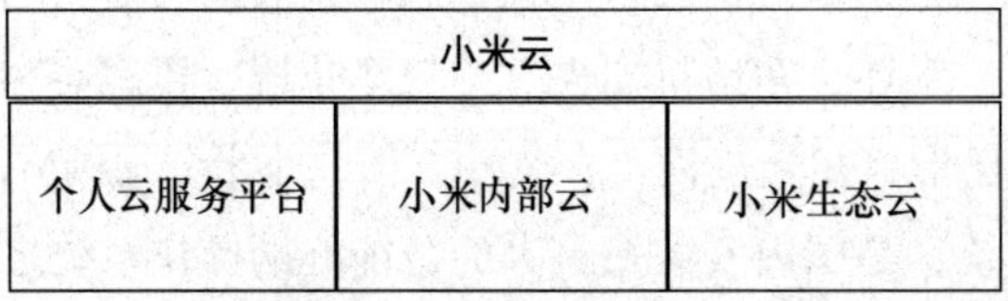

图8-3　小米云的组成

如图8-3所示，小米云各组成部分的说明如下：

2.2.1　个人云服务平台

个人云服务平台即用户的数据中心，英文名称为“MiCloud”，主要面向小米用户提供云支持服务，能够为用户提供备份和存储功能。用户的联系人、短信、照片和便签等数据都由用户存储备份到个人云服务平台。

2.2.2 小米内部云

小米内部云主要提供以下三种服务：

（1）为各大业务提供互联网云端服务，如为小米公司的手机等设备提供天气、浏览器、日历、游戏中心等内置的App服务；

（2）为小米公司的各业务部门提供大数据存储、计算、分析、挖掘的能力和资源，充分发挥大数据的价值，为用户提供更好的个性化服务；

（3）为内部的研发、运维和测试团队提供一个完备的物理机和虚拟机资源池。

2.2.3 小米生态云

小米生态云主要为小米公司的生态链合作伙伴提供一个一站式的云服务、一个PaaS（Platform-as-a-Service，平台即服务）平台和一个应用引擎，让所有生态链企业的互联网业务都能高效地接到云端，与小米云和小米大数据平台实现有效对接。小米生态云可以高效地融合各种数据，帮助生态链企业实现业务云端化，为它们提供包括账户管理、信息安全和大数据等服务，让它们能够更好地服务自己的用户。

伴随生态大数据的形成所带来的是数据规模的快速扩大，小米云平台日活跃用户超过1亿人，用户存储的照片超过500亿张，视频达600亿条，存储总量达到数百个PB[①]，并且每时每刻都在不断增加。根据小米公司和用户的约定，用户存储在小米云中的数据，如果不是用户主动删除，小米公司无权自行删除。由此可见，海量的数据为小米公司如何更好地管理和应用大数据提出了极为严峻的挑战。

2.3 小米大数据的应用需求

小米公司拥有海量的大数据资源的根本目的是为了更好地开发和利用，以产生大数据应用的价值。从大的方面来看，小米大数据的应用主要包括以下六个方面：

（1）广告营销：作为核心应用，用于点击预估、人群画像、营销DMP（Data-Management Platform，数据管理平台）和精准营销等。

（2）搜索和推荐：为用户提供较为精准的搜索和个性化的推荐服务。

（3）互联网金融：为用户提供征信评价以及融资服务支持。

（4）精细化运营：根据用户的个性化需求提供具有针对性的服务，实现运营的精细化。

（5）防“黄牛”抢购：利用大数据识别为牟利而囤货的购买行为，打击“黄牛”抢购。

① 1PB=1024TB。

（6）图片分析和处理：用于照片分享、图片在线处理以及图像分析等。

3 大数据平台

小米公司对大数据的管理、开发与应用有着自身独特的需求，必须建设适合自身业务需求的大数据平台来满足业务需求，并能支撑业务的稳定、快速发展的需要。

3.1 技术架构

小米公司从自身的业务需求出发，充分借鉴了其他企业在大数据发展和应用方面的经验，形成了如图8-4所示的技术架构。

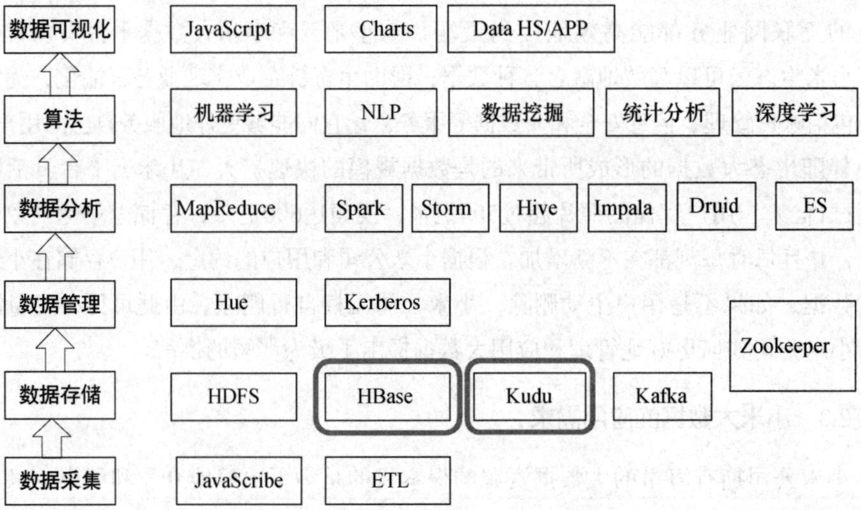

图8-4 小米公司的大数据技术架构

如图8-4所示，小米公司的大数据架构主要包括数据采集、数据存储、数据管理、数据分析、算法以及数据可视化等组件，大部分组件均采用了开源技术，并对一些核心的组件进行了深加工、优化和自定义。数据采集采用的是JavaScribe技术，每台机器都有一个代理软件把数据收集起来。存储部分以HBase技术为主，取得了较好的效果。数据管理采用了Kerberos进行认证，准确性和效率都得到了保证。数据分析采用了MapReduce、Spark、Storm、Hive、Impala、Druid和ES① 等较为成熟

① ES的英文全称是Elastic Search，是指全文搜索。

的技术，一开始基本上以“天”为单位出报表，后来把数据存储在NoSQL中，再后来采用Kafka处理实时消息，再用Druid分析存储，也已达到了小时级处理的水平，有的甚至达到了秒级。算法包括机器学习和深度学习等，选用的Google开源出来的Tensorflow深度学习平台和Kubernetes软件做的一些资源调度和管理，以支持小米公司的广告、金融、相册和搜索场景等业务。数据可视化包括两条线，一条是通过Kafka→Druid→数据可视化显示，另一条是完整数据落盘到HDFS。每天晚上通过数据重放去纠正Druid里的一些数据，覆盖Druid原有数据，最后做可视化。可视化的方式主要以各种报表为主。

值得一提的是，图11-4中加框的HBase和Kudu是小米公司积极参与的项目，并且有多位技术专家已成为其相应的技术委员会成员。HBase的随机扫描有很大的优势，而Hadoop的优势主要体现在批处理数据方面，Kudu是定位在HBase和Hadoop之间，恰好能将两个优势结合起来。

3.2 小米数据工场

承担小米公司大数据业务发展的一个重要部门是小米数据工场，这是一个为全公司业务各团队及小米的生态链企业提供数据采集、计算、存储等基础能力以及机器学习、挖掘工具和方法任务的专门部门，是小米公司大数据技术开发和资源利用的主力军。数据工场提供支撑小米公司大数据业务运营的基础性平台，小米公司希望通过这一平台能将数据开放给企业的各个部门，促进不同部门之间数据的相互利用，并且希望能加强对数据的权限管理，杜绝数据的不当利用。小米数据工场的总体架构如图8-5所示。

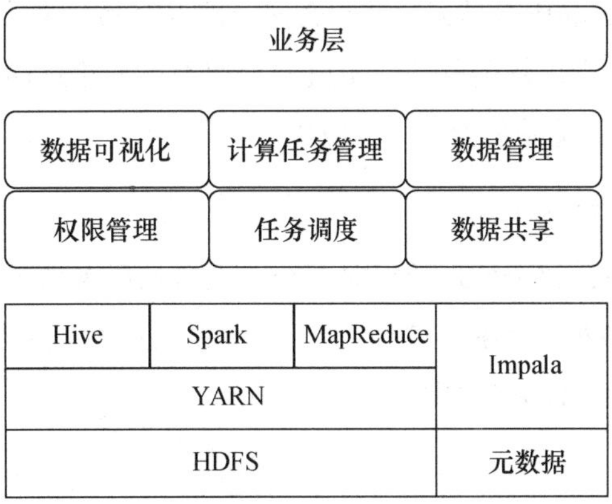

图8-5　小米数据工场的总体架构

如图8-5所示，数据工场平台的底层基础平台建立在以HDFS和元数据为支撑的Hadoop体系之上，由于小米公司及其生态链企业业务场景丰富，因此在技术选型方面，包括Hive、Spark、MapReduce、YARN以及Impala等在内的大数据技术都在不同的场景下使用。中间层为小米公司自行研发的数据工厂，主要提供数据可视化、计算任务管理、数据管理、权限管理、任务调度和数据共享等服务。架构的最上层为小米及其生态链企业的关联业务，业务的规模处于动态扩展之中。

3.3 数据处理方式

除提供底层的能力外，小米数据工场也为小米公司及其生态链企业提供全方位的数据保障能力，这方面的能力主要用于小米信用卡的风险控制和额度评估、广告精准投放、限时抢购时用数据打击“黄牛”超量订购等，既帮助各业务部门对数据进行系统分析，同时也有利于将数据应用到核心业务场景中去。

3.3.1 小米的数据存储格式

小米的数据存储统一采用Parquet格式。这种格式的优点在于其使用的是列式存储，能支持MapReduce、Hive、Impala和Spark等大数据处理技术，并且读取速度快、占用空间少、处理效率高。

3.3.2 客户端数据接入

客户端数据接入是指通过手机的WAP、App等数据采集端，数据的存在方式有SDK和服务端Log两种模式。这两种模式各有优点和缺点：SDK模式的优势是采集便捷、数据稳定完整、格式化较为容易并能消除爬虫的影响，而劣势是需要前端介入；而服务端Log模式的优势是无须前端介入、部署容易，劣势是借口变化较多、采集数据不够完整、格式化复杂以及受爬虫的干扰等。尽管这两种模式各有优势和劣势，但在不同的场合需要两种模式灵活使用。

3.3.3 服务器端数据源

除前端数据源外，整个处理数据时还会有大量的服务器端数据源需要处理。来自业务数据库类的数据，用ETL工具进行批量导入；对服务器端日志等数据，用Scribe[①] 工具将数据写入HDFS之中。

---

① Scribe是Facebook开发的分布式日志系统。

3.3.4 元数据管理

当企业的业务快速增加之后，每种数据的处理方式都有可能不一样。如视频播放日志，分析师希望用Hive进行处理，然后用Impala直接写入SQL去进行计算，但数据挖掘工程师就要因此用MapReduce、Spark等方式去读取和解析。元数据管理就是要做到数据处理方式的统一性，既能够满足Hive、Spark、Impala，还能满足MapReduce，同时能有效地节省各类用户对数据理解和执行的时间。小米数据工厂每份数据的描述都需要在数据工厂上提交，之后数据工厂会在MetaStore中建表的同时附上元数据的行为，供Hive、Spark和Impala使用。数据管理还会生成Java Class，给MapReduce使用。图8-6为小米元数据管理体系。

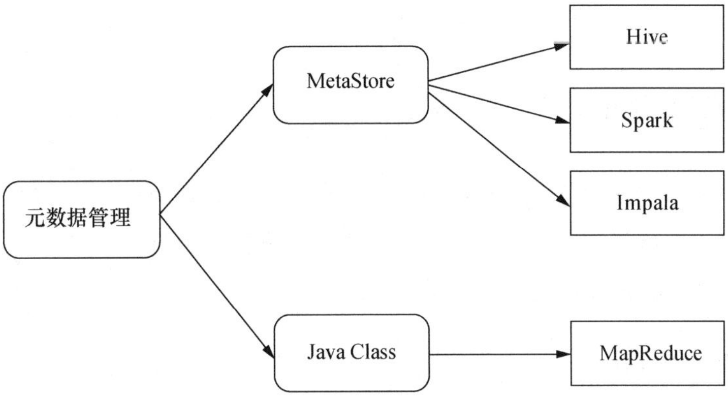

图8-6 小米元数据管理体系

3.3.5 计算管理

相较于数据管理，计算管理的难度要高得多，尤其是每天面对海量的计算量时，情况变得尤为复杂。为此，小米公司作了以下各方面的优化。

（1）定时执行：按照指定的时间执行确定的任务。

（2）手工执行：将不定期使用的作业注册到平台上，在需要的时候，手动触发执行任务。

（3）任务参数：将任务参数化，提升任务的可执行度。

（4）数据依赖：依靠数据进行任务的安排和执行。

（5）指定队列：指定任务运行时所使用的队列。

（6）指定账户：为任务的执行选择Kerberos账户运行。

（7）结果通知：任务执行的结果，通过电子邮件发送给指定的人。

（8）数据对接：通过HTTP网络POST请求回调，直接导入到数据库中。

3.3.6 Docker

为了管理好纷繁复杂的计算框架和模型，在计算执行方面小米公司使用Docker来解决对环境的不同需求和异构问题，并且与 Hive、Impala、Spark等不同的计算模型进行对接，以适配不同应用场景计算不同数据的模型。在不同的业务场景下，同一个计算逻辑也可以选用不同的计算模型，Docker的使用有效地避免了资源的浪费。另外，Docker在用户数据隐私保护方面也很有优势，小米公司采用了Docker与自身安全策略有机融合的方案，使用户的隐私保护和数据安全达到了业界领先的水平。

4 大数据实时分析

小米公司的用户总数超过2亿人，有20多款小米应用的日活跃用户超过千万人，这样的一个数据密集型企业，如何实现大数据实时分析，既是一个必须面对的严峻挑战，也是必须克服的现实问题。

4.1 数据的迁移

在初期时，小米公司很多的业务数据是通过MySQL进行处理的，但它的处理容量有限，业务容量快速扩张以后，尤其是到了日活跃用户超过1亿人时，MySQL变得难以招架，这时很多的业务不得不考虑迁移到HBase上去。为此，小米公司采用了一个常规的HBase迁移方法，在最开始写数据的时候双写——既写HBase的又写MySQL的，以保证新的数据同时存储于HBase和MySQL里，然后把MySQL中的历史数据迁移到HBase，这样从理论上两个数据库就能拥有同样的内容，最后采用双读HBase和MySQL的办法以校验数据是不是都一致。当达到99.9%的结果时，就确定迁移基本完成，再将灰度返回到HBase结果中去。数据迁移的过程如图8-7所示。

4.2 基于Druid的数据实时分析

小米公司在第一个阶段做统计分析平台时，数据并未做到实时处理。到了第二个阶段后，小米公司通过MapReduce的处理将数据放到MySQL等关系型数据里面，随着业务的不断增长，RDBMS的容量限制产生了很多问题，于是到了第三个阶段将

RDBMS变成了HBase，这个阶段持续了较长时间，然后到了第四个阶段开始进入到实时分析阶段，通过Kafka、Storm再到RDBMS或者NoSQL，最后一步直接把数据从Kafka转到Druid。图8-8为小米实时数据分析演进历程。

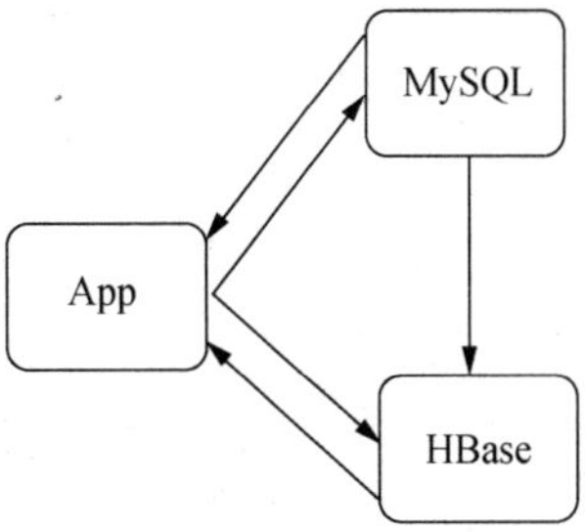

图8-7 数据的迁移过程

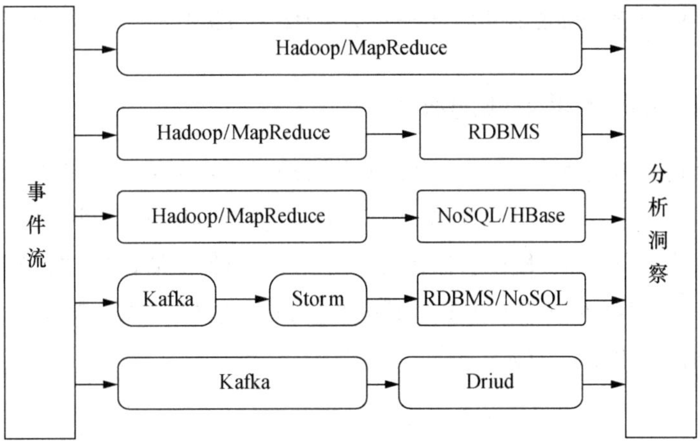

图8-8 小米实时数据分析演进历程

Druid是由一家叫MetaMarkets的公司开发的产品，相对比较轻量级，技术也相对较为成熟，阿里集团、百度等企业都在用它做实时分析，包括一些广告、搜索、用户的行为统计。它的特点包括：

（1）为分析而设计：它为OLAP（On-Line Analytical Processing，联机分析处理）而生，支持各种filter、aggregator和查询类型。

（2）交互式查询：低延迟数据，内部查询为毫秒级。

（3）高可用性：集群设计，去中性化规模的扩大和缩小不会造成数据丢失。

（4）可伸缩：Druid被设计成PB级别，能充分满足日处理数十亿事件的处理需求。

在小米公司内部，Druid除应用于小米统计外，还应用于广告系统，主要对每个广告的请求、点击、展现做一些实时分析。图8-9为基于Druid的使用场景——广告实时统计分析架构图（非计费部分）。

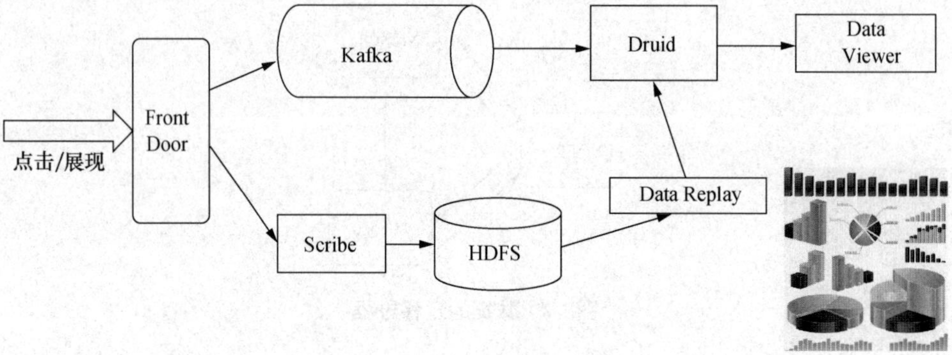

图8-9　基于Druid的使用场景——广告实时统计分析架构图（非计费部分）

4.3　基于Kudu的实时数据分析

小米公司除使用Druid进行实时数据分析外，还采用了其他多种实时数据分析技术。其中，由小米公司于2015年10月联合发布的Kudu技术应用状况良好，这是Apache开源的一个工具，既能够保证大吞吐，又可以保证低延时，能克服Druid响应时间慢的缺点。小米公司将其主要用于一些服务质量监控、问题排查等。图8-10列出了使用Kudu前后的效果比较。

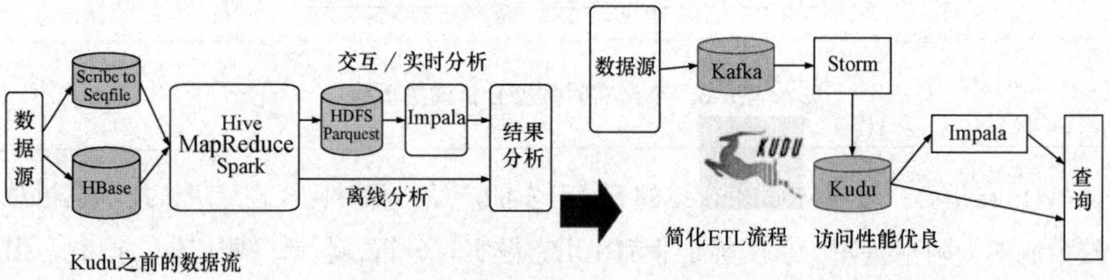

图8-10　使用Kudu前后的效果比较

如图8-10所示，在使用Kudu之前存在诸多问题，如ETL高延时、Logo无序计算、需要等待完整数据才开始计算等；而使用Kudu之后，ETL的流程得以简化，访问性能也变得更为优良，效果提升十分明显。

4.4 实时统计数据服务

大数据实时分析平台面向不同的服务对象提供了内容丰富的各类实时数据分析服务，其中，实时统计数据服务是应用范围广泛的服务之一。图8-11为实时统计数据服务的一个实例。

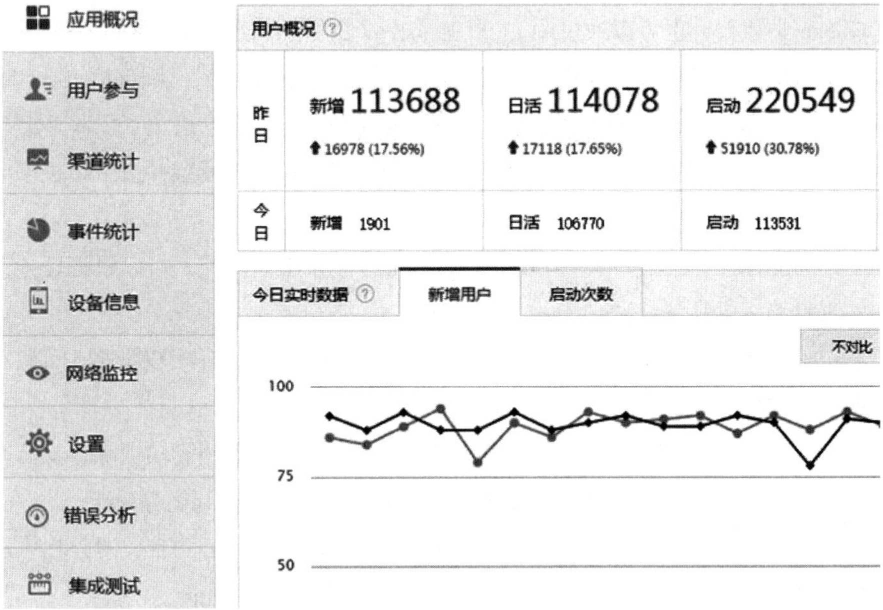

图8-11 实时统计数据服务的实例

如图8-11所示，实时统计分析列出了某项业务的用户数据，可以用数据分析某项应用的使用情况，然后结合小米公司的用户画像，为开发者提供更好的数据分析服务。

5 云深度学习平台

为了更好地帮助生态链企业实现更多的人工智能等方面的应用，同时也为了促进内部各业务部门之间的学习交流和合作，小米公司推出了基于云计算的机器学习和深度学习平台（Xiaomi Cloud-Machine Learning），已取得了一定的应用效果。

5.1　性能特点

小米云深度学习平台的简称是“Xiaomi Cloud-ML”，是小米公司针对机器学习优化而开发的高性能、分布式的云服务，为开发者提供了模型开发、训练、调优、测试、部署和预测的一站式解决方案。该平台所具有的性能特点如下：

（1）易用性：支持简单易用的命令行工具，可在Linux/Mac/Windows操作系统或者Docker中运行，也可以通过API、SDK或者Web控制台使用云深度学习服务。

（2）兼容性：支持TensorFlow等深度学习框架的标准API，兼容Google Cloud-ML的samples代码，相同模型代码可以在不同云的平台上训练，避免了厂商绑定。

（3）高性能：支持超高性能GPU运算，支持数据并行和模型并行、单机多卡和多机多卡的分布式训练。

（4）灵活性：支持按需申请和分配CPU、内存和GPU资源，可以根据任务运行时间实现秒级别的计量计费功能。

（5）安全性：支持基于Access Key/Secret Key的多租户认证授权机制，可以在线动态调整用户Quota配额。

（6）完整性：支持云端训练，用户编写好代码一键提交到云端训练，支持基于CPU或GPU训练，支持十余个主流深度学习框架和超参数自动调优等功能。

（7）支持模型服务，用户训练好的模型可以一键部署到云平台，对外提供通用的高性能gRPC服务，支持模型在线升级和多实例负载均衡等功能。

（8）支持开发环境，用户可以在平台创建TensorFlow等深度学习开发环境，自动分配CPU、内存和GPU资源，支持Notebook和密码加密等功能。

5.2　系统架构

小米云深度学习平台建立在公有云和私有云为支撑的云计算平台之上，利用GPU机器集群为云深度学习平台的运行提供了强大的计算能力。这一平台包括存储服务、深度学习任务管理、GPU集群管理和计算服务等四个核心组件，采用了支持TensorFlow等用户自定义的模型结构。该平台所服务的核心业务包括智能助手、云相册、广告、金融和搜索推荐等，系统架构如图8-12所示。

目前，这一平台通过对图像、自然语言和语音的大量训练，调试出了图像识别、自然语言识别和语音处理等相关的场景，通过提供API、SDK、命令行以及Web控制台多种访问方式，最大程度地满足了用户复杂多变的使用环境的应用需求。

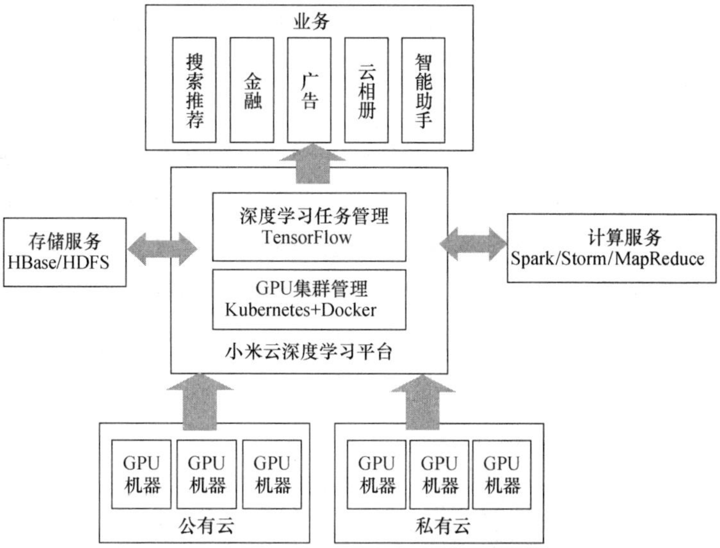

图8-12　小米云深度学习平台的系统架构

5.3　应用场景

小米云深度学习平台有较为广泛的应用，基本的应用场景如图8-13描述。

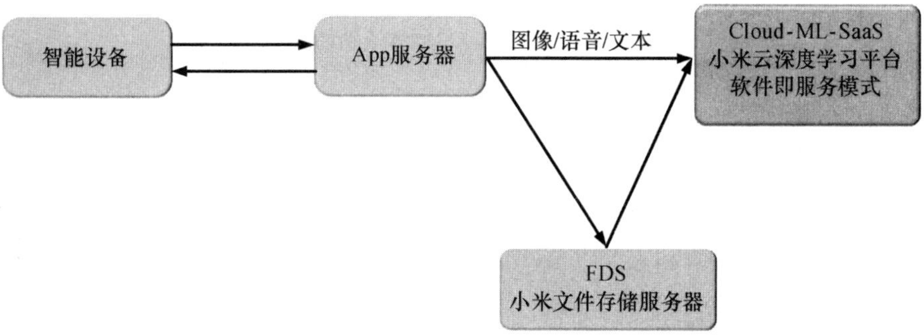

图8-13　小米云深度学习平台应用场景

如图8-13所示，小米用户的各类智能设备通过接入App服务器，将图像、语音、文本数据传输到小米云深度学习平台进行相应的分析处理，同时App服务器将相关数据提交给FDS（File Storage Service，文件存储服务）系统，处理后的数据也提交给小米云深度学习平台，经综合分析处理后得出相应的结果，为用户提供各类服务。

5.4 应用实例

小米云深度学习平台目前在人脸检测和物体识别等方面有良好的应用效果。人脸检测包括人脸的位置、性别、年龄等数据的采集，物体识别能对1500多种物体进行分类，包括客厅、卧室等场景。人脸检测服务通过上传图像可以识别图像中的人脸参数，能广泛应用于照相机、摄像头监控等场景；物体识别通过上传图像可以进行物体识别，为智能家居提供了想象空间。图8-14为人脸检测和物体识别的实例。

物体	置信度
客厅（living room）	0.52
餐厅（dining room）	0.14
大厅（hall）	0.08
休闲室（waiting room）	0.06

图8-14 人脸检测和物体识别的实例

5.5 应用状况

小米云深度学习平台已经在小米公司内部各业务部门推广使用，相比于直接使用物理机，云服务拥有超高的资源利用率、快速的启动时间、近乎“无限”的计算资源、自动的故障迁移、支持分布式训练和超参数自动调优等优点，有良好的推广和应用前景。目前，该平台已支持数十个功能和近20个深度学习框架，达到了“支持通用GPU等异构化硬件、支持主流的深度学习框架接口、支持无人值守的超参数自动调优以及支持从模型训练到上线的工作流”等业务需求，建成了一个多租户、任务隔离、资源共享、支持多框架和GPU的通用服务平台，并且在支持高性能GPU和分布式训练的基础上还集成模型训练和模型服务等功能，为用户创造了多方面的价值。

6 “4M”智能营销

小米公司凭借极为丰富的大数据资源，于2016年创新性地提出了“4M”智能营销体系（Moment——场景感知，Media——全媒体触达，Matching——精准匹配，Measurement——实效衡量），旨在通过全面的场景感知来捕获用户的需求，以大数据实现精准的匹配，以最优的媒体表现，以期在最佳时刻触达用户，实现更加可靠的实效衡量。基于“4M”智能营销体系，小米公司将营销活动分成了大数据类、全场景类、社群类和创意创新类四个大类。

6.1 大数据类营销

小米公司的主要产品包括手机、电视和路由器，手机代表个人媒体，电视和路由器代表家庭媒体。小米公司依靠庞大的小米、手机、电视和盒子用户群体，对用户大数据进行性别、年龄、地域、学历和收入等五个方面的画像，找出特定的目标用户和营销对象。在上汽通用科沃兹新车上市推广的精准营销案例中，小米公司分为以下三个阶段开展大数据类营销：

（1）第一个阶段，深度挖掘科沃兹投放种子用户。小米公司从用户大数据中选择了五项维度：22—39岁；月均收入6000～19 999元；首次购车；近3个月频繁关注紧凑车型；关注的车价为8万～10万等。小米公司将符合上述五项维度的用户锁定为种子用户，然后选择小米音乐、小米视频、小米浏览器、小米安全中心的开屏、焦点图及信息流等广告点位对符合条件的用户进行重点推介。

（2）第二个阶段：寻找潜在受众。使用小米数据管理平台lookalike找回投放第一阶段的点击用户，对其进行扩充，找到其他的潜在受众，进行再次曝光。

（3）第三个阶段：更新潜在受众。累积两拨点击人群进行交集后，再次使用lookalike进行扩充，更新潜在受众，最后针对更新后的用户进行再曝光。

通过以上三个阶段的机器学习和深度深挖，到最后小米公司一共投放了1027万人，投放效果与定向推广中的通投相比提升了87%，搜索“科沃兹”用户增长数达185%，搜索“雪佛兰”用户增长数达74%（如图8-15所示）。

6.2 全场景类营销

小米公司拥有数量不断扩大的生态链企业，这些生态链企业已推出200多款产

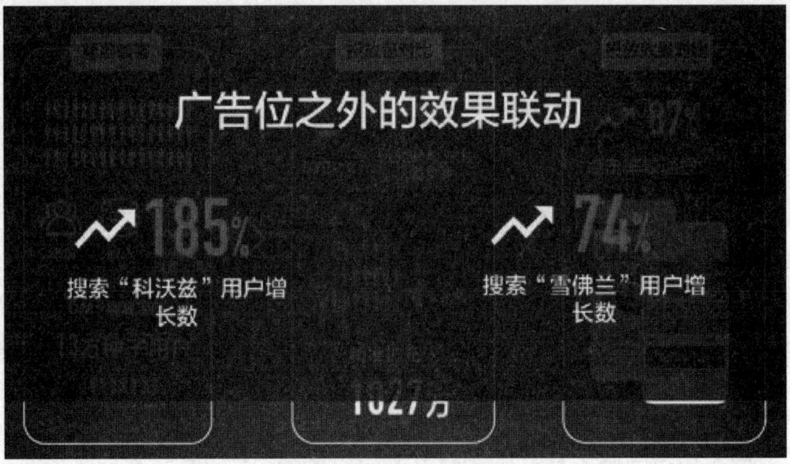

图8-15　科沃兹大数据类营销的实例

品，种类丰富的生态链产品与小米手机和MIUI操作系统有着密切的联系，能够实现全场景无缝包围用户，在不同的场景下触达“米粉”。

PUMA公司推出的evoKNIT跑鞋于2016年冬季全新上市，并同步推出了“酷跑街头”的传播理念。小米公司的营销活动将这一传播理念与小米运动进行对接，实现跨平台的数据整合与展示，用户在锁屏界面就能看到穿了这一跑鞋用户的累计步数、消耗热量等与运动息息相关的关键数据，提醒用户“不要宅在家中，是时候穿上PUMAevoKNIT跑鞋，带上PUMA定制版小米手环，一起去酷跑街头”。图8-16为手机显示的PUMA跑鞋的运动数据。

图8-16　手机显示的PUMA跑鞋的运动数据

6.3 社群类营销

互联网思维下营销模式的一大特征即粉丝营销，小米公司在创办初期就积极培育“粉丝文化”，大力开展粉丝营销，取得了极为显著的成效。依托数量庞大的粉丝群体，小米公司通过话题和互动，增强了用户社群的参与感，同时能更好地激发用户与品牌发生互动。2016年10月，小米的营销公司帮助华润怡宝积极开展跨界营销，选择借助“小米Note2及MIX手机新品发布会”，配合华润怡宝做线上借势传播。10月21日，华润怡宝的官方微博公布了“小米新品价格猜猜猜”线上活动，用户通过参与微博话题，竞猜小米新品的最终价格，最先猜中者即可获得小米公司的新品产品。10月25日，小米Note2发布会当天，4000瓶特制怡宝纯净水和4000个特制水瓶标签出现在发布会现场，加上供书写的笔，参会者入场可领，受到了参会者的欢迎。小米社区发布直播贴，怡宝品牌曝光次数近1600万次，小米直播端怡宝品牌曝光次数超过1万次。图8-17为华润怡宝跨界营销宣传照。

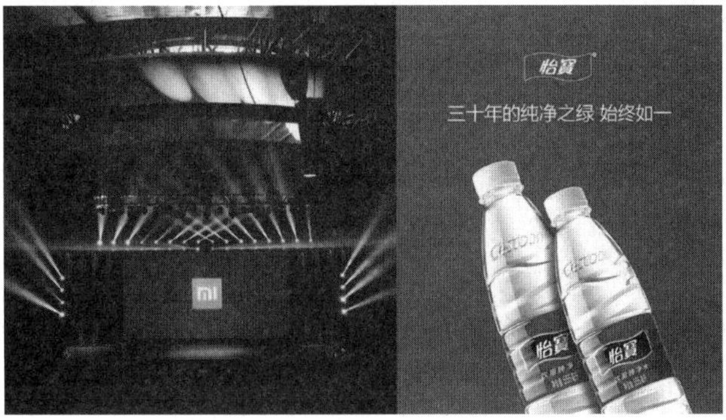

图8-17 华润怡宝跨界营销宣传照

6.4 创意创新类营销

利用各种创新的方法和手段，是小米公司的营销取得成功的重要保证。在小米公司为相关品牌提供的服务中有很多成功的例子。2016年夏季，别克汽车希望通过小米公司的营销借势奥运会和欧洲杯进行品牌促销。小米运动为“别克”品牌创建了互动专题，将不同的动物对应成不同的速度，形成不同的挑战，用户挑战成功即可点亮该模式下的动物勋章，用户点亮的勋章越多，最终收获的奖励也就越大。小米运动App开机大屏及各板块对此活动专题进行了大量的推送，将用户关注引导至活动专区。高关注度为别克汽车的线下试驾专区提供了大量的潜在用户，参与者填写简单的信息后即可获得试驾机会，并最终转化为潜在消费者。在活动推广期间，“别克”品牌总曝光达近8000万次，总点击超过120万次，形成数次参与高峰。图8-18为小米运动端展示的“别克”主题——拥有“狼的速度”。

图8-18　小米运动端展示的“别克”主题

7 小米广告交易平台

小米公司作为一家具有独特生态的互联网企业，利用庞大的用户规模开展广告业务是该公司的重要战略。

7.1 小米广告平台

小米广告平台是一个涵盖面十分广泛的体系，是支撑小米公司广告业务运营的基本平台，主要负责小米应用商店、浏览器、一点资讯、小米电视等全线软硬件数十个业务的变现，支持应用游戏下载、信息流、搜索、开屏、视频贴片、电视画报等十余种主流和创新的移动广告形式。图8-19为小米广告平台的体系架构。

如图8-19所示，从上至下小米广告平台分成接入层、广告服务层、算法数据层和存储层，各层的功能如下：

（1）接入层的接入对象包括小米用户的手机、服务器、广告主、广告联盟和工程师等，负责流量的接入、管理、配置和运营。

（2）广告服务层包含广告选取、过滤、排序等核心逻辑，主要的服务有广告交易平台、效果广告服务和排期广告服务等，是广告检索的核心。

（3）算法数据层负责点击率预估、预算平滑、精准定向等算法。

（4）存储层负责广告数据的存储，同时也是各种广告和用户数据的访问层。

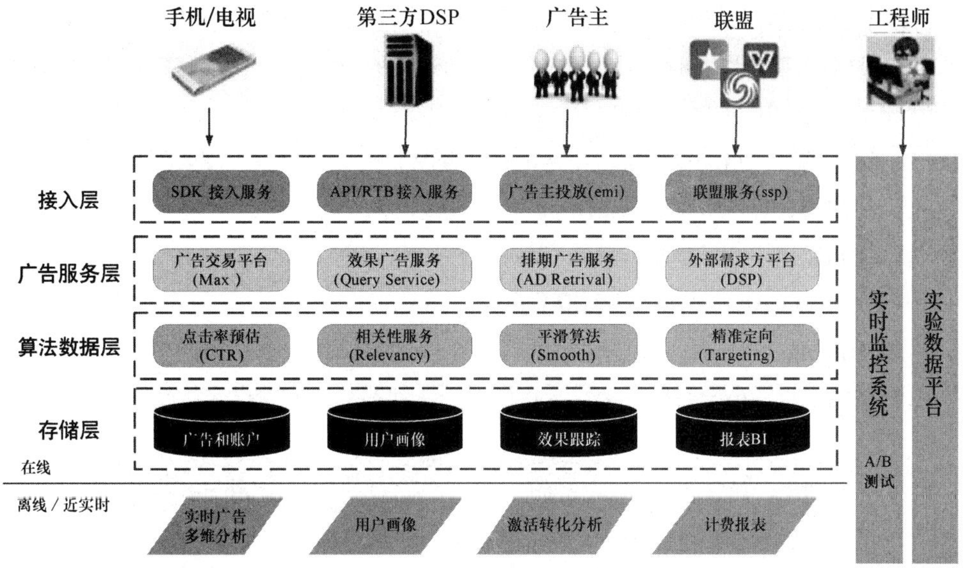

图8-19　小米广告平台的体系架构

7.2　广告交易平台

小米的广告交易平台（MiAdExchange, MAX）是广告平台的主要组成部分，承担着广告交易的相关服务功能。这一平台的体系架构如图8-20所示。

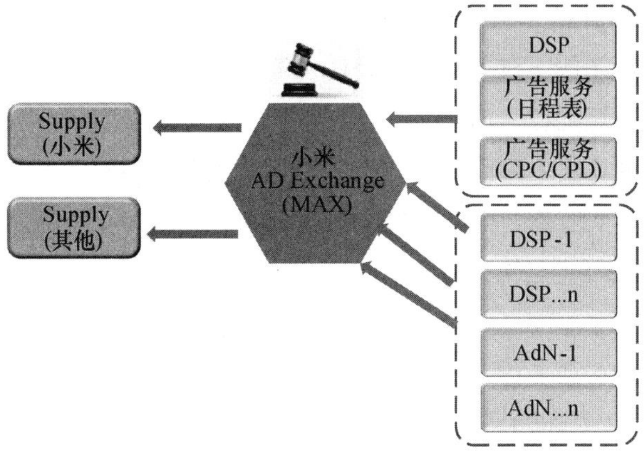

图8-20　小米广告交易平台的体系架构

如图8-20所示，MAX提供了一个DSP（Demand-Side Platform，需求方平台），为广告主、广告代理公司打造了一个综合性的管理平台，让他们能够通过同一个界面管理多个数字广告和数据交换的账户，大大提升了广告管理的能力和水平。DSP让广告主通过MAX平台以实时竞价的方式获得对广告进行曝光的机会，并对每个曝光进行付费。图8-20中的CPC是“Cost Per Click”的缩写，指按点击付费；CPD是“Cost Per Day”的缩写，指按日付费。小米的广告交易平台支持的竞价模式包括：

（1）PDB，即Private Direct Buy，私下直接购买；

（2）PD，即Prefer Deal，首选交易；

（3）Private Auction，即私下拍卖；

（4）Public Auction，即公开拍卖。

到目前为止，小米的广告交易平台已经历了如图8-21所示的三个阶段：

图8-21　小米的广告交易平台的三个发展阶段

7.3　点击率预估

广告点击率是评价广告绩效的基本指标，对点击率进行较为准确的预估是提升广告绩效的重要条件。点击率预估是广告算法的核心，重点围绕特征挖掘和模型优化展开。特征挖掘犹如一门艺术，进行特征挖掘不仅需要熟悉业务，而且更需要灵感，小米公司的算法工程师们为此挖空心思地发掘跟用户点击广告相关的各种因素，模型优化好比兵器库，需要不断地改良武器，并能用于实战。此外，在线CTR（Click Through Rate，点击通过率）服务也是小米广告的一项基本业务。图8-22为点击预估的系统架构。

小米公司的广告业务涉及面广泛，点击率预估重点取决于应用分发、搜索和信息流三大类业务（如图8-23所示）。

7.3.1　应用分发

利用各类App应用进行推广是广告主的首选需求，小米公司的广告部门依托应用商店、浏览器和小米视频等App进行广告的推广，并通过用户特征值的优化来改进算法。小米公司的广告部门所采用的应用分发的特征主要包括：

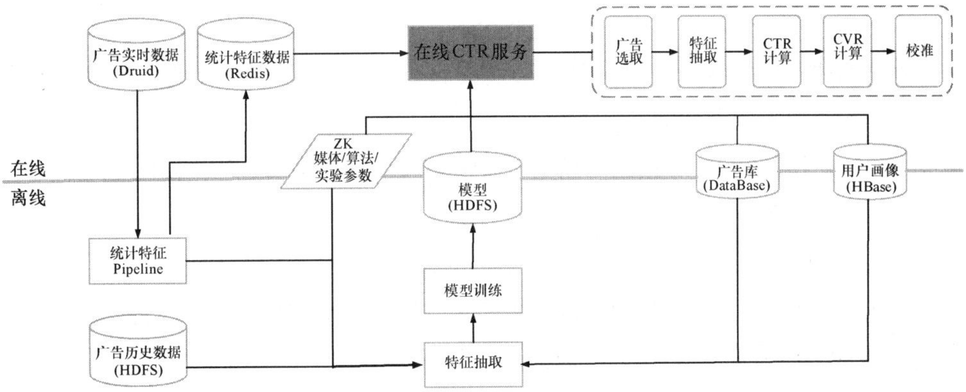

图8-22　点击预估的系统架构

图8-23　点击率预估重点业务

（1）用户特征：如人口属性、系统信息等。

（2）广告特征：如用户ID、类别、位置等。

（3）用户的行为特征：如App历史安装、近期下载、近期使用等。

（4）用户的广告行为特征：如AD展现点击下载次数等。

（5）组合特征：如用户特征与广告特征组合。

其中，用户的行为特征被证明为最有效，因此被作为点击率预估的首要指标。在模型方面，小米公司的广告部门从最开始的离线模型逐步过渡到小时级的FTRL（Follow the regularied Leader，在线学习算法），效果得到了显著的提升。

7.3.2　搜索

搜索是指应用搜索，主要依托于应用商店和浏览器庞大的搜索流量进行广告的变现。其特征方面主要包括：

（1）上下文特征：如搜索关键词、搜索自然结果及分类、搜索来源等。

（2）广告特征：如ID、类别、广告标题等。

（3）用户特征：如人口属性、系统信息等。

（4）组合特征：如用户特征与广告特征、搜索上下文特征与广告特征组合。

在模型选取方面，已从过去选用的相关性模型升级为点击率模型，效果提升明显。图8-24为应用搜索界面的实例，用户在搜索“今日头条”的App时，应用商店平台推荐了“凤凰新闻”的App。

图8-24　应用搜索界面的实例

7.3.3　信息流

信息流广告起源于Facebook，国内的今日头条、微博等也取得了成功。信息流的广告形式有大图、小图及组图等，广告类型包括应用分发、H5和视频等，小米信息流广告的主要载体是一点资讯和浏览器。信息流广告的素材更新频繁，广告数量也比较多，广告收益也在不断地攀升。

除上述三个方面外，小米公司还对浏览器导航引入了个性化算法，把导航入口按照用户切分成多份流量，分别售卖给不同的广告主，变过去浏览器的“千人一面”为现在的“千人千面”，售卖方式也从“人工排期”到“准实时竞价”（即每次竞价后会维持一段时间不变，比如一周或一月），使得广告的效果得到了大幅度的提升。

7.4 大数据反作弊应用

广告流量作弊是常见的现象，对广告的真实效果和交易秩序都有着极大的影响。小米公司充分利用大数据相关技术手段主要从以下两个方面来应对：

7.4.1 设备真伪识别

一般是通过SDK的方式采集硬件信息，为每台设备生成唯一的设备ID，后续即使刷量者对设备的硬件信息进行了修改，唯一的设备ID也不能改变。小米公司已经开发了一套基于硬件标识的设备真伪识别方案，实际应用效果良好。

7.4.2 用户行为分析

小米公司利用大数据手段对用户IP分布异常、机型分布异常、点击率异常、下载激活时间间隔异常、留存率和使用时长异常进行分析，并通过加强身份验证等手段进行监控。

小米大数据广告反作弊系统的架构如图8-25所示。小米大数据广告反作弊系统包括以下三个组成部分：

第一部分是客户端。其核心模块是反作弊SDK，通过采集系统信息生成设备唯一ID，用于机器真伪识别，另外采集其他必要的信息用于服务端的反作弊模型分析。

第二部分是服务端。包括实时反作弊系统和离线反作弊系统：实时反作弊系统收集实时上报的日志，通过实时流计算框架，快速分析作弊情况，一般用于捕捉短期的作弊行为；离线反作弊系统则是通过收集多维度的数据，经过离线计算和反作弊模型，最大限度地发现各种长期和短期的作弊行为。这两者都牵涉三个模块：（1）数据收集，包括设备ID、IP、广告点击/下载/激活时间戳等信息；（2）特征计算，包括多维度（如IP、UserAgent等）、多粒度（周、天、小时、分钟）、多指标（CTR、下载数、时间间隔等）的实时/离线计算；（3）反作弊模型（实时模型主要是基于规则的模型；离线模型主要是基于规则的模型，将尝试用机器学习模型）。

第三部分是前端。前端主要提供数据报表、异常监控、智能分析等功能。

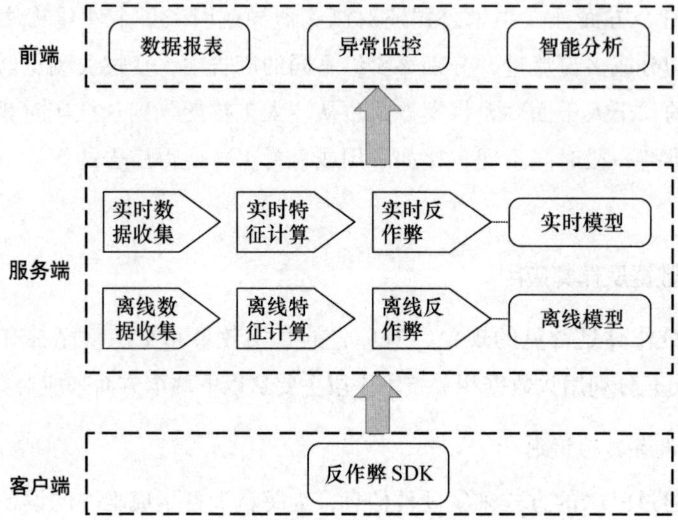

图8-25　小米大数据广告反作弊系统的架构

8 品牌广告业务

小米品牌广告业务是小米公司重要的广告营收项目。广告投放的媒体为小米用户的手机和电视全系资源，包括小米浏览器、小米视频、小米音乐、小米新闻资讯、小米天气和小米日历等App应用以及小米电视/盒子等小米产品，广告形式包括开屏、锁屏、电视画报、信息流、横幅、贴片以及换肤等，日曝光量近百亿次，年收入达数十亿元。

8.1　业务的特点

小米品牌广告业务的特点包括以下四个方面：

8.1.1　售卖方式

售卖方式包括CPT/CPM方式和合约式两种，前者需要广告主提前下单，后者售卖方如违约需要予以补量赔偿。CPT的英文全称是Cost Per Time，是一种以时间来计费的广告，一般是以“一个月多少钱”的收费模式进行收费的。CPM的英文全称是Cost Per Thousand Impression，是一种以展示量多少进行付费的广告，只要展示了广告主的广告内容，广告主就要为此付费。合约式广告是一种基于合约的商业模式，一旦广告主完成下单则视为合约，投放系统按约定执行广告投放，若不能保量完成则视为违约，售卖方需补量赔偿。

8.1.2 定向方式

小米公司的小米品牌广告业务提供了较为丰富的定向方式：

（1）用户属性：可以根据地域、年龄和性别等属性进行用户群的选取。

（2）设备型号：可以根据手机、电视和盒子等具体的型号选取目标对象。

（3）人群包：可以选择“包含”或“排除”特定人群包。

（4）时间：以小时为单位进行时间安排。

（5）内容：包括对视频分类、剧集、CP（Couple，男女组合）等进行分类。

（6）特殊定向：根据天气状况等进行定向。

8.1.3 频控

绝大多数的广告需要有频次控制，小米品牌广告业务以小时、日、周进行频控。

8.1.4 第三方监测

小米品牌广告业务委托秒针、AdMaster和DoubleClick等第三方机构进行专业的监测。

8.2 系统架构

小米品牌广告业务平台的系统架构包括三大块，分别是广告检索、广告售卖和数据处理（如图8-26所示）。

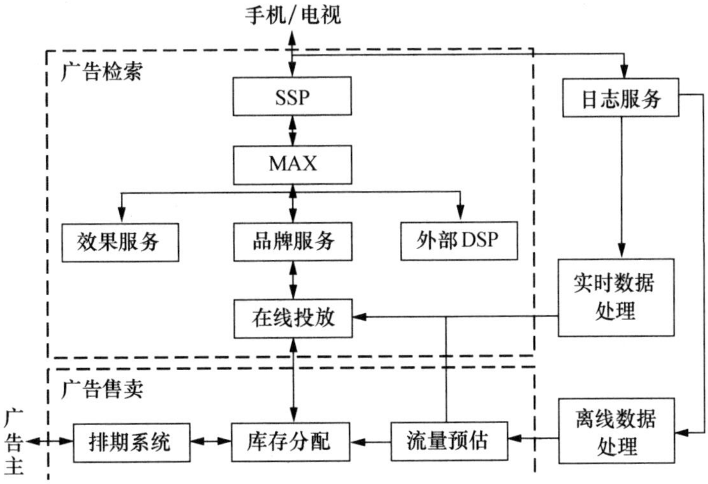

图8-26 小米品牌广告业务平台的系统架构

8.2.1 广告检索系统

手机和电视的流量通过小米公司的SSP（Sell-Side Platform，供应方平台）接入广告平台。SSP是小米公司的流量方管理平台，负责流量的接入。小米公司的MAX广告交易系统对接了很多个DSP，其中效果服务和品牌服务由小米公司的DSP管理，效果服务主要包括广告的检索、过滤、CTR/CVR[①]预估、排序等；而品牌服务则包括广告检索、过滤、定向、平滑等，对应的是在线投放模块。

8.2.2 广告售卖系统

广告售卖系统即广告排期系统，提供了一整套的订单管理和库存分配的功能，包括定量、寻量、删量和改量等。其中，库存分配又依赖于流量预估模块。

8.2.3 数据处理

数据处理包括日志服务、实时数据处理和离线数据处理等。而离线数据处理的结果则用于流量预估，实时数据处理的结果用于在线投放的实时反馈。

整个系统架构中和品牌广告最相关也是最核心的部分就是在线投放、库存分配和流量预估。其中，流量预估是基础，在线投放和库存分配都依赖于流量预估。

8.3 流量预估

流量预估在小米品牌广告业务中占有重要的位置，以一个实例来说明。比如，某一经营化妆品的广告主要求购买2月13日这一天在小米视频首页焦点图广告位、杭州男性用户的流量，这一需求包含了日期、广告位和定向条件三个要素，流量预估牵涉到很多个因素，面临着组合可能繁多、时间和季节变化多端等挑战。为了提升流量预估的准确性和流量查询的效率，小米公司的广告部门选用了如图8-27所示的流量预估的系统架构。

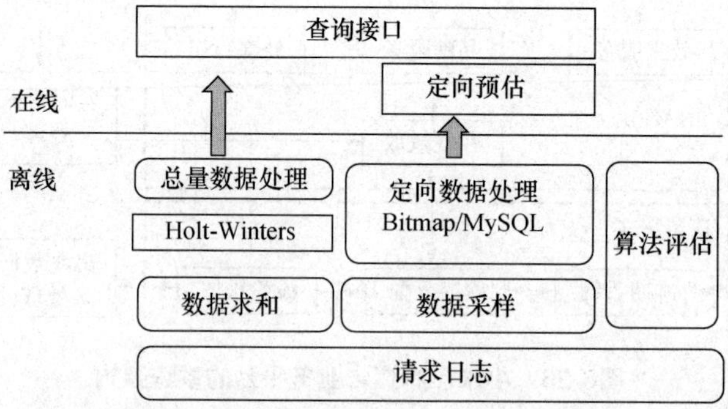

图8-27 流量预估的系统架构

① CVR的英文全称是Click Value Rate，是指转化率。

如图8-27所示，系统架构分为在线和离线两个部分：在线部分主要提供了数据的查询接口；离线部分分成总量数据处理、定向数据处理和算法评估。离线部分中的总量数据处理依赖于请求日志，先进行数据求和然后采用Holt-Winters算法进行总量预估；定向数据处理也依赖于请求日志，取决于小米公司的广告部门所采用的两套独立的预估算法（Bitmap算法需要对请求日志进行采样，结果以Bitmap的形式直接放到内存中查询，而正交算法不需要做采样，定向数据经过处理之后存储到了MySQL供查询）；算法评估模块主要是RMSE（Root Mean Square Error，均方根误差）、高估率和低估率等指标的计算。

8.4 库存分配

小米品牌广告业务平台每天要接收数以百计的广告订单，每个订单的定向条件各不相同，多个订单之间会出现冲突和竞争抢量等情况，尤其是在一些热门的节日，比如双十一、米粉节和情人节等，库存的售卖率会非常高。因此，库存分配面临的最大挑战是在如何最大限度地保证库存利用率的同时满足用户的需求。

库存分配的流程包括三个方面：一是根据请求日志进行流量预估，然后根据订单数据生成最小化定向条件；二是根据流量预估和订单数据生成二分图，然后分配算法；三是输出分配结果（如图8-28所示）。

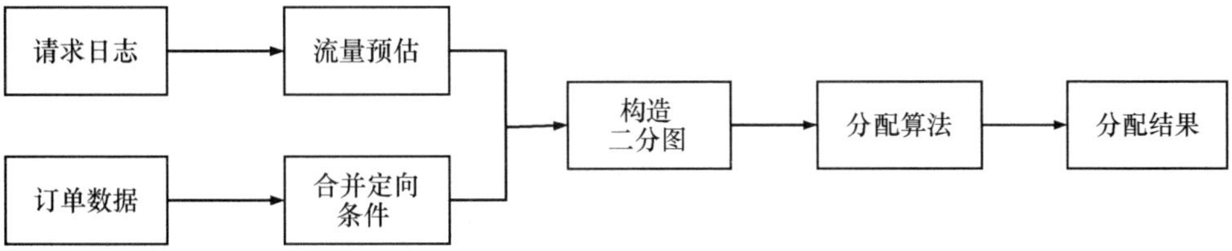

图8-28 库存分配的流程

如图8-28所示，合并定向条件、构造二分图和分配算法是库存分配的重点和难点所在，分别说明如下：

（1）合并定向条件：目标是生成最小规模的流量节点，以简化分配算法，需要为每个维度生成最小互斥的散列集合，然后再进行维度组合。

（2）构造二分图：需要遍历每一个候选节点，检查是否被某个订单节点所包含。

（3）分配算法：依赖于订单优先级，采用启发式的算法进行求解，订单优先级根据订单可用流量、订单时间进行排序。

8.5 在线投放

在线投放的目标是要提高订单的完成率和投放的平滑程度，所需要面对的挑战是实际流量和订单完成率偏离预期时如何实现快速的修正。实时反馈是在线投放的核心，既需要修正实时流量预估，又需要动态反馈实时订单的完成率，能实现小时级模型训练的更新。图8-29为在线投放的流程。

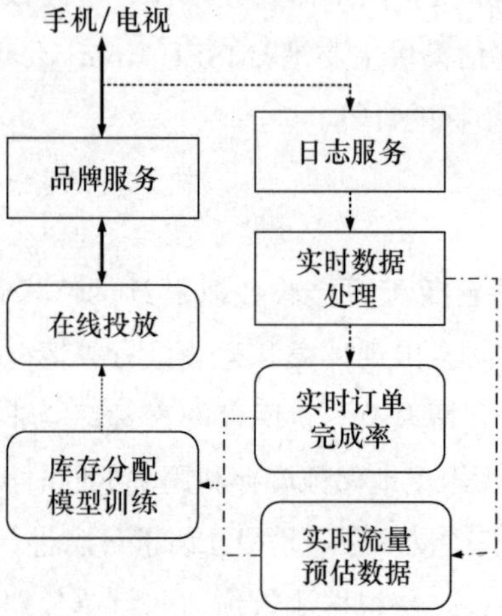

图8-29 在线投放的流程

如图8-29所示，在线投放是一个闭环，实时订单完成率和实时流量预估数据进入到库存分配模型进行训练，形成在线投放方案，结合品牌服务的具体需求，通过手机或电视进行广告的发布，相关的数据进入到日志服务，在经过实时数据处理后，得出实时订单完成率的数据，然后进入到下一个循环。

8.6 分析平台

在广告业务运营的过程中必然会面临着各种各样的问题，包括系统问题、数据问题和算法问题等，当遇到问题时如何在最短的时间内能找出并解决问题显得十分重要。为此，小米公司开发出了针对广告运营的分析平台。该分析平台支持实时问题和历史问题的排查：对于实时问题，一般通过发送debug（排除程序故障）广告请求获取到广告投放每个关键步骤的信息，以此判断在哪个环节出了什么样的问题；对于历史问题，平台提供了分阶段详细的计数信息。比如，如图8-30所示的截图，可以看到这个广告每个小时的分阶段数据统计、总的请求数、被平滑过滤数量以及被在线分配算法过滤次数等，据此即可断定存在的是预估问题还是分配问题，在此基础上进行对症下药，解决存在的问题。

adid	tagId	hour	request	in_index	in_candidates	in_resultAdList	filterBy-Selection	filterBy-Smoothing	filterBy-Freq
99792	1.3.c.1	0	690377	690377	159372	2813	4083	152476	0
99792	1.3.c.1	1	347000	347000	81549	0	0	81549	0
99792	1.3.c.1	2	240516	240516	58452	0	0	58452	0
99792	1.3.c.1	3	213578	213578	54457	405	382	53670	0
99792	1.3.c.1	4	270789	270789	71825	2498	3391	65936	0
99792	1.3.c.1	5	642714	642714	179935	4039	5627	170269	0
99792	1.3.c.1	6	1527407	1527407	419498	3308	4514	411676	0
99792	1.3.c.1	7	2269092	2269092	601417	1747	2608	597062	0
99792	1.3.c.1	8	2218341	2218341	578908	2611	2996	573301	0

图8-30　小米广告在线分析的实例

9 区块链应用

区块链是伴随比特币快速发展起来的技术，因具有去中心化、共同维护数据、不可篡改等特点，受到了国际、国内的广泛关注。小米公司将区块链用在营销领域，提供全场景智能营销解决方案，可谓是行业中的创新应用者。

9.1 区块链技术解决了小米公司的营销痛点

小米公司在开展营销业务的过程中遭遇了不少传统的技术手段无法解决的痛点，而应用区块链技术能得到较为满意的效果。小米公司应用区块链技术主要针对以下三个方面的痛点：

9.1.1　数据互联互通

以小米公司和某国际快消品牌共建数据管理平台为例，应用区块链技术后，在完全保护用户隐私的前提下，通过用户信息匹配，两者成功地实现了数据互联互通。数据管理平台共建最大的优势在于能第一时间获取有效的“种子”，提高营销的针对性和成功率。在传统条件下，有客户资源的企业不一定有数据资源，而有数据资源的企业又不一定有客户资源，大家都各自搞一个数据管理平台，有效价值资源无法被整合在一起，造成了信息孤岛和巨大浪费。而区块链技术恰恰能解决这一难题，能为合作各方提供一个去中心化的、安全透明的数据交换平台，并能为各方的数字资产提供切实有效的保护。

9.1.2 反作弊

流量作弊是互联网营销的顽疾，小米公司通过大数据积累和智能硬件技术虽已形成了一套高效的反作弊解决方案，分别从设备验证、用户行为、非正常行为等多维度进行反作弊，但是结果却无法输出至第三方，因为离开了小米生态系统，安全就得不到保障。为此，小米公司利用区块链技术构建了一个平台，将小米公司以及其他优秀的反作弊能力安全透明地输送出去，实现去中心化的共享。

9.1.3 IP不一致

IP不一致常常会导致营销活动的监控失败。比如，在一次广告交易中，定向监测某地区的IP数据，但是因为有时间差，得到广告响应显示的IP地址已经改变，产生了IP漂移现象，最终导致数据监测失真。应用区块链解决方案能将投放请求环节实现相互关联，协助不一致性的排查，降低不一致的比例，避免IP不一致现象的出现。

9.2 技术选型

小米公司采用了Hyperledger联盟的区块链技术，这个技术组织有120多家的成员，其中有30多家是中国的企业，包括招商银行、万达集团等。小米公司积极倡议和探索基于区块链的营销解决方案，用于解决营销程序化购买过程中的痛点。小米公司倡议的区块链方案，优势在于能够用相对低的运营成本解决信任问题，避免了资源浪费，大幅提高了运营效率，最终破解了劣币驱逐良币的难题。

小米公司认为，在程序化营销的数据交换、广告投放和效果跟踪三个环节，借助区块链解决方案，所有参与者的角色是确定的，而且规则是一致的，信息也是对称的，参与各方的信息全程透明，对于共同建设安全、透明和高效的营销生态作用显著，需要各方共同参与、协力推进。

10 案例评析

小米公司是伴随着我国移动互联网的快速发展而生长起来的创新型企业，移动互联网为小米公司获取数据资源提供了前所未有的条件和保障。在短短数年之间，小米公司依靠自身及其生态链企业制造的各类智能产品，结合移动互联网渠道，打造成了在产业界具有领先地位的“数据金矿”，成为其傲视群雄的竞争力来源。小米公司在大数据开发和利用方面带给我们以下四个方面的启示：

第一，树立大数据思维，将大数据当作企业生产经营的战略资源。小米公司以生产高性价比的智能手机起家，在手机规模取得快速突破的同时，企业将手机作为建立企业与用户之间连接的重要载体，以数据交互作为服务的重要内容，在不断提升服务水平的同时，逐步夯实了数据资源基础。尤其是在生态链扩展的过程中，小米公司在销售智能产品的同时，将数据资源的获取作为重要的战略予以部署，逐步形成了丰富而又宝贵的战略性数据资源，成为其不可替代的生产力源泉。

第二，坚持商业模式创新构筑新型商业生态。雷军将小米公司的商业模式概括为“小米是手机公司，也是移动互联网公司，更是新零售公司”。其中，手机包括以手机为主体，电视、路由器和生态链产品为补充的智能硬件产品；移动互联网是以MIUI为主体，以互娱、云服务、金融和影业等为补充的互联网产品；新零售则是以小米商城为代表，以全网电商、小米之家和有品商场为补充的新零售体系。三大业务板块之间数据共享、业务联动、资源整合，犹如相互作用的3个轮子，紧密耦合，共同驱动小米公司的快速崛起。

第三，基于大数据的商业开发潜力巨大。小米公司在完成大数据资源基本的积累之后，积极利用自身的智能硬件和互联网产品开展大数据的营销与广告业务，已形成了可观的市场规模和较为成熟的运营模式，成为大数据资源增值服务的领先开拓者，也成为其既稳定又可观的营收来源。

第四，大数据的开发和利用必须牢牢坚持“以用户为本”。“真心诚意和用户交朋友”是小米公司的核心价值观，大数据的开发和利用首先应将其作为更好地了解用户需求的基本依据，并在此基础上为用户提供个性化、专业化和精细化的产品及服务。小米公司因为MIUI及其之上各类应用的存在，不仅拥有了系统层级的各种传感器和应用使用数据，而且还拥有丰富的不同场景的应用内数据，同时又因为生态链“周边”产品的存在，对用户的感知从手机扩展到了全身、从个人扩展到了家庭，几乎做到了“无微不至”。在此基础上深入细致地做好用户的数据积累，为每个用户都贴上了近200个属性标签，建立全方位的用户模型，包括用户画像、用户日常行为分析等，以便进行深入的数据挖掘，为更好地满足用户的特定需求进行了深入的探索，充分体现了“以用户为本”的发展理念。

小米公司作为处于快速成长起来的创新型企业，大数据所创造的价值和贡献自然功不可没。展望未来，小米公司必将在大数据技术的研发和大数据资源的利用方面在新的起点上再攀高峰，创造更多、更大的奇迹。

案例 参考资料

［1］小米公司. 10大经典案例：解读小米4M智能营销体系［EB/OL］.［2018-03-30］. http://www.seotest.cn/yunying/5495.html.

［2］陈迪豪. 小米云深度学习平台的架构设计与实现［EB/OL］.［2017-06-09］. http://www.36dsj.com/archives/85383.

［3］陈琳. 国内营销业首次探索：小米提出区块链解决方案［EB/OL］.［2017-04-12］. http://www.gongxiangcj.com/show-22-3462-1.html.

［4］金玲. 解析小米的智能营销体系：硬件+软件+原生App［EB/OL］.［2017-05-20］. http://www.anyv.net/index.php/article-1266613.

［5］雷军. 挖掘大数据商业模式是当务之急［EB/OL］.［2015-05-26］. http://gz.people.com.cn/n/2015/0526/c222152-25014626.html.

［6］刘洋. 小米刘洋：大数据在企业的应用与实践［EB/OL］.［2016-06-06］. http://dev.analysys.cn/clubs/articles/1033.html.

［7］卢学裕. 用户时代，小米数据工场如何做技术架构与数据处理［EB/OL］.［2016-06-23］. http://developer.51cto.com/art/201605/511556.htm.

［8］欧阳辰. 小米架构师：亿级大数据实时分析与工具选型［EB/OL］.［2016-07-28］. http://www.cbdio.com/BigData/2016-07/28/content_5134141.htm.

［9］欧阳辰.小米生态大数据技术开发应用案例［EB/OL］.［2016-03-17］. http://www.zhongkerd.com/news/content-838.html.

［10］钱曙光. 专访小米欧阳辰：深度揭秘小米广告平台的构建、底层模块和坑［EB/ OL］.［2015-11-23］. http://www.csdn.net/article/2015-11-23/2826303,.

［11］宋强. 小米品牌广告引擎与算法实践［EB/OL］.［2016-09-26］. http://www.miui.com/thread-5701036-1-1.html.

［12］王敏. 解析小米“小剧场”背后的智能营销逻辑［EB/OL］.［2017-06-21］. http://www.csdn.net/article/a/2017-06-21/15929162, 2017-06-21.

［13］姚安. 小米陈高铭：大数据+全场景，与用户做朋友［EB/OL］.［2017-04-27］. http://www.sohu.com/a/136654692_782465.

案例09

“今日头条”大数据应用案例

随着移动互联网应用的快速普及，移动端新闻资讯入口的竞争空前激烈，在传统的资讯巨头凤凰、腾讯、百度以及新兴势力澎湃、ZAKER、一点资讯等多重夹击下，诞生才短短数年的“今日头条”以“你关心的，才是头条”的理念和“越用越懂你”的特色，在移动端资讯入口争夺战中脱颖而出，成为“两微一端”中的“一端”。“今日头条”的异军突起，从一定程度上改变了新闻资讯的传播方式，同时也开创了“个性化新闻资讯”消费的模式。大数据既是“今日头条”的核心运营资源，也是其服务数亿用户的基本支撑，更是其竞争力和生命力的根本来源，这方面的实践值得我们深入研究和学习借鉴。

1 案例背景

“今日头条”是由国内互联网知名创业人士张一鸣于2012年3月创办的北京字节跳动科技有限公司发布的一个新闻资讯类客户端，由于定位科学、服务精准，得到了大众的广泛认可。2001年，张一鸣考入南开大学的微电子专业，后因为他对计算机软件的强烈兴趣而转入软件工程专业。2005年大学一毕业，张一鸣就组成三人团队开始创业，后因为条件不成熟，便于2006年加入旅游信息搜索公司——酷讯，曾任酷讯的技术委员会主席。在酷讯做垂直搜索编程期间，有一次难忘的经历对张一鸣后来创办“今日头条”产生了很大的影响。当时，张一鸣因为有急事需要订一张回家（福建龙岩）的火车票，酷讯的搜索系统需要他不断地输入信息去搜索并实时查看车票的发售情况，但他并不清楚什么时候网上会有余票出来，于是他在中午花了不到一个小时的时间写了一个小程序，把自己的需求变成程序让网站自动地去帮他搜票，一有搜索结果就用短信通知他。在程序上线半个小时之后张一鸣就收到了短信提示，然后就顺利地订到了自己想要的车票。这款在第一时间主动向用户推送其所需要的票务信息的小程序，从一定程度上给张一鸣带来了创业的灵感。2009年10月，张一鸣正式开始独立创业，他创办了垂直房产搜索引擎——九九房，在当时做成了全国房产类移动端应用的领先者。随着移动端市场的快速崛起，张一鸣不再满足于只做一个房产领域的搜索应用，而希望做一个全网、全内容的个性化推荐引擎，以把握移动互联网的大好机遇。于是，2011年年底张一鸣辞去了九九房的CEO一职，并于数月后创办了北京字节跳动科技有限公司。新公司的使命是开发一个“满足用户个性化需要的全网、全内容的推荐引擎”，时隔不久便获得了A轮500万美元的融资，这一最终被命名为“今日头条”的推荐引擎于2012年8月发布了第一个版本，确立了“你关心的，才是头条”的品牌口号。上线之后短短3个月内“今日头条”就获得了1000万用户，并在2013年5月获得1000万美元的B轮融资，公司估值达到6000万美元。2014年6月，该公司再次获得由红杉资本领投、新浪微博跟投的1亿美元C轮融资，公司估值更是攀升至5亿美元。2016年年末，该公司完成10亿美元的D轮融资，公司估值近110亿美元，成功挤入互联网第二梯队。到2018年3月，“今日头条”的估值飙升到300亿美元。

相比于传统的新闻客户端，“今日头条”更适合被称为“个性化兴趣媒体”，推荐引擎是其区别于传统媒体客户端的“独门秘籍”。在资讯泛滥、注意力资源越来越稀缺的“注意力经济时代”，人们因为选择太多、信息超载而变得无所适从。在这样的背景下，如何根据用户的个人喜好和独特的需求提供具有针对性的新闻资讯推送就显得很有必要，“今日头条”因此应运而生。“今日头条”本质上是一款基于数据挖掘的推荐引擎产品，既没有采编人员，也不生产内容，同时也没有自身的立场和价值观，运转核心是一套由代码搭建而成的算法，这一自主研发的算法模型会记录用户在“今日头条”上的每一次行为，基于此计算出用户的喜好，并向用户推送其最有可能感兴趣的内容。

2014年12月，“今日头条”推出了一个类似微信公众号的自有内容聚合平台——头条号。头条号是针对媒体、国家机关、企业以及自媒体推出的专业信息发布平台，致力于帮助内容生产者在移动互联网上高效率地获得更多的曝光和关注，从而促进内容的消费和价值实现。图9-1列出了“今日头条”的主要发展历程。

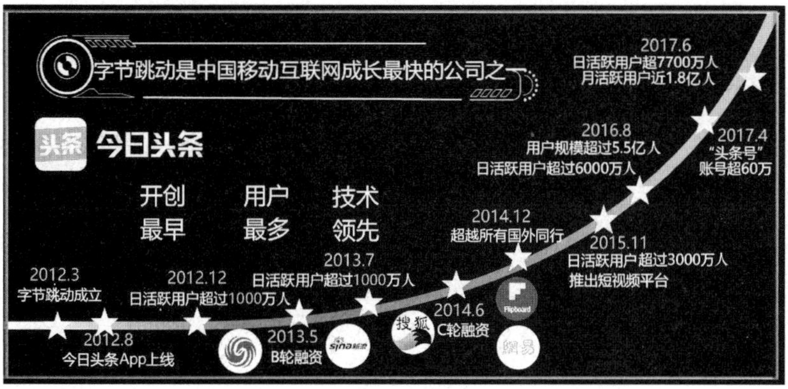

图9-1　“今日头条”的主要发展历程

2 主要特色

“今日头条”作为一个以技术驱动、服务创新为生命力的新闻资讯类客户端产品，基于个性化推荐引擎技术，根据每个用户的兴趣、位置、浏览历史等多个维度进行个性化推荐。推荐内容不仅包括一般意义上的新闻，而且还包括视频、影视、游戏和购物等资讯。与同类的其他产品相比，“今日头条”具有以下三个方面的特色：

2.1 对个人行为的系统分析

对个人行为的透彻了解是“今日头条”提供个性化服务的基础，也是其从众多的新闻客户端中脱颖而出的主要原因。用户通过手机号、微信号、微博号以及QQ号等注册和登录“今日头条”平台，其个人信息和社交行为的数据随即进入数据采集系统。该系统根据用户的基本情况、社交行为、阅读喜好、地理位置、职业和年龄等特定数据“计算”出用户的兴趣，并根据用户的特定兴趣提供特定的内容推荐，以满足用户个性化的需求。

2.2 自然语言处理和图像自动识别

“今日头条”是以技术见长的应用客户端产品，它使用了自然语言处理和图像识别技术，既能对每条信息提取数以百计的高维特征进行降维、相似计算、聚类等计算以去除重复信息，又能对信息进行机器分类、摘要抽取、主题分析和信息质量识别等处理，同时对图像进行自动识别，以便能更好地实现智能化应用。

2.3 机器学习和海量数据处理

“今日头条”的推荐系统采用的基于机器学习的推荐引擎，能根据用户特征、环境特征和内容特征三者的匹配程度进行智能化推荐，并通过自动化的机器学习，使匹配程度不断地提升。“今日头条”平台采用海量数据处理的架构，能在0.1秒内计算推荐结果，3秒内完成内容提取、挖掘、消重、分类，5秒内计算出新用户的兴趣分配，10秒内更新用户模型，真正实现了实时动态化的智能推荐服务。

3 架构演进

从2012年创办以来，“今日头条”的架构随着业务的发展得到不断的演进，至今共经历了三个发展阶段：第一个阶段是以简单的Web应用加数据库支撑的三层架构；第二个阶段是伴随业务快速增长之后的拆分架构；第三个阶段是为更好地支撑业务快速发展而采取微服务架构，正是当前所实际应用的。

3.1 三层架构

在早期，由于业务规模较小，“今日头条”的系统架构较为简单，是普通的三层架构（如图9-2所示）。

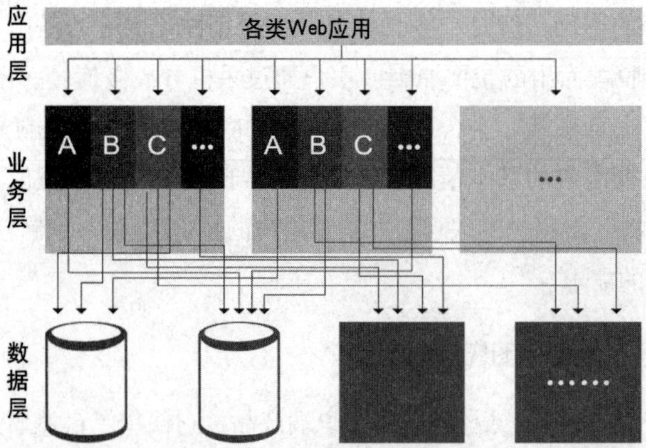

图9-2 三层系统架构体系

如图9-2所示，三层架构的最底层为数据层，用于存储各类用户和文章内容等数据；中间层为业务层，包括最核心的推荐引擎以及数据挖掘和离线计算等；最上层为应用层，面向用户提供内容推荐等Web服务。在早期，这一架构能有效地支撑业务需求，运行效果良好，但随着用户数量的快速上升，这一架构越来越显得力不从心了。

3.2 架构拆分

由于原先的三层架构在面对新的业务需求时变得捉襟见肘，"今日头条"就对业务架构进行了拆分，拆分后的系统架构如图9-3所示。

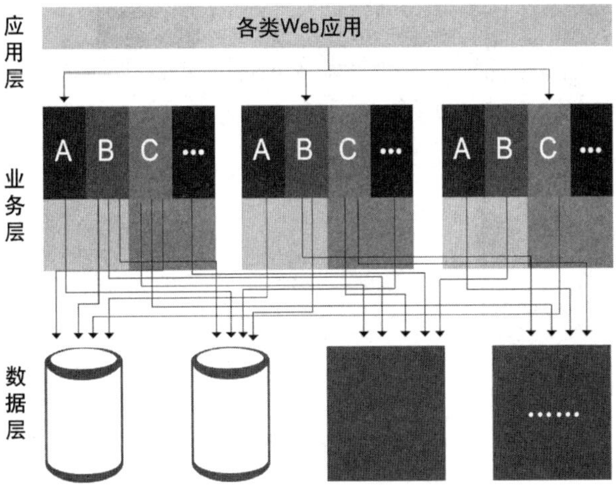

图9-3 拆分后的系统架构

如图9-3所示，A、B和C是不同的业务，在三层架构阶段代码是一起的，在演进的过程中，经过一两年的产品迭代，形成了较为复杂的体系，虽拆分难度极大，但随着业务规模的扩张不得不进行拆分。拆分后，短期内取得了比较好的效果，"今日头条"的推荐系统稳定运行了一段时间，但好景不长，很快又面临着两个问题:一是性能衰减，无法按设计要求运行；二是业务压力太大，满足不了新的发展需求。鉴于新的形势，"今日头条"着手开始微服务架构的改造。

3.3 微服务架构

微服务架构是通过拆分成子系统、大的应用拆分成小的应用以及抽象通用层做代码复用而搭建起来的，其体系框架如图9-4所示。

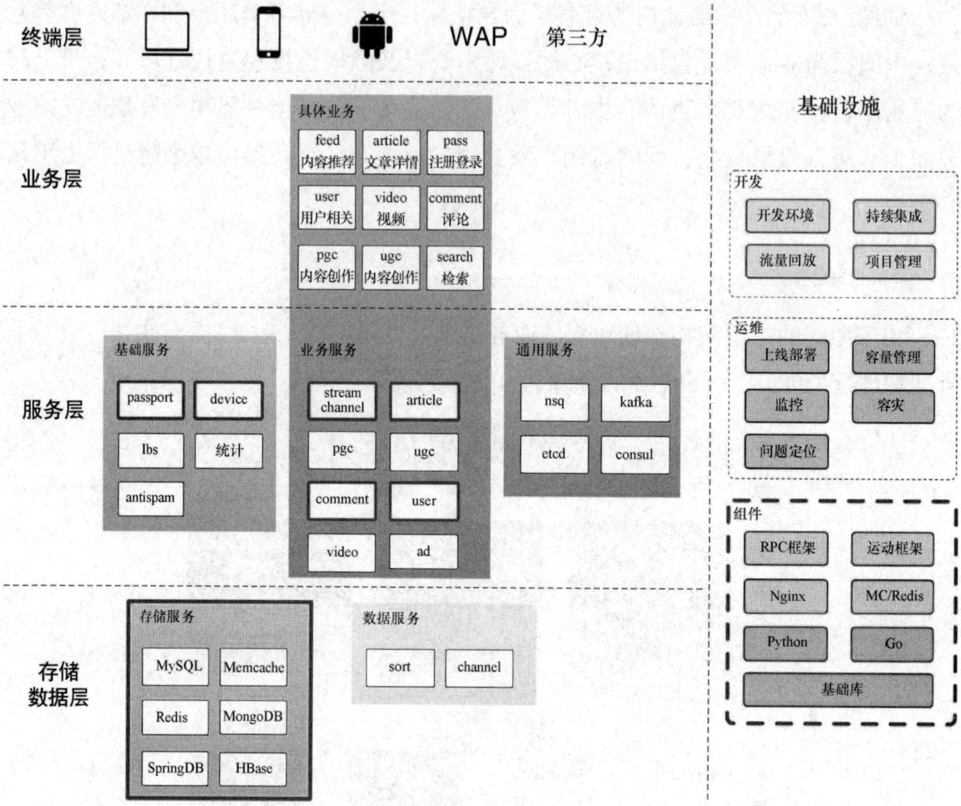

图9-4　微服务的体系框架

如图9-4所示，架构由左右两侧组成。左侧由存储数据层、服务层、业务层和终端层组成：存储数据层包括存储服务和数据服务两个部分；服务层包括基础服务、业务服务和通用服务三大板块，以支撑相应的业务需求；业务层包括内容推荐、文章详情等九类业务；终端层则分成PC端、iOS端、安卓端、WAP端和第三方等多种终端类型。右侧是基础设施部分，由组件、运维和开发三大业务模块共同组成。这一新型的微服务架构具有解耦（一个服务与另外一个服务、模块或子服务紧密关联通过数学方法等将其独立分离）、轻量（显著减少维护人员的工作量和成本）和易管理（模块化管理提升效率）等十分显著的优势。

3.4　微服务实施

依托微服务平台，“今日头条”推进相关业务的服务化，不断地提升服务的覆盖范围和服务能力。

3.4.1　服务化思路

"今日头条"服务化的主要思路如下：

（1）建立规范：实现服务部署和交互的收敛统一，做到全局控制。

（2）夯实基础：建设基础库，把Ngnix、Redis、MySQL等数据库进行封装，完善相应的开发框架和工具。

（3）循序渐进：先拆离再迭代，把服务优化进来，做到逐步拆分、逐步替换。

（4）服务泛在化：将一切都看作是服务，将每个节点都抽象归属于某个具体的服务，不断地提升服务品质。

（5）服务平台化：将服务自动化、流程化，促进系统框架与服务融合，推动服务更好落地。

3.4.2　服务规范

"今日头条"确立的服务规范主要包括：

（1）必须要有全局的中心，服务统一注册到CONSUL中；

（2）服务有唯一的标示、命名规范——{产品线}.{子系统}.{模块} P.S.M，公司各部门之间统一沟通，通过全局规划予以追溯；

（3）业务服务使用Thrift描述接口，必须传递标准参数；

（4）RPC（Remote Procedure Call，远程过程调用）使用统一收敛的数据库；

（5）将Nginx、Redis、MC以及MySQL等都当作服务予以部署。

3.4.3　服务注册

服务统一使用 loader 或wrAPPer脚本启动，具体启动由业务决定。服务启动带有一个名字，把App注册到服务里面，用于监听一个或多个端口的服务，要尽可能将已有的服务较为方便容易地迁移过来，坚持"轻规范，易迁移"的原则。图9-5为服务注册。

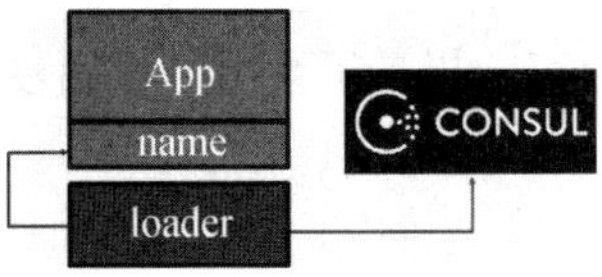

图9-5　服务注册

3.4.4　RPC开发框架

"今日头条"自行开发了一个RPC开发框架（如图9-6所示），该开发框架有助于

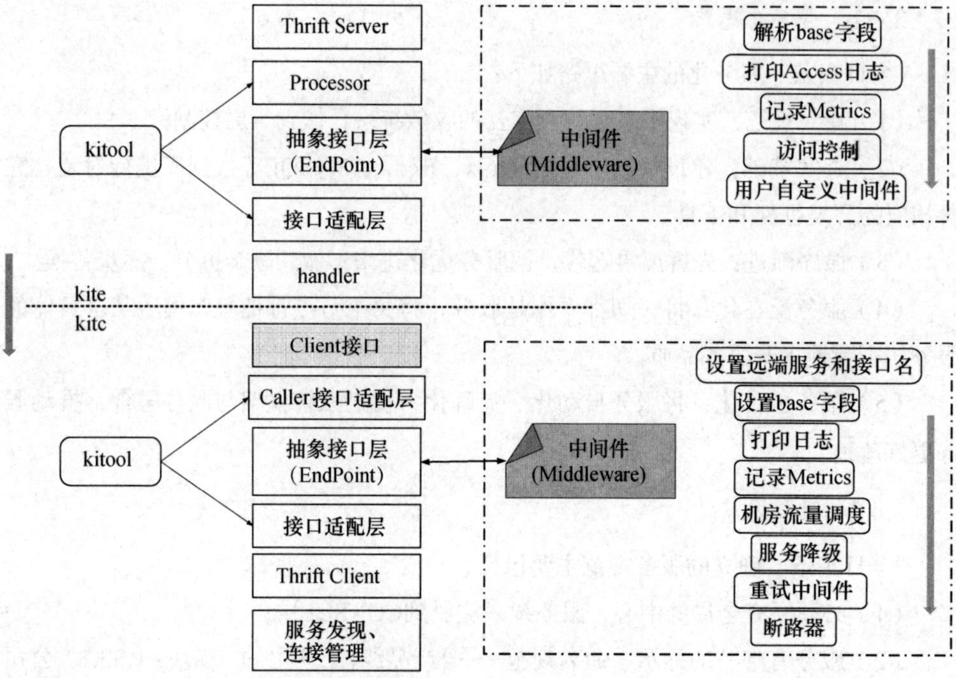

图9-6　RPC开发框架

代码的开发，主要特性包括六个方面：

一是快速开发，实现代码的快速生成和重复调用；

二是服务发现，使理解服务化；

三是可观测性（Observability），实现对logid、pprof、admin等端口的动态观测；

四是采用业务降级开关实现了容灾降级；

五是采用断路器、频率控制手段实现过载保护；

六是支持Python、Go等语言，提高了系统的通用性。

3.5　PaaS一体化平台

虚拟化的PaaS一体化平台是微服务架构的重要支撑，这一架构通过IaaS（Infrastructure-as-a-Service，基础设施即服务）、SaaS（Software-as-a-Service，软件即服务）和API实现PaaS一体化平台的统一管理，IaaS作为最底层为平台提供通用SaaS服务，并且和API执行引擎一起提供基础设施支撑（如图9-7所示）。

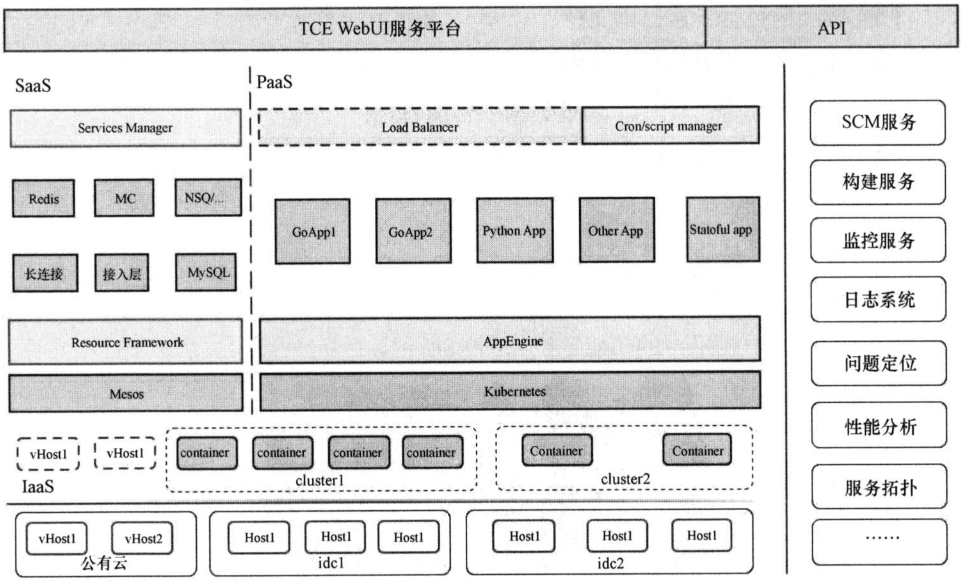

图9-7　PaaS一体化平台的架构

如图9-7所示，IaaS管理所有的机器，把公有云整合起来，可以对一些热点事件进行全国范围内的推送，能对各种类型的计算资源进行统一调度分配。基础设施的提供是通过结合服务化的思路来实现的，比如日志、监控等功能，各业务单元不需关注具体的细节即可方便地获得相应的基础设施能力的支持。

4 数据平台

“今日头条”作为一个有着巨量用户、海量数据的服务商，根据业务需求建设并运营自身的数据平台。

4.1　建设需求

“今日头条”每日处理的数据量当前已达7.8PB，需要训练样本量达200亿条，服务器总量超过4万台，Hadoop的节点数超过3000台，面对这一现状，形成了以下数据平台建设的业务需求：

（1）需要收集尽可能多的数据；

（2）需要产出大量的业务指标；

（3）需要为数据专家提供支持；

（4）希望数据能为每个人可用。

为此，“今日头条”明确了建设数据平台的目标：

（1）管理数据生命周期；

（2）降低基础设施门槛；

（3）固化技术最佳实践；

（4）固化业务最佳实践。

“今日头条”数据平台的功能定位如图9-8所示。

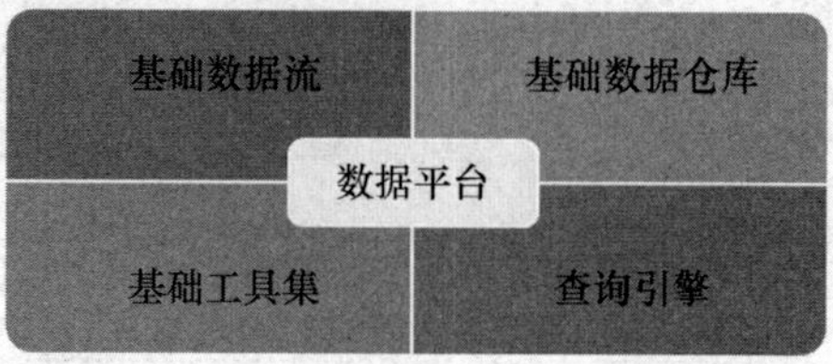

图9-8　“今日头条”数据平台的功能定位

如图9-8所示，“今日头条”数据平台的职责包括以下六个方面：

（1）源自推荐业务需求，搭建公司级数据平台；

（2）提供整体解决方案，降低数据使用门槛；

（3）维护用户行为基础数据流和数据仓库；

（4）维护面向工程师和分析师的数据工具集；

（5）维护面向产品经理和运营的业务分析平台；

（6）维护底层大数据查询引擎。

4.2　数据平台的实施

“今日头条”数据平台的实施主要包括以下八个方面：

4.2.1　数据采集

“今日头条”数据平台的数据源主要来自App日志、推荐系统日志和业务数据库，数据类型以用户行为数据为主，总量达每天1000亿条以上，并采集全量数据，不进行抽样采集。

4.2.2　埋点管理

平台所拥有的埋点管理系统能用于埋点完整的生命周期和数据清洗规则，并对埋点数据做自动验证（如图9-9所示）。

图9-9 埋点管理图

4.2.3 数据传输与入库

“今日头条”数据平台的数据传输与入库的流程如图9-10所示，图9-10中显示了从Kafka到最终形成MySQL（Tableau）的完整过程。

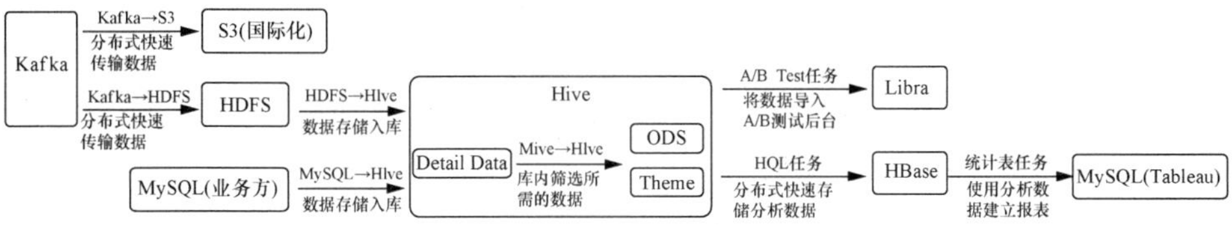

图9-10 “今日头条”数据传输与入库的流程

4.2.4 数据门户工具集

“今日头条”数据平台提供了包括数据抽取、数据建设、元数据、数据监控和多维分析在内的组合数据门户工具集（如图9-11所示）。工具集以平台化思维，向下封装底层基础设施，向上抽象用户需求场景，对降低数据的使用门槛，提高以数据为核心的迭代效率有着重要的意义。

图9-11 数据门户工具集

4.2.5 业务多维分析系统

“今日头条”数据平台提供了业务多维分析系统，目前主要用于分析活跃用户和新增用户（如图9-12所示）。

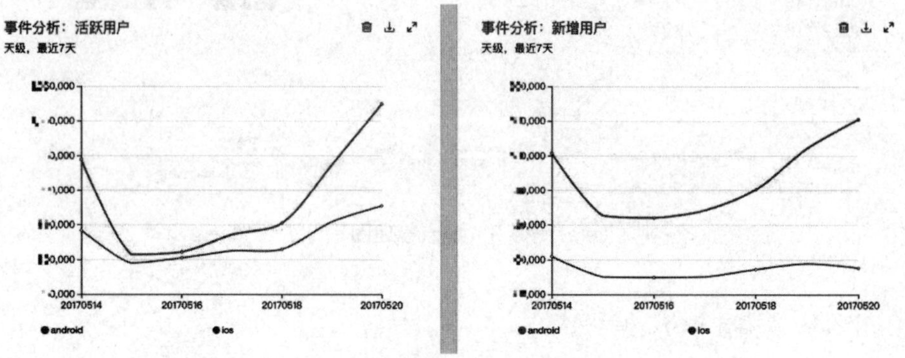

图9-12 业务多维分析的实例

4.2.6 数据查询系统

“今日头条”数据平台的数据查询系统可以根据用户的需求编辑查询条件，调用相应的查询引擎（如图9-13所示）。

图9-13 “今日头条”数据平台的数据查询系统

4.2.7 ETL自动化系统

“今日头条”的ETL自动化系统是数据平台的重要组成部分，用于实现数据抽取、转换和加载的自动化（如图9-14所示）。

图9-14　ETL自动化系统

4.2.8　元数据系统

元数据系统图用于查询用户所需要的各类表格信息，用户可以选择手动搜索或自动搜索，各类搜索条件可以根据各自的需要进行选取（如图9-15所示）。

图9-15　元数据系统图

5 推荐系统

"今日头条"是个性化推荐的领先实践者，推荐算法是其核心能力的基本体现。

5.1　推荐逻辑

"今日头条"之所以能提供个性化的内容推荐，本质上是因为其拥有基于机器学习的个性化推荐引擎，其实施个性化推荐的基本逻辑包括以下两个方面：

5.1.1 机器学习促进双向匹配

用户在使用移动端进行阅读的过程中会积累越来越多的个性化数据，如用户的互动，阅读内容的数量、速度及场景等。这些无意识的用户数据能够被机器识别，逐步形成特有的个性化用户画像，成为“今日头条”实施个性化推荐的基本依据。与此同时，机器以同样的方法去学习每篇文章，提炼出包括关键词、时间、地点、场景等各类关键数据，记录在系统内容资源库中。在此基础上，系统让两者在向量空间中拥有各自的位置，并通过算法进行匹配。当匹配度达到一定值时，“今日头条”的推荐引擎就认为这是该用户最想得到的信息，并向用户进行推送。

5.1.2 同类用户兴趣相近的原则

当新用户刚注册时，“今日头条”的推荐引擎并没有足够的用户历史数据用作推荐依据，这时需要借助同类用户兴趣相近的原则。新用户对推荐引擎来说虽然是陌生的，但在注册时需要提供相应的个性数据，总会有相同特征的用户。比如，使用小米手机的女性、25—30岁、喜欢旅游等数据，“今日头条”的推荐引擎即可据此对类似人群进行解读，把用户最可能感兴趣的信息推送过去。在试探性的推动过程中，“今日头条”的推荐引擎不断地进行纠偏和聚焦，逐步形成了个性化的推荐数据。

基于以上两条逻辑，“今日头条”对文章与用户的匹配和连接对象进行了更细化的拆分，推荐引擎按照关键词和分类先把文章分到具体的特征向量中，再对用户进行定位，并分配到具体的特征向量中，最后将这两者进行有效匹配，按照推荐引擎学习到的算法，把不同的信息推送给每位用户。因此，每位用户获得的“今日头条”的信息都是不一样的，真正体现出了“你关心的，才是头条”的发展理念。

5.2 智能推荐引擎

“今日头条”为每位用户提供精彩纷呈的个性化资讯，其背后的支撑是一个强大的智能推荐引擎，图9-16为智能推荐引擎的原理。

如图9-16所示，“今日头条”的智能搜索引擎取决于三大特征值：人的特征取决于兴趣、职业、年龄、性别、机型和用户行为等；环境特征取决于地理位置、时间、网络和天气；文章特征取决于主题词、兴趣标签、热度、时效性、质量、作者来源和相似文章等。每个特征值都有相应的表现值，通过不同特征值之间的相互匹配，最终得出“你关心的，才是头条”的推荐结果。图9-17为一个智能推荐的实例。

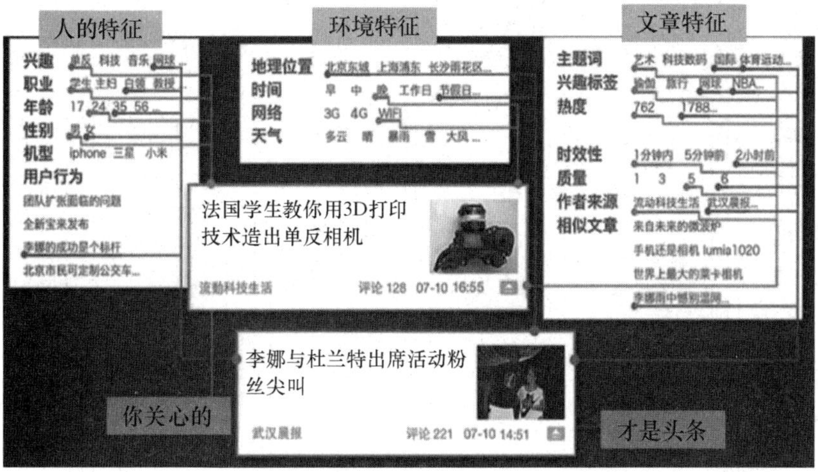

图9-16　智能推荐引擎的原理

图9-17　智能推荐的实例

5.3　典型的推荐特征

“今日头条”所推荐的每篇文章都具有丰富的特征值，典型的推荐特征如图9-18所示。

如图9-18所示，“今日头条”文章的典型推荐特征值包括相关性特征、上下文特征、环境特征、热度特征、协同特征和Bias（偏差）特征等六个方面，每个特征都由具体的指标组成。

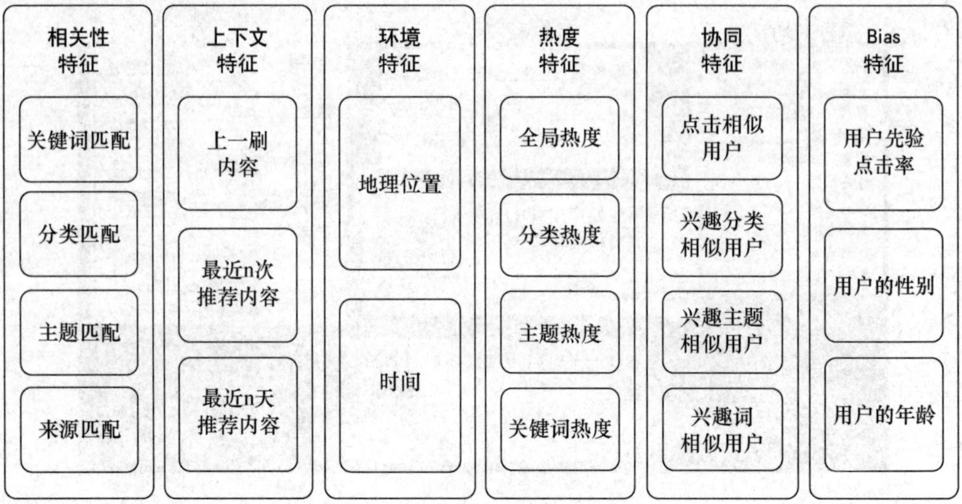

图9-18 “今日头条”典型的推荐特征

5.4 系统架构

“今日头条”智能推荐的系统架构如图9-19所示。

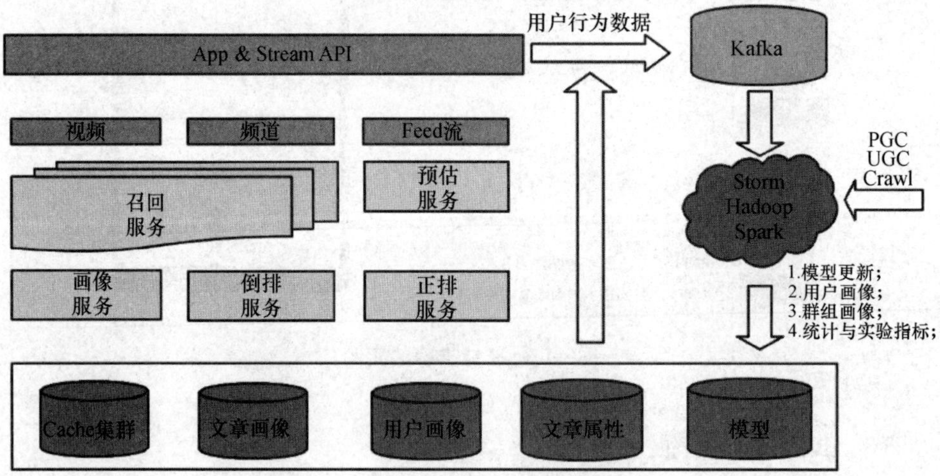

图9-19 “今日头条”智能推荐的系统架构

如图9-19所示，系统最底层主要用于存储，包括Cache集群、文章画像、用户画像、文章属性和模型等；中间层主要包括各类服务集合和业务流，服务类型包括画像服务、倒排服务、正排服务、召回服务和预估服务，业务流包括视频、频道和各类Feed流；最上层为应用与流接口层，输出行为数据，交由Kafka进行处理环节，随后由Storm、Hadoop和Spark等大数据专业工具进行处理，包括模型更新、用户画像、群组画像以及统计与实验指标等结果的形成，然后再进入到最底层，形成新的循环。在图9-19中，"PGC"为"Professionally Generated Content"，即专业生产内容；"UGC"为"User Generated Content"，即用户原创内容；"Crawl"指搜索引擎常用的抓取系统，用于实现网页抓取、抓取调度等功能。

5.5 用户画像

对用户进行全面的画像是提供个性化的服务的前提，"今日头条"从现实发展的需要出发，经过不断地探索，逐步找到了可行的用户画像的方式。

5.5.1 面临挑战

"今日头条"早期曾面临着多方面严峻的挑战：

（1）系统对用户需求的反馈需要在10分钟内完成；

（2）特征数量要满足200个以上；

（3）能应对巨大的存量用户数和每天的用户行为数据量；

（4）在线存储能满足读写吞吐高、延时低且可预期的需要。

5.5.2 流式计算

为了应对这一系列的挑战，"今日头条"引入了基于Storm Python框架的流式计算，达到了以下多方面的目的：

（1）采用写MapReduce的方式来写Streaming Job；

（2）Topology（拓扑）用YAML（Yet Another Multicolumn Layout，另一种标记语言）描述，代码自动生成，降低了编写任务的成本；

（3）框架自带KafkaSpout，业务仅关注拼接和计算逻辑；

（4）Batch MR相关算法逻辑可以直接复用在流式计算中。

采用这一流式计算方案后，实现基于Kafka的流式Job总数超过300个，Storm集群规模超过1000台，达到了预期的效果。

5.5.3 在线存储

"今日头条"采用了基于Rocksdb的分布式存储系统的、名为"abase"的在线存储，这一系统的特点如下：

（1）基于文件的全量复制和基于Rocksdb自身WAL的增量复制；

（2）内建和back storage强一致的key级别LRU Cache；

（3）基于bucket的sharding和migration；

（4）基于compaction filter的延迟过期策略；

（5）压缩后数据量，单副本达85T；

（6）QPS（Query Per Second，每秒查询率），在线和离线加起来，“读”为360万，“写”为40万；

（7）内建Cache命中率达到66%；

（8）平均延时1毫秒、PCT99（99%的请求响应时间）为4毫秒；

（9）集群机器数单副本为40台，SSD容量瓶颈得以解决。

5.6 人群划分

内容推荐必须由受众人群的特定需求来决定，只有在确定受众人群之后才能确定推荐内容，以满足特定人群的需要。“今日头条”人群划分依据可以用图9-20来进行说明。

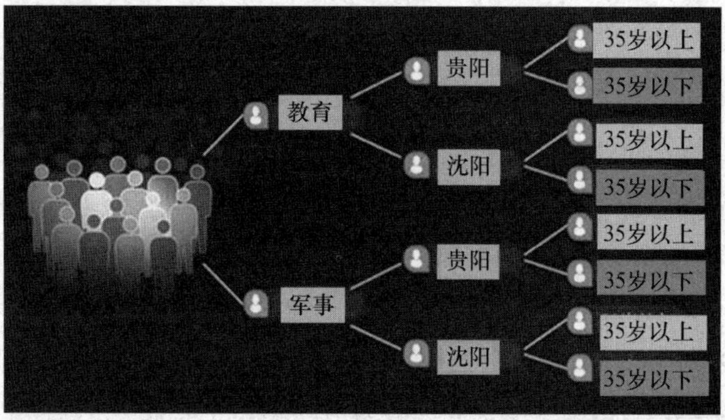

图9-20 “今日头条”人群划分的依据

如图9-20所示，假设以上人群总数为4万人，分成两大类，一类喜欢教育，另一类喜欢军事，每类各有2万人。地域上，分成贵阳和沈阳两个城市，这样进一步细分成4组，每组各有1万人；再通过年龄划分，分为35岁以上和35岁以下两个人群，这样一共分成8个群组，每个群组为5000人。按照这样的标准进行划分，就能形成相应的细分人群，以便“今日头条”的推荐引擎能找到与各个细分群组相匹配的内容进行推荐。人群特征包括用户的姓名、性别、年龄、地域、职业、兴趣爱好等，文章也有很多的相关特征，包括文章涉及的领域、关联的地域、相关的行业等，这样两者就能得到较好的匹配。

判断特定的某个人属于什么样的人群，主要看四个方面：一是地域，一般根据用户的手机所在区域来确定；二是用户的兴趣，一般根据用户的阅读习惯来判断，比如用户经常看股市方面的文章，这样就可以判断他对财经类内容感兴趣；三是用户的好友关系，如果用户的好友都是互联网圈的人，则该用户很有可能是这个圈子的；四是在“今日头条”上的行为，比如评论、转发、收藏等，都能对判断用户到底属于一个什么样的人群有很大的参考价值。

5.7 推荐算法

由于用户和文章都具有多重性，如何实现精准推荐是一个复杂的问题，“今日头条”以定量计算的方法来确定最高推荐值，公式如下：

W1 × 候选1的投票率+W2 × 候选2的投票率+ W3 × 候选3的投票率+…=最高值

为了更好地理解以上这个推荐公式，以一个如图9-21所示的例子予以说明：

用户：小A　性别：女　年龄：20—25岁
常驻地：合肥　　目前所在地：黄山
兴趣词：考研、旅游、美妆、音乐

1.合肥	《考研数学名师来合肥进行见面辅导》	20%×0.2=4%
2.合肥 女 年龄20—25岁	《合肥大学毕业生落户新政》	30%×0.3=9%
3.外地 黄山	《黄山旅游奇遇记》	35%×0.8=28%
4.音箱	《人工智能音箱定制个性化音乐》	30%×0.5=15%

图9-21　个性化推荐实例

通过图9-21的计算公式：W1 × 候选1的投票率+W2 × 候选2的投票率+W3 × 候选3的投票率+…=最高值，最后能计算出一个得分，按照得分的高低来排序，就可以得到推荐文章的一个候选。这一相对比较简单的算法在“今日头条”内部被称为“逻辑回归”，是实现精准推荐的主要依据。

5.8 推荐流程

一篇“头条号”的文章在正式推送给“今日头条”客户端之前，要经过机器审核和人工审核，以机器审核为主、人工审核为辅，审核完成后进入如图9-22所示的推荐流程。

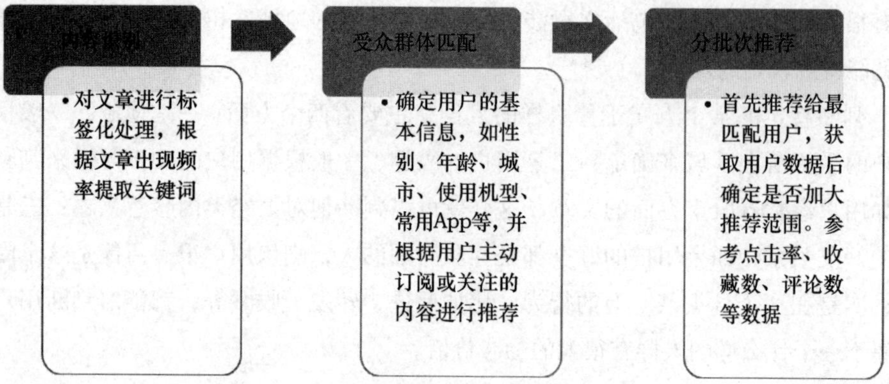

图9-22　推荐流程

6 内容管理

内容既是“今日头条”的核心资源，也是其服务用户的关键要素。如何对内容进行科学有效的管理，对能否获得用户的认同具有决定性的意义。

6.1　内容定位

“今日头条”在内容定位上主要从以下三个方面进行考虑：

（1）产品切入点：“今日头条”充分利用自身的技术优势，基于数据挖掘，分析用户个体行为，为每个用户建立个人阅读的“基因”库，结合优秀的算法，为每个用户推荐其感兴趣的各类内容，过滤大量无关的内容，解决信息爆炸、资讯过载而造成的个人无所适从的困扰。

（2）产品差异化：与其他资讯类平台进行错位竞争，“今日头条”利用各种算法尽可能地给用户推荐个性化、符合用户需求的资讯内容。

（3）个性化内容服务：“今日头条”根据用户个人的特定需求提供内容推荐，帮助用户节省时间、有效保护注意力资源，建立起个性化的内容服务渠道。

6.2　内容来源

“今日头条”的所有文章内容主要来自于以下五个来源：

6.2.1　机器爬虫抓取内容

在早期，“今日头条”的内容几乎全部来自于其他门户新闻的汇总，通过机器爬虫积累了足够多的数据样本，并采用门户加推荐引擎的模式，用户点击新闻标题后会跳转到新闻网站的原网页。由于"今日头条"对被访问的网页进行了技术再处理，并去除了原网页上的广告，只保留原有内容，最终导致了大量新闻网站的不满，这一模式后来不得不进行改进。

6.2.2 头条自媒体平台

为了更好地获得原创内容，"今日头条"投入巨资创建了名为"头条号"的自媒体平台。这一平台为自媒体作者主动发布原创内容提供了通道，并通过奖励等多种方式为内容提供者给予经济支持，平台也因此获得了作者对发布内容的授权。从此之后，不再是"今日头条"主动找媒体，而是媒体更加主动地来找"今日头条"以求获得推荐。

6.2.3 短视频

"今日头条"在短视频内容方面可谓重视有加，旗下已拥有火山视频、西瓜视频等独立视频品牌，同时还设立了"金秒奖"及更多的资金来支持短视频的创作。

6.2.4 悟空问答

"今日头条"已正式将"头条问答"升级成为"悟空问答"。升级不仅是为了加强品牌辨识度，而且还开拓了独立运营能力。"悟空问答"的栏目设置与"今日头条"相似，有视频、社会、娱乐、体育、军事等各个品类，除一些军事、娱乐内容外，很多提问都与生活联系紧密，不少应答者是专业机构和"头条号"的作者，形成了初步的内容生态体系。

6.2.5 微头条

微头条与微博有比较大的相似性，用于做碎片化内容的创作、分发，大规模引进明星或名人进驻"今日头条"，打造明星粉丝链，以期能补上社交短板、防止用户流失。

6.3 内容生态

"今日头条"以优质内容的分发、互动和创作为中心，以推荐引擎为驱动力，致力于构建高标准的内容生态体系（如图9-23所示）。

如图9-23所示，"今日头条"紧紧围绕"优质内容"这个中心，实现三个方面的目标：以优质内容提升分发效率，高效分发刺激内容创作；以精准分发提升互动效率，频繁互动刺激内容分发；以优质内容刺激互动产生，有效互动刺激创作和再创作。

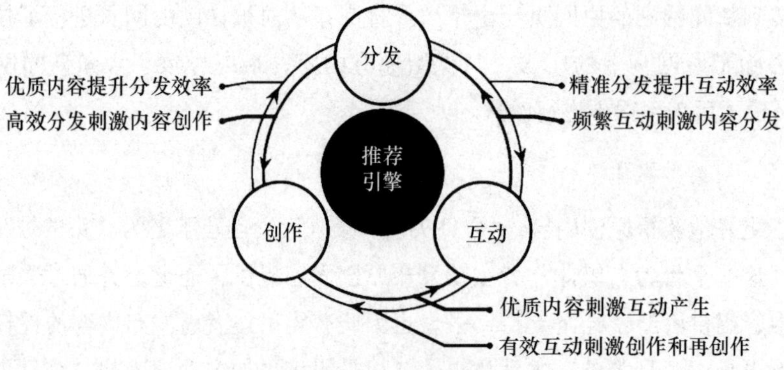

图9-23 内容生态体系的构成

6.4 内容预处理

为了提供更受用户欢迎的内容，并提升用户的体验，“今日头条”从以下三个方面对内容进行了预处理：

6.4.1 严格审核

“今日头条”的审核机制相当严格，图文信息采用人工+机器的方式进行审核，而视频方面的内容则全部采用人工审核的方式，人工审核团队已有数百人之多，确保了不合适的内容不予推送。

6.4.2 消重处理

为了防止向同一个用户重复推送相同的内容，“今日头条”专门作了消重处理，最大限度地防止内容的重复发送，以减少对用户的干扰。

6.4.3 信息流推送

“今日头条”以“信息流”的方式向用户主动推送符合其需求的内容。信息流中显示了标题、来源、评论数以及刷新时间和图片等，用户还可以设置是否在列表显示摘要，这样在页面呈现的内容十分丰富，并且主次分明，方便用户选择阅读。

6.5 内容显示

为了更好地向用户展示内容，“今日头条”采用了以下三个方面的措施：

6.5.1 推其所爱

“今日头条”的推荐引擎不需要输入关键词即可向用户进行推荐。推荐引擎涉及用户研究、文本挖掘、推荐算法、分布计算以及大数据流的实时计算等多种角度，能完整地记录用户进入App的时间、所选择的资讯主题、查看的文章类型，以及在每篇文章页面的停留时间等，甚至刷了几屏，在每屏里的停留时间都能被记录下来，用于进一步优化推荐内容。

6.5.2 资讯负反馈

“今日头条”在信息流页面设置了一个小叉，在详情内容末尾也设置了一个“不喜欢”按钮，用户如果不喜欢或不感兴趣点击之后就会被询问相应的理由。这种方法能够精确地获得负反馈的相关数据，以便能更精准地向用户进行推荐。

6.5.3 严格发布规范

“今日头条”有严格的发布规范，对文章的标题、正文等都有明确的标准，任何不符合要求的文章内容都不能成功发布。

7 大数据广告体系

“今日头条”作为拥有巨量用户资源的内容分发平台，自然具有得天独厚的广告业务运营条件。“今日头条”充分利用自身的数据资源和技术研发优势，将广告的发展目标定位为“通过人工智能技术让广告变成一条有用的资讯”，经过数年的积极探索，已取得了较为理想的成效——2014年的广告收入为3亿元，2015年的广告收入为15亿元，2016年的广告收入突破60亿元，2017年全年的广告收入为150亿元，呈现爆发式增长的趋势。

7.1 人工智能助力广告资讯化

凭借人工智能技术，“今日头条”把人与信息更高效地连接起来，使得为用户提供个性化的广告资讯成为可能：头条算法对每个用户的样本数据进行精细化管理，可以有效地获取用户在商品和服务方面的需求；在内容方面，从内容集散地到内容生产源，“今日头条”构建了海量、快速、高质量的内容矩阵，创造了多元化的内容产品，可以满足用户的个性化广告资讯类内容需求；最后基于用户和内容进行精细化标签匹配，实现“千人千面”的广告智能分发，针对不同用户兴趣的精准投放，尽可能让用户看到对其有用的广告资讯。图9-24为人工智能在广告中的作用。

图9-24 人工智能在广告中的作用

7.2 基于移动端的用户识别

与传统的电视广告、PC互联网不同，"今日头条"选择移动端作为广告传播渠道，通过"今日头条"的手机App记录的数十种用户行为进行特征分析，然后通过算法匹配获得用户标签，并借助多方数据建立品牌专属的人群包，捕捉用户随时变化的阅读动态，做到精准内容和广告的推送，在帮助广告主获取优质流量的同时提高了转化完成率。图9-25为电视、PC互联网与移动端广告渠道的比较。

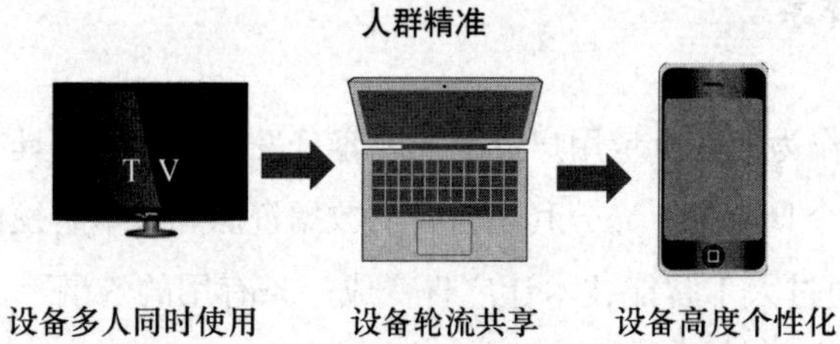

图9-25 电视、PC互联网与移动端广告渠道的比较

7.3 基于GPS的定向广告

在移动互联网广告业务中，广告主一般会采用IP地址来判断用户所在的位置，以开展基于位置的广告推广，但常常会因运营商、WiFi、宽带上网等问题造成IP漂移，最终导致广告失效。"今日头条"获得地理位置信息授权的用户占比超过80%，这就为基于GPS对用户进行精准定位提供了可能。基于GPS的精准定位，在广告投放和信息在某一地域内的精准触达有极大的应用空间。以本地商铺为例，本地商铺对于用户的位置定位有着更高要求，比如餐厅、宾馆、健身房和精品店等，他们希望每次的广告投放都能真正覆盖到商圈内的人，为店铺引流带来实际的效果。"今日头条"推出的基于GPS的位置信息，可以让广告主以自己的店铺所在的地理坐标为中心点，自主选择辐射其周围3～5千米范围内的目标用户，进行有针对性的广告投放

（如图9-26所示）。为了更好地保证基于GPS的广告效果，"今日头条"选择与业内著名的第三方广告监测机构AdMaster进行合作，在曝光监测时，"今日头条"通过客户端将GPS信息发送给AdMaster，剩余未授权地理位置信息的用户依然以IP为标准监测。结果表明，GPS+IP判定比仅靠IP判定的成效有显著提升，充分说明了基于GPS的定投广告有更大的发展潜力。

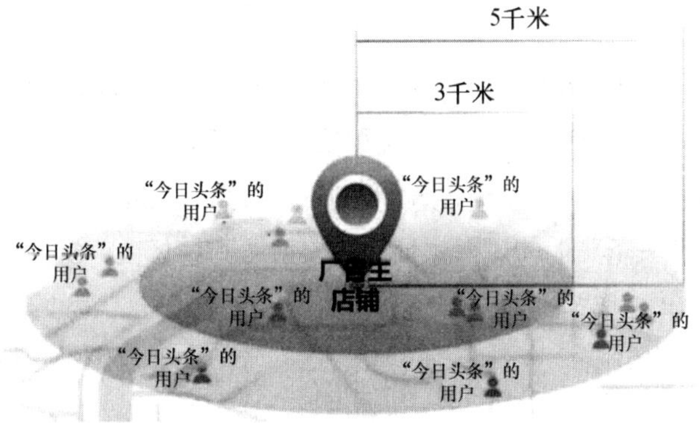

图9-26　广告覆盖范围内的目标用户

7.4　抢占信息流广告制高点

信息流广告是一种存在于媒体平台内容之中，对用户的喜好和特点进行智能分析并加以推广，且形式、风格、设计与平台内容相一致的广告类型，是适应移动互联网发展特点的广告形式，各类社交App、资讯App及自媒体平台是信息流广告的主要载体。信息流广告的收费模式主要有两种：第一种是CPC，即按点击量付费；第二种是CPM，即按千次浏览付费。

"今日头条"主要依靠信息流广告实现广告变现，是目前国内领先的信息流广告的运营商。为了抢占信息流广告的制高点，"今日头条"引入了业内领先的信息流广告运营精英，同时急剧扩张了广告销售团队，目标是发展到5000～6000人的规模，目前已有越来越多的品牌广告商选择"今日头条"作为其信息流广告的合作伙伴。

7.5　短视频广告快速兴起

基于移动端的短视频广告是信息流广告的重要表现形式，由于既具有更高的用户留存率，又能带来新的"广告库存"，因此受到移动互联网平台的欢迎。"今日头条"在短视频广告方面持续发力，已形成了一定的优势。2016年7月以来"今日头条”在以下多个方面予以推进：

（1）头条视频独立App上线运行，着力发展PGC，2017年6月升级为西瓜视频，宣传口号为“给你新鲜好看”；

（2）对头条视频孵化而成的15秒视频社区——火山视频予以10 亿元补贴，立足直播和UGC；

（3）增加普通用户视频上传入口，为用户提供从生产制作到观看分享的多重短视频体验；

（4）推出了名为“抖音”的短视频，聚焦新型的音乐短视频社交；

（5）专为短视频的创造者设立“金秒奖”，鼓励他们进行短视频创作；

（6）全资收购了美国移动短视频创作者社区Flipagram。

当前，“今日头条”上的短视频日均播放量达到16亿次，短视频的阅读量以极高的增速超过了图文，成为“今日头条”最受欢迎、最多被消费的内容形式。总体而言，在短视频广告领域，“今日头条”已全面布局，从平台优化、技术研发及资源整合等多个方面全面推进，为全力提升视频信息流广告变现夯实了基础。

8 案例评析

“今日头条”是伴随着移动互联网快速普及所带来公众资讯阅读习惯的改变而快速成长起来的企业，经过短短数年的努力，迅速成长为行业中的佼佼者，留给我们多方面的启示：

第一，“今日头条”适应了移动互联网时代所造就的内容分发变革大势。互联网技术出现至今为公众获取包括新闻在内的各类资讯带来了革命性的变化，资讯传播已经经历了以新闻门户为主的1.0时代（如新浪、搜狐等）和以社交媒体与社交网络为主的2.0时代（如微博、微信朋友圈等）两个阶段，但这两个阶段的用户基本处于大众化资讯获取的状态，无法获得个性化的资讯内容。随着移动互联网的广泛覆盖和智能手机的普遍使用，公众迫切地希望能根据自己的需要获取各类资讯，成为信息爆炸时代的主宰。在这一背景下，资讯传播的3.0时代——基于用户需求的个性化资讯推荐时代大步走来。“今日头条”正是顺应了这一形势，抢抓大数据和人工智能等技术与资讯传播融合的发展机遇，成为这一领域的领先者，正可谓“时势造英雄”。

第二，致力于成为移动端资讯整合的入口。由于新闻媒体等资讯提供商的数量极为庞大，过去每家媒体都独立开发和运营各自的客户端，对于用户而言，安装一家或多家媒体的客户端都不能有效地满足需求，而且基本还处在被动接收媒体提供的"千人一面"的资讯模式。"今日头条"从定位上看，不是一家媒体，而是一家具有媒体属性的技术公司，关注的不是内容本身，而是内容的分发。在一定程度上，"今日头条"集成了传统媒体的内容资源，形成了独特的资讯大数据资源，再通过个性化推荐引擎的开发，为用户提供"千人千面"的内容推荐服务。实际上，无论是支付宝还是微信支付，之所以能赢得如此大规模、高速度的发展，根本原因也是整合了各家银行的业务，提供了单家银行实现不了的整合服务。"今日头条"把算法、工程、产品、运营和内容资源有机整合，通过集成与创新，自然成为了国内首屈一指的一站式移动端资讯入口。

第三，以满足用户的个性化需求作为自身的核心竞争力。"今日头条"以"你关心的，才是头条"作为核心理念，通过对海量用户行为的数据分析与深度挖掘，努力打造"越用越懂你"的产品，为用户提供既符合其兴趣又能提高其资讯获取效率的内容，自然能得到用户的认同。在作为主要营收来源的广告业务方面，"今日头条"结合信息流广告的特点，探索将传统的广告转变成一条对用户有用的资讯，尽可能地减少对用户的困扰，较好地做到了收益与用户体验的平衡。

第四，专注技术，打造生态。在早期，由于定位不够清晰再加上一些传统媒体的抵制，"今日头条"曾遭遇过多次侵犯版权等诉讼，后来，"今日头条"调整战略，专注于个性化内容分发的推荐引擎的技术研发和运营，并积极与传统媒体开展合作，同时鼓励与支持原创内容的生产，逐步得到传统媒体和原创内容提供者的认可。目前，在公司的所有员工中，做数据产品研发的程序员占比约50%，做商业销售和服务的员工占比约30%，负责行政管理和后勤支持等业务的员工约占20%，可以说，专注技术的研发和服务是"今日头条"生存与发展之根。与此同时，由"今日头条"主导的以优质内容生产、分享和交互的生态正在形成，为传统媒体行业的转型升级提供了可能的选择和出路。

"今日头条"作为一家顺应时势、快速成长的创新型公司，已取得了骄人的成绩，但所面临的问题和困难同样错综复杂，需要在发展中不断地去勇敢直面各种可能的挑战。

案例 参考资料

［1］Fansir. 以今日头条为例，谈谈内容生产机制［EB/OL］.［2017-05-30］. http://www.itsoe.com/？ p=1251.

［2］曹欢欢. 今日头条的人工智能技术实践［EB/OL］.［2017-03-22］. http://www.sohu.com/a/129739958_505794.

［3］丁海峰. 今日头条User Profile系统架构实践［EB/OL］.［2015-06-04］. http://www.infoq.com/cn/presentations.

［4］金敬亭. 今日头条推荐系统架构设计实践［EB/OL］.［2017-06-14］. https://v.qq.com/x/page/e05142o902n.html.

［5］金敬亭. 今日头条推荐系统架构演进之路［EB/OL］.［2017-06-21］. http://www.10tiao.com/html/198/201706/2653121956/1.html.

［6］覃里. 今日头条核心技术“个性推荐算法”揭秘［EB/OL］.［2015-01-22］. http://tech.it168.com/a2015/0121/1700/000001700599.shtml.

［7］王烨. 智能传播平台是如何炼成的——内部数据平台如何支持数据化运营［EB/OL］.［2017-08-19］. http://tip.umeng.com/uploads/data_report/how_is_the_intelligent_communication_platform_made_.pdf，.

［8］王烨. 真正数据驱动的公司是这样使用数据的［EB/OL］.［2017-04-10］. http://developer. 51cto.com/art/201704/536607.htm.

［9］吴娟. 人工智能让广告成为一条有用的资讯［EB/OL］.［2017-07-14］. http://www.iimedia.cn/53183.html.

［10］夏绪宏. 今日头条架构演进之路——高压下的架构演进［EB/OL］.［2016-07-06］. http://www.toutiao.com/i6304145761982480897/.

［11］熊雯琳. 今日头条：一家以人工智能和机器学习做内容的技术公司［EB/OL］.［2017-03-28］. http://www.icpcw.com/Information/Tech/News/3291/329138_2.htm.

［12］杨震原. 今日头条的数据技术［EB/OL］.［2015-08-29］. http://www.doit.com.cn/article/ 0829289611.html.

［13］张维宁，李梦军. 今日头条：继BAT之后的“超级玩家”［J］. 清华管理评论，2017，(6).

案例10

苏宁易购大数据应用案例

大数据与商业流通有着天然的结合点，两者的有机融合必将给传统的商业流通业转型升级带来重大的机遇。如何将大数据资源转化为新经济时代商业经营的“制胜武器”，是诸多传统商业企业所共同关心的话题，也是当前所普遍面临的严峻挑战。苏宁易购集团股份有限公司（以下简称“苏宁易购”）是国内领先的商业零售企业，也是国内最早实施线上与线下（Online to Offline，O2O）融合发展的超大型零售商之一。在大数据技术应用和大数据资源开发方面，苏宁易购经过长期的探索，积累了较为丰富的经验，也取得了明显的成效，为国内商业流通企业提供了学习和借鉴的示范。

1 案例背景

苏宁易购由创始人张近东以10万元自有资金起家，当初他在南京宁海路上租下一个200平方米的门面房，取名为“苏宁交家电”，专营空调。1990年12月26日，苏宁交家电正式开业，一开始共有10多名员工。在过去近30年的发展历程中，苏宁易购历尽艰辛，一步一步走到今天的辉煌。

（1）1994年，苏宁电器在与南京八大国营商场对垒的“空调大战”中脱颖而出，演绎了社会各界广为关注的“苏宁现象”，同年荣登中国空调销售冠军宝座。

（2）1996年3月，第一家全资子公司——扬州苏宁诞生，揭开了中国专业电器连锁的序幕。同年，苏宁电器的总部迁址，建成全国最大的专业空调商场。

（3）1997年，苏宁电器购地自建南京江东门物流配送中心。

（4）1999年，苏宁电器南京新街口店开业，从空调专营拓展到综合电器经营。

（5）2000年，苏宁电器实施二次创业战略，全面推进全国电器连锁发展，开始进驻北京、上海、重庆、天津等地的家电市场，全国连锁网络格局初步建立。

（6）2003年3月15日，苏宁电器南京山西路3C（Computer，计算机；Communication，通信；Consumer Electronic，消费电子产品）旗舰店开业，全面进入“3C”时代。

（7）2004年7月21日，苏宁电器在深圳证券交易所正式挂牌交易，成为IPO家电连锁第一股。

（8）2005年，苏宁电器投入巨资启动为期3年的“5315”服务平台建设——在全国建立500个服务网点、30个物流基地、15个客服中心。

（9）2006年7月，苏宁电器“3C+”模式在新街口店试点成功，引领了家电连锁最新模式。

（10）2009年，苏宁电器正式入主日本Laox电器连锁企业，成为首次收购日本上市公司的中国企业，同年还收购了香港镭射电器，进入香港实行连锁发展。

（11）2010年，苏宁电器一举成为中国最大的商业零售企业。

（12）2013年，苏宁电器更名为苏宁云商集团股份有限公司（以下简称“苏宁云商”），并提出“一体（以互联网零售为主体）两翼（打造O2O的全渠道经营模式和线上线下的开放平台）互联网零售路线图”，开启了O2O融合发展之路。同年11月，苏宁美国研发中心暨硅谷研究院正式成立。

（13）2015年5月，苏宁消费金融公司正式开业，第一款代表性产品“任性付”首次亮相。同年8月10日，阿里集团与苏宁云商共同宣布达成全面战略合作，阿里集团以283.4亿元人民币投资苏宁云商，苏宁云商以140亿元人民币认购阿里集团新发行股份。

（14）2016年，苏宁云商基本完成互联网转型，明确“引领产业生态，共创品质生活”的使命和“百年苏宁，全球共享”的愿景。

（15）2017年6月16日，苏宁银行正式成立，定位于“科技驱动的O2O银行”。

（16）2018年1月14日，苏宁云商变更为苏宁易购。

在长期的发展中，苏宁易购通过推动门店的互联网改造、线上平台和移动端的快速发展以及OTT[①]市场的广泛覆盖，实现了全渠道布局。在线下，苏宁易购的实体连锁网络覆盖海内外600多个城市，拥有苏宁云店、苏宁生活广场、苏宁小店、苏宁易购直营店、苏宁超市、红孩子门店等多种业态近4000多家自营门店和网点；在线上，苏宁易购通过自营、开放和跨平台运营稳居中国B2C（Business to Coustomer，

① OTT的英文全称是Over The Top，是指通过互联网向用户提供各种应用服务。

商家主导向消费者销售）市场前三位。

长期以来，苏宁易购坚持零售本质，面对互联网、物联网、大数据时代，持续推进O2O变革、全品类经营、全渠道运营、全球化拓展，开放物流云、数据云和金融云，通过POS端、PC端、移动端和家庭端的四端协同，实现无处不在的一站式服务体验，已当之无愧地成为中国领先的商业零售企业。苏宁易购已经由当年南京宁海路上的一家小门店发展成为拥有18万员工、在中国和日本拥有两家上市公司的大型企业，商业、地产、金融、文创、体育、投资六大产业协同发展，并且稳居国内零售业龙头的著名企业。

2 大数据平台建设

在“数据为王”的时代，苏宁易购凭借自身得天独厚的数据资源来源优势，结合自身不断发展的业务需求，向大数据要竞争力，取得了很多方面的突破。苏宁易购在业内较早地成立了大数据团队，并从2013年开始启动以Hadoop生态系统为核心的大数据平台建设，为整个企业的所有业务提供大数据的存储以及计算能力。

2.1 转型历程

苏宁易购作为国内传统零售商发展电子商务的领军企业，自2009年苏宁易购上线以来，经历了从“+互联网”向“互联网+”的转型（如图10-1所示）。

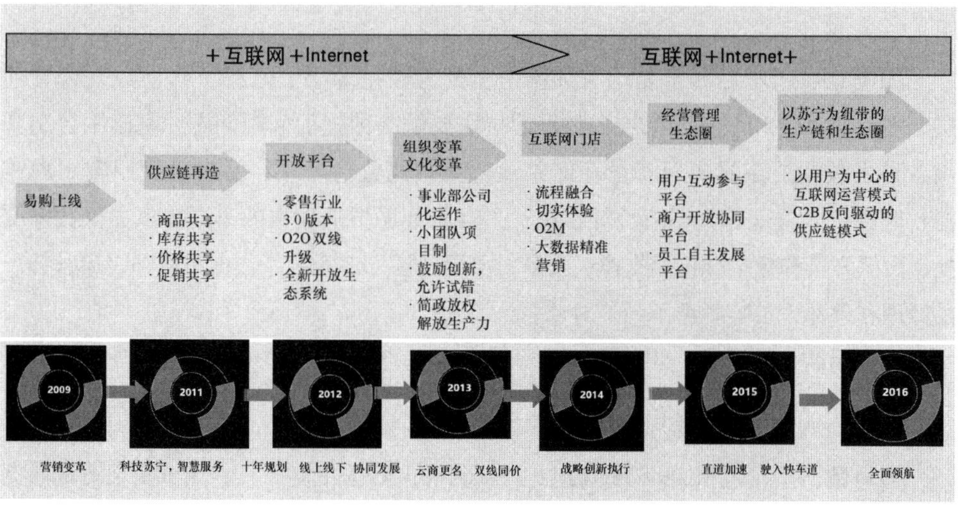

图10-1 苏宁易购的互联网转型历程

如图10-1所示，随着苏宁易购“互联网+”转型的不断深入，对大数据平台建设的需求应运而生，为支撑高速增长发展的业务提供全方位的基础保证。

2.2 整体架构

苏宁易购从自身的实际需求出发，基于Apache Spark来构建整套零售核心数据计算与分析平台，实现商品价格信息的TB级别复杂业务数据处理运算，以解决海量数据离线和在线计算时效和性能问题。苏宁易购大数据平台的整体架构以开源的基础平台为主，辅助以自行研发的相关组件。图10-2为苏宁易购大数据平台的整体架构。

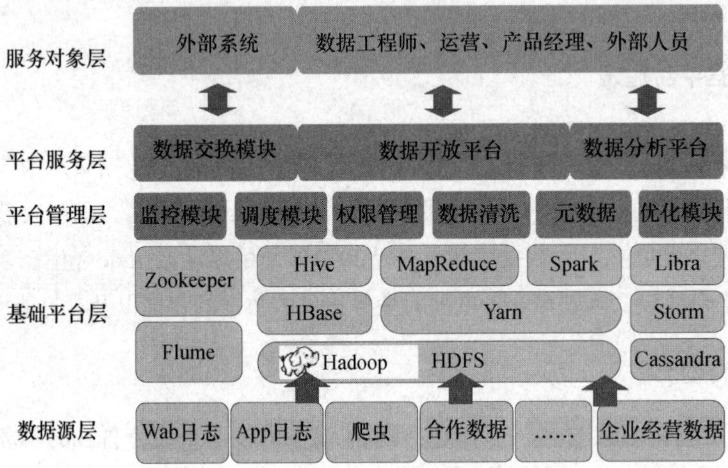

图10-2 苏宁易购大数据平台的整体架构

如图10-2所示，苏宁易购大数据平台分为数据源层、基础平台层、平台管理层、平台服务层和服务对象层：数据源层主要解决数据的来源问题；基础平台层利用各种大数据的工具实现海量存储并运行分布式分析应用；平台管理层则实现监控、调度权限管理和数据清洗等作业；平台服务层根据用户的不同需求提供数据交换、数据开发和数据分析等支撑；服务对象层包括外部系统，数据工程师、运营、产品经理和外部人员等各类不同的对象。

苏宁易购大数据平台是一个由4个子平台组成的整体（如图10-3所示）。

2.2.1 海量数据平台

海量数据平台包括Hadoop、Hive、Spark等大数据主流工具，用于实现海量数据存储、离线计算、内存/迭代计算以及提供算法平台等功能。

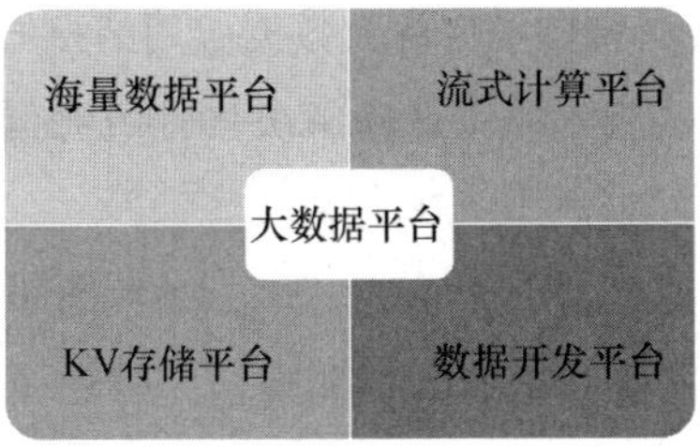

图10-3　苏宁易购大数据平台的组成

1. Hadoop

Hadoop的管理体系如下：

（1）平台管理：Hadoop平台的管理实现了自动化扩容和统一的配置管理，用户按照部门、业务分配Hadoop账户进行管理，按照机器接入权限、目录文件访问权限进行权限控制。

（2）监控体系：主机层通过CPU、内存、网络、硬盘等进行监控；平台层通过端口、进程、长Job及容量等进行监控；应用层通过HDFS、Yarn/MapReduce、Hive应用层等实施监控。

（3）运行分析：HDFS分成总体情况（总容量、已使用容量、剩余容量等）、分用户统计（总数容量、新增数据量等）进行分析；Yarn分成总体情况（总资源量、按小时统计CPU/内存使用量等）、分Pool统计（资源量、资源使用率等）；MapReduce包括提交任务总数、成功/失败任务数、MaReduce任务数、Map处理效率以及Reduce平均处理时间等。

2. Hive

Hive的内容包括元数据存储（MySQL、MHA、VIP）、安全（定时dump元数据并备份，javax.jdo.option.ConnectionPassword配置参数加密，原始数据和结果数据用外部表、中间结果数据用内部表）和权限管理（采用Hive自带的权限控制方案，实现管理员功能——只有管理员有赋权权限，跨用户访问数据必须申请权限，为每个Hadoop用户启动一个hiveserver2——不同的机器不同的端口）等。

3. Spark

Spark被定位为快速计算、迭代计算和算法平台，启用了内存分布数据集，除能够提供交互式查询外，还可以优化迭代工作负载。Spark作为一个专为大规模数据处理而设计的快速通用的计算引擎，可以用来完成各种复杂的运算，包括SQL查询、文本处理、机器学习等。Spark技术作为大数据应用的核心，苏宁易购在整个综合商品价格运算系统中应用了该技术，以此来解决10亿级海量数据抽取、海量数据运算的问题，整体流程如下：

（1）使用Spark技术从上游系统的DB2、MySQL生产环境备库中抽取全量数据；

（2）使用Spark技术进行数据的关联和聚合，将各个源头数据加工转换成计算所需要的数据维度；

（3）运用Spark技术的Map进行全量数据的运算转换；

（4）存储结果到Hadoop分布式文件系统中，并且在Hive表中建立外部表映射到Hadoop分布式文件系统目录。

2.2.2 流式计算平台

流式计算在苏宁易购的应用场景包括统计报表、监控分析、风险控制和广告推荐等，主要通过Libra和Storm监控两大实时分析主流工具来实现。

1. Libra

Libra作为实时分析工具，能以类SQL语句的形式提供实时的计算规则，而不必进行专门的编码即能实现，具有支持类SQL语法、保证数据不丢失、动态更改计算规则等功能，具备稳定、简单易用、功能强大、快速上线等特点。图10-4为Libra数据流向。

如图10-4所示，从数据采集模块获得的各类数据经过Libra的实时计算，即能进入实时查询模块，提供实时查询服务。Libra数据处理的流程如图10-5所示。

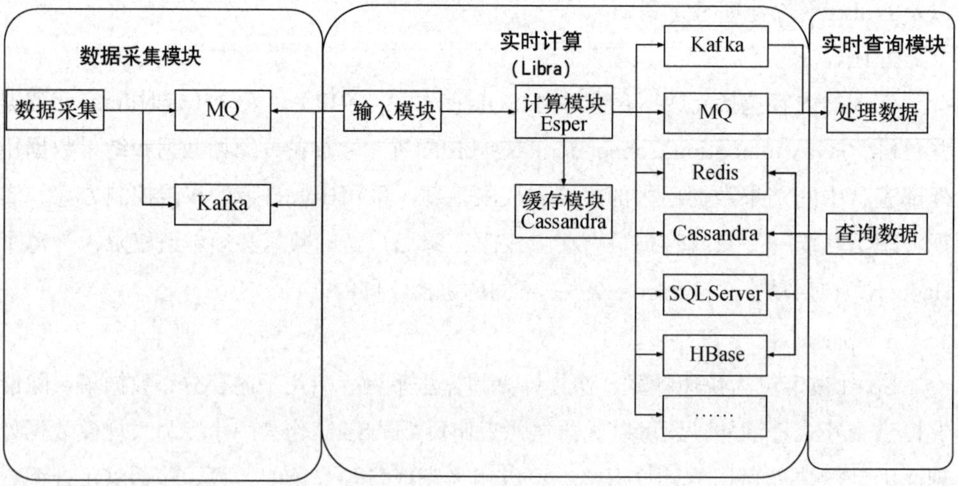

图10-4 Libra数据流向

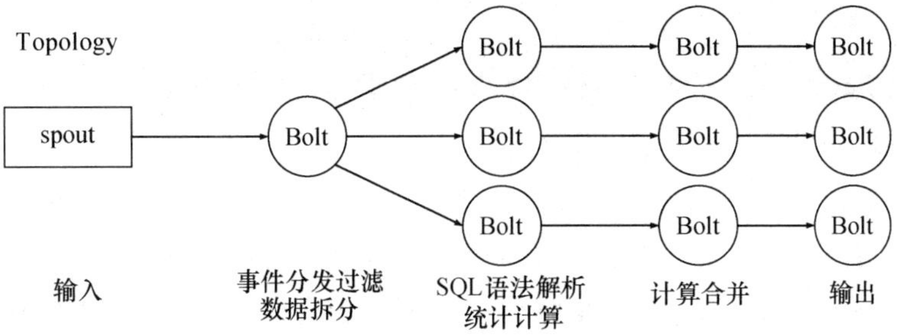

图10-5　Libra数据处理的流程

2. Storm监控

对实时计算而言，一旦出现错误或意外，若不能及时回应，将会产生严重的后果。因此，实时的监控报警显得非常重要。苏宁易购采用的是Storm监控，具有的监控功能如下：

（1）集群管理：一键创建或销毁集群、一键扩容，可以查看集群的详细信息，并可以对集群进行启动管理等操作，修改集群的属性配置等。

（2）应用监控：针对应用进行监控，了解数据消费情况、数据是否堆积、是否存在消费数据、数据的可靠性等。

（3）权限管理：分权限创建或删除集群，以及操作集群及能赋予权限和收回权限管理等。

（4）应用管理：支持非定制化应用和定制化Libra平台管理，支持单独应用包，能动态查看应用的健康状态等。

（5）报警管理：针对集群进行相关报警人员配置、添加或删除报警人员等。

图10-6为苏宁易购Storm监控系统监控视图。

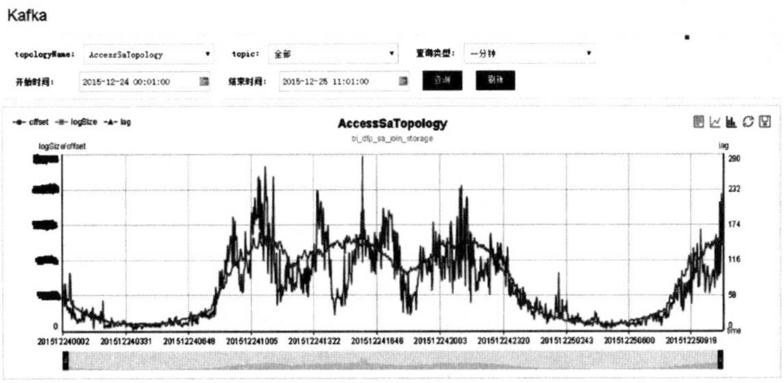

图10-6　苏宁易购Storm监控系统监控视图

2.2.3 KV存储平台

KV（Key-Value，面向列存储的服务）存储平台包括HBase和Cassandra两大开源的数据库技术，用于实现大数据的存储。

1. HBase

HBase提供了一个基于记录的存储层，能够快速随机读取和写入数据，正好弥补了Hadoop侧重系统吞吐量而牺牲I/O读取效率为代价的缺陷。它可以利用任何数量服务器的磁盘、内存和CPU资源，同时拥有极佳的扩展功能，如自动分片。当系统负载和性能要求不断地增加，HBase可以通过简单增加服务器节点的方式无限拓展。HBase从底层设计上保证在确保数据一致性的同时提供最佳性能。苏宁易购应用HBase数据库技术实现了海量KV存储，建立了一个在线的KV监控平台。HBase的应用场景包括:（1）搜索查询分析;（2）商品分析;（3）广告联盟;（4）云台纵览等。

图10-7为HBase在线平台监控图。

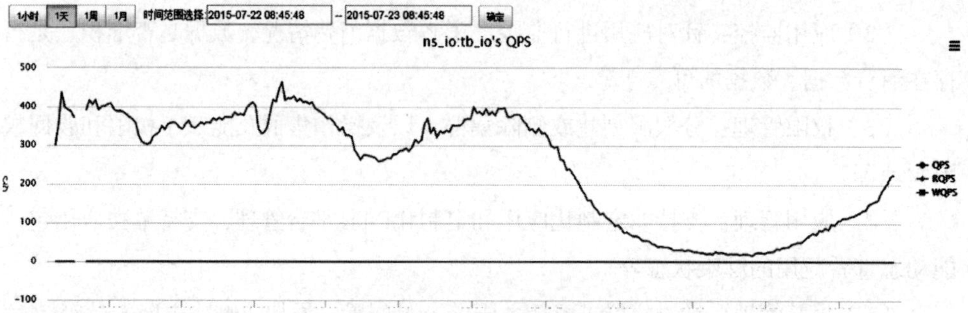

HBase Table Performance

	TableName	QPS	WQPS	RQPS	HFileSize(MB)	MemSize(MB)	RegionNum	Coprocesser
1	ns_aps:tb_unionlog	0.0	0.0	0.0	1237220	235	154	0
2	ns_snrealgo:tb_visitor_sku_result_last	0.0	0.0	0.0	867181	0	98	0
3	ns_spider:p_site_product	26.3	26.3	0.0	228448	1671	49	0
4	ns_snrealgo:tb_ore_visitor_result	0.0	0.0	0.0	202239	0	49	0
5	ns_spider:s_price_stat_detail	0.0	0.0	0.0	107139	0	31	0
6	ns_sousuo:tb_normal_query	0.0	0.0	0.0	79917	0	29	0
7	ns_spider:s_catalog_stat_detail	0.0	0.0	0.0	61762	0	34	0
8	ns_spider:p_product_cross	0.0	0.0	0.0	54497	0	42	0

图10-7　HBase在线平台监控图

2. Cassandra

Cassandra是由Facebook的工程师Prashant Malik和Avinash Lakshman共同开发的，以Amazon专有的完全分布式数据库Dynamo为基础，结合了Google BigTable的列存储类型，是一种非关系型（NoSQL）数据库解决方案。Facebook设计Cassandra的最初目的是解决收件箱搜索的存储需要，它可以满足低成本服务器和存储的需要，且与所有类型的文档进行兼容。目前，Cassandra已被Netflix、eBay、Twitter、Reddit、思科和其他诸多企业所使用。苏宁易购作为产生和处理海量数据的商业零售企业，其应用Cassandra主要用于缓存流式计算中间结果数据和存储结果数据，以提升数据的处理能力和响应效率。从实际的应用效果来看，已取得较为理想的成效。

2.2.4 大数据开发平台

大数据开发平台是苏宁易购大数据建设的重要基础设施，可以支撑企业各业务系统和各类用户全方位的运作。

1. 功能模块

苏宁易购的大数据开发平台定位为为各个计算平台提供统一、易用的开发平台，需要实现以下功能：

（1）可视化分析；

（2）数据质量管理；

（3）交互性分析；

（4）元数据管理；

（5）权限管理；

（6）数据交换工具；

（7）任务及任务流管理；

（8）调度管理。

为了实现以上业务功能，平台设计了任务定义、任务调度、资源管理和运行控制四大功能模块（如图10-8所示）。

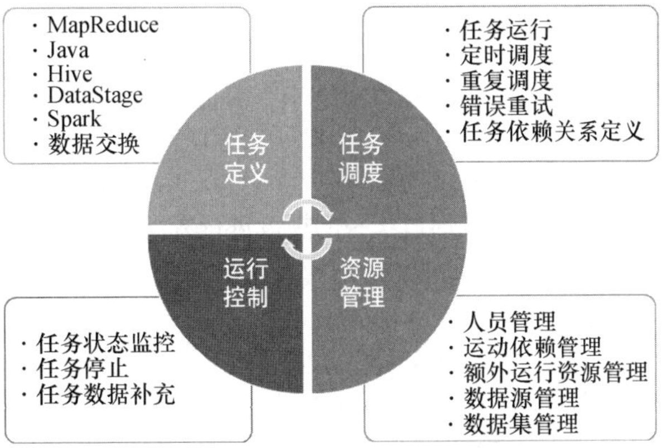

图10-8 苏宁易购的大数据开发平台

如图10-8所示，任务定义通过MapReduce、Java、Hive、DataStage、Spark以及数据交换等工具实现；任务调度包括任务运行、定时调度、重复调度、错误重试以及任务依赖关系定义；资源管理包括人员管理、运行依赖管理（Dependency Management，指在什么地方以什么形式引入外部代码）、额外运行资源管理、数据源管理和数据集管理；运行控制包括任务状态监控、任务停止和任务补充数据等。

2. 总体架构

苏宁易购在全面分析自身业务需求的基础上，结合当今的技术条件，确定大数据开发平台应符合以下特点和要求：

（1）集群式结构；

（2）主节点高可用性；

（3）具有高可靠性；

（4）具备易扩展性；

（5）实现多平台支持。

鉴于以上考虑，苏宁易购的大数据开发平台确立了如图10-9所示的总体架构。

如图10-9所示，苏宁易购的大数据开发平台包括基础数据层、任务调度执行层和应用层三层：基础数据层以元数据信息为基础，还包含任务信息、数据源信息和配置信息；任务调度执行层包括主激活、任务激活以及主状态/备状态等；应用层包括普通用户门户和管理员门户两种情形。

3. 平台界面

苏宁易购的大数据开发平台作为服务企业内部的公共支撑平台，在实际应用中已发挥出重要的作用。图10-10为苏宁易购的大数据开发平台管理员作业界面。

2.3 能力建设

苏宁易购在推进大数据平台的建设过程中，着力推进大数据能力建设。

2.3.1 数据治理能力

苏宁大数据平台的各个系统通过统一的规范进行数据的业务分类和数据输出，其他系统和分析人员可以使用统一的数据规范获得并使用数据，数据需求能够支持快速的数据输出，并且保持与业务系统实时同步，最大限度地满足数据应用需要。

2.3.2 数据分析能力

苏宁大数据平台在统一数据治理的基础上进行规范化的数据分析，挖掘数据对

图10-9 苏宁易购的大数据开发平台的总体架构

图10-10 苏宁易购的大数据开发平台管理员作业界面

于运营系统和销售系统的价值，结合Hadoop生态圈的其他工具进行开发，逐步形成以Spark、Storm等为引擎的一体化数据处理分析平台，提升了整个苏宁易购的数据运用能力。

3 大数据智慧零售

作为国内最大的线上线下融合的零售企业，苏宁易购如何利用大数据等技术实施智慧零售，是其追求的重要目标。智慧零售就是运用互联网、物联网、人工智能等技术，充分感知消费习惯，预测消费趋势，引导生产制造，为顾客提供多样化、个性化的产品和服务。大数据驱动的以顾客为中心的智慧零售，代表着传统零售发展的转型，将在一定程度上迎来一场新的商业革命。苏宁易购的智慧零售围绕“五智”展开——智慧采购、智慧销售、智慧服务、智慧渠道和智慧业态，走出了一条行之有效的发展道路。

3.1 苏宁易购对“智慧零售”的理解

在零售业数千年的发展历史中，大都是凭借店主、店员、顾客等现场场景交互的个人经验来实现销售，互联网等新技术带来的定量零售可以更准确地了解什么人、多少人，在什么地方、什么时间需要什么样的产品和服务，这样企业在采购、销售和售后服务的过程中，可以根据消费者的个性化行为进行差异化定制，这是智慧零售的最基本起点。换言之，传统零售向智慧零售发展，最大的变化特征是零售从定性向定量的转变。苏宁易购认为，智慧零售有以下三个特点：

（1）一是围绕商品经营，打造与商品属性最匹配的实体场景，让实体渠道越来越贴近顾客，让顾客越来越容易和喜欢接近实体渠道；

（2）二是运用大数据记录消费路径和消费行为，大胆假设趋势、快速推进实践、动态调整计划，从B2C向C2B转进，从而影响供应端的生产；

（3）三是运用移动互联网进行社交化营销，满足顾客的个性化、差异化需求。

苏宁易购敏锐地意识到，大数据将对智慧零售产生巨大作用，传统实体零售看得到顾客，却看不清顾客的行为，更看不出顾客未来的行为趋势。而依托大数据的智慧零售，顾客的行为会被完整地记录，加以一定的算法模型，就可以预测顾客未来的行为趋势，能向消费者提供有个性、有温度、有针对性的精准服务。基于此，苏宁易购发展智慧零售希望能实现以下三个目标：

（1）能够比传统零售更加超前地把握消费需求，确保能洞察顾客的需求、超越顾客的期望；

（2）能够快速地匹配顾客的需求，在时间上占据主动优势；

（3）能够为顾客提供持续的、有价值的服务，形成长期、稳定、可靠的收益来源。

3.2 智慧采购

智慧采购是智慧零售的前提条件，是基于大数据的采购活动的组织和实施。在传统条件下，由于对市场需求缺乏足够的了解，加上电商业务的冲击，很多的零售企业在采购过程中越来越显得手足无措，从而错失了很多的机会，使自身越来越陷入被动。智慧采购主要从以下两个方面予以推进实施：

一是自上而下的预售式的采购。苏宁易购通过采集相关数据，掌握顾客对商品点击浏览的情况，尤其是那些放到购物车里面进行预付定金的。知道了这些数据以后，零售企业就自然而然地知道要下什么样的订单，可以更为有效地满足市场的需求。

二是自下而上的定制采购。苏宁易购从已经获得的商品数据中重点关注一些顾客的数据，在商品大数据分析过程中进行商品单品种分析、对顾客的偏好进行画像。归根结底，智慧采购就是要通过大数据进行商品和顾客偏好的分析，在数字驱动的基础上再加上时间、地区和数量等维度，形成智慧采购的决策。

3.3 智慧销售

利用大数据、物联网、云计算等技术实施高效的智慧销售，降低传统人工的成本，是苏宁易购等零售企业都希望达到的目标。阿里集团推出的“无人超市”从一定程度上展示了智慧销售的运营场景。在超市业态中间，最大的人工成本是收银人员的开支，如果在超市的购物环节能够实现顾客自主选择、自主支付，就能够节约大量的人工成本。如果顾客在提货的环节能够实现自动发货、自动提货、自动出货，这样既能让顾客得到更好的购物体验，也同样能节省超市的开支。除自助的销售外，智慧销售可以用“智助”和“智导”的模式来提高销售人员的销售能力。

苏宁易购已开始利用大数据、人工智能等技术尝试进行智慧销售，随着条件的成熟，将会越来越多地在线下实体店推行，为传统实体店转变经营模式作出示范。

3.4 智慧服务

智慧服务就是在顾客进店进行购物、选择商品并和店员进行交互的过程中，店员能够通过大数据的支持智能地响应顾客的要求，满足其个性化需求。它具体包括四种情形：一是精准的预约，能根据顾客要求的时间进行一对一的精准服务；二是能根据顾客的个性化特点，提供具有针对性的购买建议方案；三是智能的配送，能够对收货人进行准确定位，在确定的时间把商品送达顾客所在的位置；四是线上线下融合的服务，顾客能够在线与客服人员进行交互，同时能进行远程的交互。

苏宁易购在智慧服务方面有了不少的探索，有的已在业界处于领先地位，基于人工智能的“AI红包”即是一例。“AI红包”将AI（Artifical Intelligence，人工智能）技术和营销手段融合于一体，顾客在用手机扫描商品的实物或图片时，系统能自动地和云端数据实时比对，实现了“扫什么得什么券”的指向性营销。比如，顾客想购买电冰箱，去扫描电冰箱的实物或图片后就会获得丰富的抵用券，这些抵用券可以在后续的购买过程中使用。这一研发在大幅增加顾客主动性的同时，抵用券的转化率也相比传统的广撒网的模式有了大幅提升，真正是一次技术驱动精准营销模式的创新。

3.5 智慧渠道

渠道是商品从它的源头流经路径到顾客手上的通路。在传统条件下，渠道迂回而复杂、低效而高成本，使得商业的效率大打折扣。基于大数据等技术，提升渠道的效率、优化渠道的路径、降低渠道的成本是零售企业需要考虑的问题。苏宁易购凭借在全国数以千计的门店和仓储优势，结合大数据平台的智能化管理和调度，形成了独特的线上线下高度融合的渠道优势，在渠道效率、成本等方面突显出自身的竞争力。

3.6 智慧业态

零售作为经济和社会发展的重要一环，既有独立性，又有融合性，必须与供应链上下游的合作伙伴以及关联各方深度融合，形成相互依存、互惠互利的业态，才能谋求更好的发展。依托大数据等关键技术，可以为零售企业与其他各方的合作和供应创造条件。

苏宁易购在长期的经营实践中，一方面不断地强化自身的独特优势，提升自身的服务力，另一方面加强与上下游企业的紧密合作，同时还拓展了金融、物流、体育等诸多新的领域，全新的、智慧型的业态正在形成。

4 大数据智能补货

苏宁易购在大数据的牵引下开发出了智能补货系统，通过对相关影响因素和用户偏好的把握，再加上时间、地区、数量等维度的结合，形成了一种支撑新零售的智能补货模式。

4.1 开发思想

从未来的发展趋势来看，新零售将由B2C（商家主导向消费者销售）转向C2B（Customer to Business，消费者主导商家销售的），大数据在新零售变革中的作用是改变传统零售的B2C供应链模式，建立由零售企业发起的C2B反向驱动供应链管理模式，通过数据牵引发展逆向供管，精准匹配供需关系。苏宁易购基于这一发展趋势开发完成了智能补货系统，它通过采集历史数据构建基础特征，并基于地点、时间、环境、用户画像等多维度构建交叉统计特征，再利用这些特征进行模型训练（首先训练一个简单的多元线性回归模型，确认方案可行后，再进行随机森林回归和XGBoost回归精确建模），在融合多个模型的预测结果后，得到最优的预测模型，最终输出未来一段时间的销售预测和采购建议。这个系统能够有效地解决采购数量难以确认、采购时间难以把握、采购地点调度困难等诸多问题。

4.2 影响因素分析

智能补货系统在确定补货地点之后会跳出一个新的画面，该画面能够展现出任何确定商品所受到的各种环境因素的影响状况（如图10-11所示）。

如图10-11所示，一个新品从上市到热销、更新换代促销打折，最后到商品下架，供应链都随着商品生命周期不断地调整。在这一过程中，智能补货系统会从宏观和微观两个方面来分析确定产品所需要补充的数量：宏观上主要有行业整体市场规模、零售额状况、销量增速、竞品销售情况等；微观上主要考虑通过产品的月销、库存、增长情况、价格走势、时节、用户画像等来确定商品的整体走向，并结合年度促销活动、当地用户使用习惯等给出建议补货量。商户可以在这样的一套智能补货系统的帮助下，对销售预期有一个较为充分的把握，有利于促进传统零售从B2C向C2B演进。图10-12为“方太”洗碗机的补货实例。

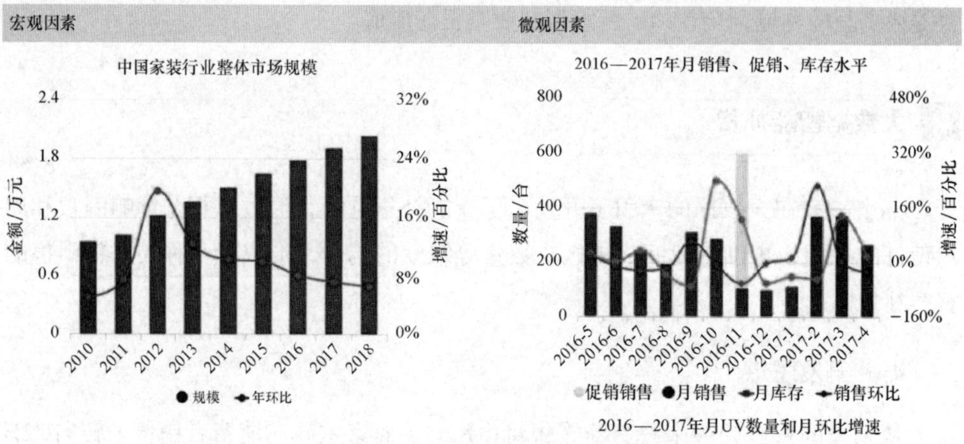

图10-11　影响因素示意图

SUNING 苏宁 智能补货

我的商品库

序号	商品信息	类目
1	方太JBSD2T-X1水槽洗碗机跨界三合一洗碗机 商品编码：147226285	R2101004洗碗机

建议要货数量

商品	类目	品牌	供应商	地点	预测需求
147226285方太JBSD2T-X1水槽洗碗机跨界三合一洗碗机	R2101004洗碗机	0600方太(FOTLE)	10046697(厨卫)宁波方太营销有限公司	D009苏宁北京通州物流库	Y=436.83+12.2*1+17.04*2+2.3*3+35.152*4+58.04*5+3.06*6-37.125*7=320

需求确认

图10-12　“方太”洗碗机的补货实例

4.3　智能买手

智能买手是在智能补货系统得出补货建议方案的基础上，结合自动分货系统、销售寻源系统、样机出样系统、供应商协同系统等一系列智能化和自动化系统组成的管理信息系统矩阵以支撑全程供应链，并通过大数据来判断产品的进、销、存，而不是单纯地依赖采购经理的人工决策。

苏宁易购从2005年开始就采用SAP/ERP系统进行辅助决策，但是主要决策还是依赖于采购经理的经验和能力。这样做并不是非常的科学，效率也不会最高。实施“智能买手”后，减少了手工流程，双方全面在线操作，实现了流程全面透明化、自动化。以智能补货系统为例，订单预测、预测调整、供应商确认、预约送货、订单入库、库存预警等环节是一个完整的智能供应链闭环，构建起了苏宁易购内部以及与供应商之间高度协同的供应链管理模式。这将减少人为主观因素的干预，提高决策的科学性。同时，这样不仅能保证信息流的畅通，节省时间成本，而且降低了管理供应和补货的成本，从而降低了交易成本；此外，也能大大降低商品的缺货率，提升消费者的购物体验。

以一个实际例子来说明智能买手的运作：假如南京地区气温飙升，空调即将迎来销售井喷。智能补货系统根据对动销率和安全库存的判断，订单预测空调的需求量为5万台左右，同时通过供应商库存满足情况、存销比等指标进行判断后，预测空调实际需求量为5.18万台，智能补货系统将5.18万台的需求量发给供应商进行确认，明确出货数量和送货时间后，即可通过供应商协同系统预约送货和启动物流配送，苏宁易购根据系统发出的订单进行收货和商品入库，自动修改安全库存及存销比，实时提供库存预警。整个过程都是通过智能买手来进行分析、判断和决策的，而不是依靠过去那种由采购经理依据个人的经验进行定夺。

总体而言，苏宁易购的智能买手通过大数据等技术手段实现了采购权的“云化”，在较大程度上提升了采购的智能化水平，有力促进了业务伙伴之间的合作共赢，同时还使采购效率得到大幅提升。

5 大数据金融

依托大数据提供面向消费者的金融服务是苏宁易购开发和利用大数据的重要内容，任性付和任性贷是其代表性项目。

5.1 任性付

任性付主要是为从苏宁易购购买合约机的用户所设计的一款金融服务产品，经过一段时间的运营，已取得了较好的效果。

5.1.1 价值体现

经过长期的积累，苏宁易购线上线下拥有近3亿会员和1600多家门店资源，为了将消费金融产品充分融入各类消费场景，提升用户体验，苏宁易购将金融、消费通过产品实现融合，推出了“任性付”服务，将手机销售、合约套餐和消费金融加以融合，有效地降低了购机门槛，并有力促进了销售。这一产品的价值体现在以下不同方面：

（1）对于顾客：通过该产品可以减少购买合约机的首次支出。

（2）对于手机经销商：通过该产品可以降低顾客的购机门槛，丰富促销方式，提升手机的销量。

（3）对于运营商：通过该产品可以提升合约机的占比，锁定优质顾客，减少违约概率。

（4）对于苏宁消费金融公司：通过该产品可以获得稳定且有真实消费需求的顾客，有利于扩大业务规模，把控业务风险，实现收益提升。

在消费金融领域，苏宁易购将在任性付的基础上进一步将场景覆盖到综合消费、电商网购、旅游、教育、房产（家装、租房）、农业等，将人群逐步覆盖到中高收入者、有房有车人士、年轻白领、蓝领、农民、大学生等，做到了场景和人群的全覆盖。

5.1.2 风险控制

风险控制是消费金融业务的“命脉”，任性付采用智能实时风控系统，实现顾客风险的全方位、多角度的管控（如图10-13所示）。

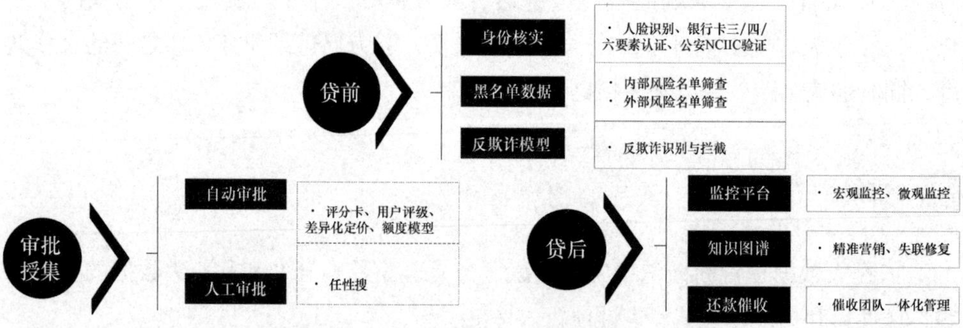

图10-13 任性付智能实时风控系统

如图10-13所示，任性付在贷前、贷中（审批授信）和贷后三个环节均采取了切实有效的风控措施，做到了防范有加、应对有道。

5.1.3 主要优势

任性付作为服务最终消费者的金融服务产品，主要优势体现在以下六个方面：

（1）申请门槛低：18—55岁公民均可申请，限制较少。

（2）可随时取现：最快3秒到账，可解燃眉之急。

（3）申请额度高：最高额度为20万元，可以满足用户生活的基本消费需求。

（4）分期期限长：最高可达60期（5年），灵活分期，自由选择。

（5）优惠折扣多：购物免息付，提现有折扣，优惠常在。

（6）安全有保障：采用国际领先的风控技术，账户安全，信用积分①。

任性付作为一种创新型金融支付工具，在给用户提供支付便捷的同时，也从一定程度上提高了用户的黏性，为苏宁易购自身也为其用户带来了应有的价值。

5.2 任性贷

任性贷为苏宁消费金融公司在2017年推出的个贷拳头产品，旨在为个人用户提供多场景、全渠道、全方位的小额借贷服务，促进个人生活品质的升级。

5.2.1 场景覆盖

为助力用户在不同场景下的贷款需求，任性贷不断地扩展应用场景。目前已在苏宁易购的苏宁电器、苏宁红孩子、乐购仕、线上会员和线下赛事等业务中普及应用，下一步将会扩展到企业之外的各类场景（如图10-14所示）。

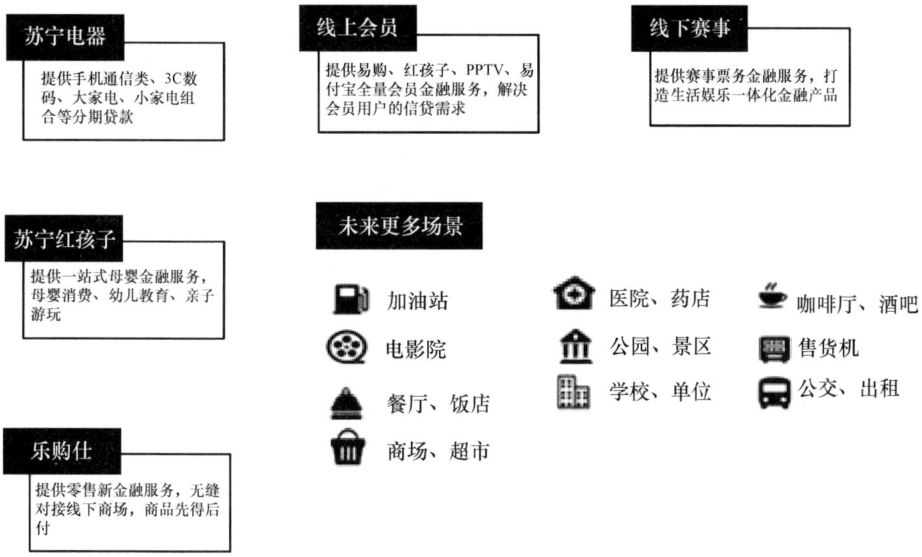
苏宁电器
提供手机通信类、3C数码、大家电、小家电组合等分期贷款
线上会员
提供易购、红孩子、PPTV、易付宝全量会员金融服务，解决会员用户的信贷需求
线下赛事
提供赛事票务金融服务，打造生活娱乐一体化金融产品
苏宁红孩子
提供一站式母婴金融服务，母婴消费、幼儿教育、亲子游玩
未来更多场景
加油站
医院、药店
咖啡厅、酒吧
电影院
公园、景区
售货机
餐厅、饭店
学校、单位
公交、出租
商场、超市
乐购仕
提供零售新金融服务，无缝对接线下商场，商品先得后付

图10-14 任性贷的应用覆盖

① 信用积分作为用户信息的一部分，反映了用户在短期内的信用情况，信用积分=信用初始积分+奖励积分-信用扣分。

5.2.2 主要优势

任性贷作为一项便捷、高效、安全、高额、低息的信贷服务项目，主要优势体现在以下五个方面：

（1）高额度，低利率：50万元以内的金额可以自由地借出，随心借。

（2）操作快速简易：无抵押，无担保。

（3）额度期限长：一次授信，10年有效。

（4）极速下款：即开即用，无须申请。

（5）还款灵活：随借随还，分期还款。

5.2.3 运营体系

任性贷作为一项不同于传统贷款业务的创新业务，通过大数据获得用户来源，通过风险模型提高风控能力，通过评分模型提升用户体验，建立起了独特的业务运营体系（如图10-15所示）。

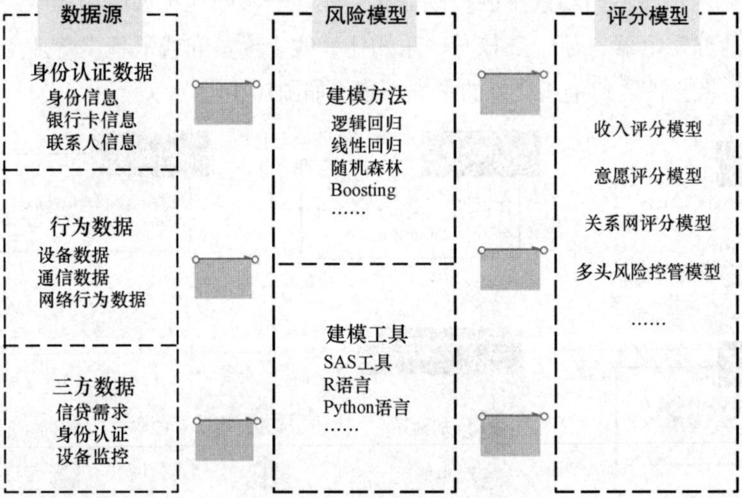

图10-15 “任性贷”业务运营体系图

6 大数据物流

作为业务范围十分广泛的零售服务商，苏宁易购将高效率、低成本、广覆盖的物流运作当作其持续追求的目标。大数据技术Spark Streaming（流式小批次计算）在苏宁易购的“物流天眼”项目中得到了成功应用，已经在苏宁易购显现出较为明显的成效。

6.1 “物流天眼”项目及其痛点

苏宁易购是国内率先从事自营物流的零售企业，仓储体系采用“业务+仓储+技术”三位一体化的管控模式，具体表现为围绕零售场景的多元化，构建符合电商、零售商、品牌商等多类型业务需求的配送中心、区域配送中心、仓储中心、微仓、门店仓等多种仓储形式。苏宁易购的全国仓储网络事实上是一个即时共享的云存储系统，配合精准的供应链计划，苏宁易购的物流可以在全国的各级仓库之间实现智能分仓、就近备货和预测式调拨，同时，通过智能化作业，精准分析订单、库位、路径、区域，从而保证商品在全国范围内的高效流通。

苏宁易购物流的所有操作都是遵循路由计划的，从订单进入物流系统域开始，就会根据给顾客承诺的时间，形成包裹整个周期的履约计划。而苏宁易购“物流天眼”项目的作业监控职能，就是根据包裹在上一个作业环节的完成情况，结合库内运作计划、运力、班车线路等因素，对下一个或者下几个作业环节的计划达成情况进行预判，一旦判定存在风险，就会立即干预作业系统生成异常处理任务，推送给对应的处理人，以便及时消除风险，从而保障包裹从生成到最终交付到顾客手中的全程无忧。与此同时，“物流天眼”项目通过对物流各环节监控不断累积的实时作业数据进行筛选和结构化处理，建立模型，分析有价值的数据，实现数据的增值。例如，在数据预测方面，通过作业模型和销量预测的结合，为库存、班车线路、班车时刻表、虚实快递点切换等提出建议，尤其是为促销期的作业波峰提前筹备资源、切换波峰运作模式。在作业模式优化方面，通过虚拟模型的建立和实际作业数据的代入，对存储仓位、库内拣选动线、快递员任务分派及投递路线进行持续优化。

从实际作用来看，“物流天眼”项目并不只服务于物流业务，它还能通过网络数据的模型建立和有效布局，服务于整个零售链条，比如向下游延伸的安装、维修等售后业务，以及向上游延伸的产业链等供应链管理。

苏宁易购的“物流天眼”项目在发展过程中存在以下多方面的痛点：

（1）顾客咨询包裹已到哪里，什么时候能送到，为什么包裹已到达快递点了现在还不派送；

（2）有辆运输车坏了，影响了哪些包裹，这些包裹还能按时送达吗；

（3）哪些仓库周转不过来了，哪些包裹堆在地上已经半天没动了；

（4）哪些岗位的工人忙不过来了，哪些岗位的工人没任务做了？

从以上的痛点可以看出，“物流天眼”项目面临着以下技术难点：

（1）实时性要求高；

（2）计算数据量大、逻辑复杂；

（3）需要整合多数据源；

（4）稳定性和扩展性要求高。

6.2 系统架构

针对“物流天眼”项目的发展需求和业务痛点，苏宁易购明确希望通过应用大数据技术建立起对物流整个供应链条的监控，服务顾客及服务接受方，协助顾客管理，提升服务接受方的体验，并推动行业的服务提升和标准建立。其具体目标如下：

（1）订单全流程跟踪；

（2）作业异常捕获和报警；

（3）物流各环节作业监控和预警；

（4）资源计划编排和动态调整。

经过深入研究，苏宁易购最终确定了应用大数据Spark Streaming、HBase（基础数据存储）、Kafka/MQ（消息队列）和Redis+DB2（结果数据存储）等技术来满足需要，其应用系统架构如图10-16所示。

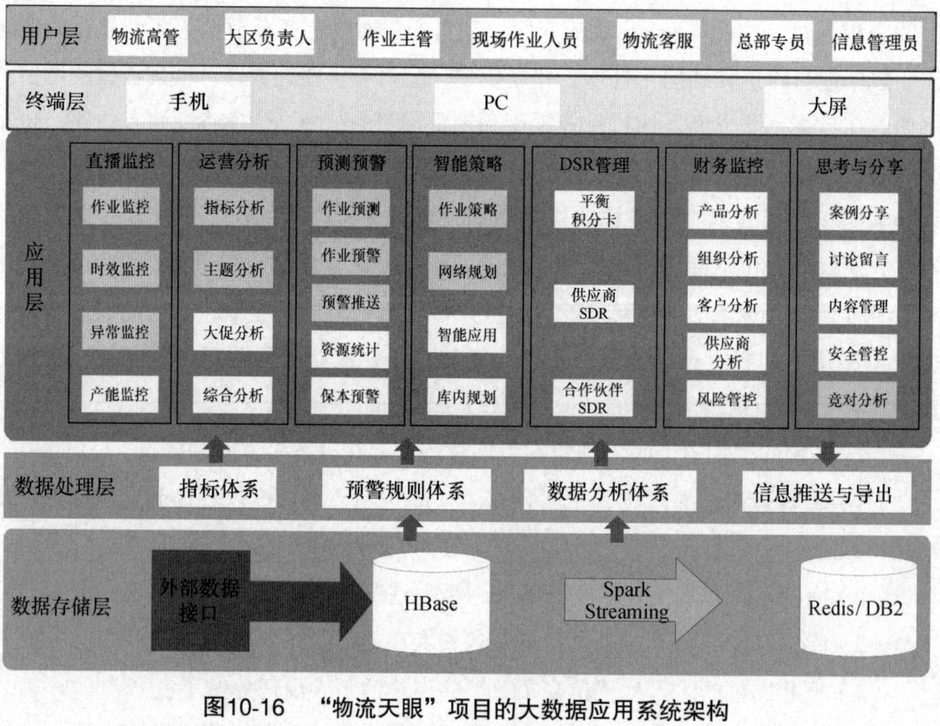

图10-16 “物流天眼”项目的大数据应用系统架构

① DSR的英文全称是Detail Seller Rating，是指卖家服务评级系统。

如图10-16所示，“物流天眼”项目的大数据应用系统架构包括数据存储层、数据处理层、应用层、终端层和用户层五层。数据存储层主要应用大数据技术实现海量数据的存储；数据处理层主要对来源于数据存储层的数据进行科学、高效的处理；应用层实现对处理后的数据进行有针对性的应用；终端层包括手机端、PC端和大屏端等；用户层涵盖了物流高管、大区负责人、作业主管、现场作业人员、物流客服、总部专员和信息管理员等不同的用户对象。

6.3 流程监控

为了确保大数据应用的实际效果，苏宁易购对物流全流程实施了全方位的监控，并在重要的作业节点设立了“监控点”，以便能及时地获得数据调整和优化相应的决策。与此同时，“物流天眼”项目还在物流流程的相应环节设立了KPI的考核办法，成为衡量物流总体效率和效益的基本依据（如图10-17所示）。

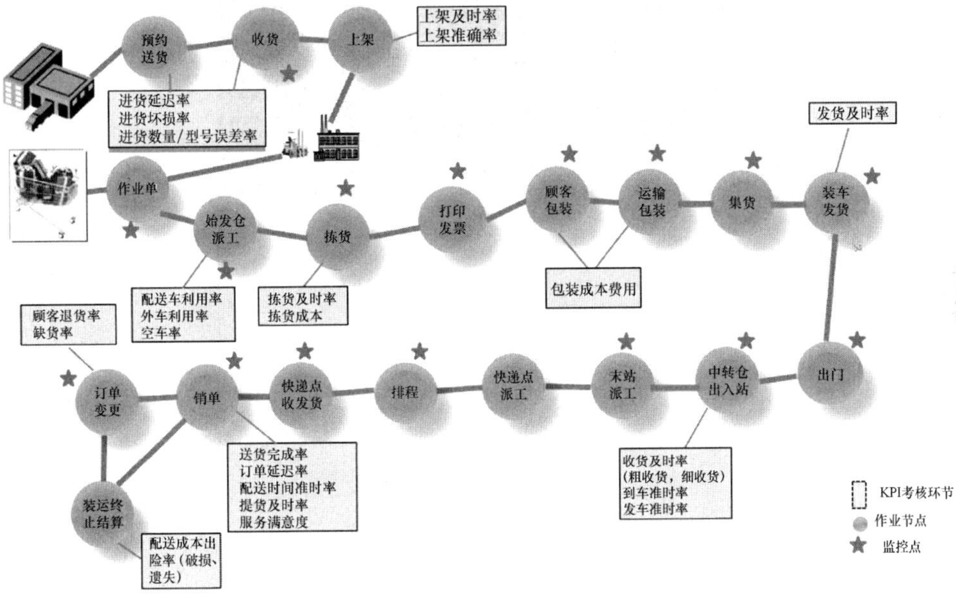

图10-17　“物流天眼”项目的全流程监控

图10-18为“物流天眼”系统的作业界面。

如图10-18所示，物流作业最为关注的一些核心指标，如当日配送包裹数量、日仓库收发及时率、日干线运输及时率、日妥投率、消费者申诉率等，都可以动态地进行呈现，并且能对每辆物流运输车辆进行动态监控，以确保物流运输车辆安全和高效地运行。目前，“物流天眼”系统已实现了以下目标：

（1）全国近万个物流网点，数万个作业工位全覆盖监控；

（2）每天可以接收订单状态10亿条；

（3）每秒可以处理订单数10万条；

（4）核心监控报表秒级数据延迟；

（5）全网妥投率上升2.3%；

（6）作业异常比例下降5.4%。

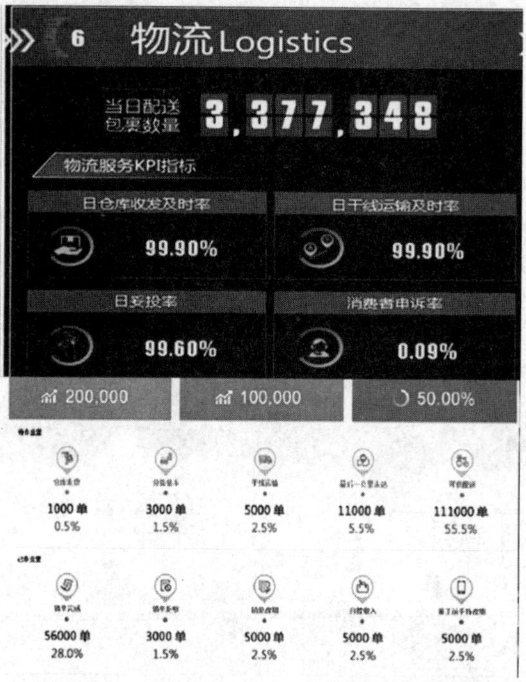

图10-18　“物流天眼”系统的作业界面

6.4　Spark Streaming系统架构

苏宁易购在“物流天眼”大数据技术的选择上做了较多的研究，最终确立了以Spark Streaming为主的技术架构。

6.4.1　Spark Streaming的技术优势

Spark Streaming具有以下多方面的技术优势：

（1）实时性：物流作业监控对实时性的要求在秒级数据延迟，适合小批次计算，既能满足实时性，又可以批次运算提高效率。

（2）可用性：分布式计算架构，容错性强，单台物理机宕机不会导致数据丢失或者系统不可用。

（3）扩展性：可以通过集群添加节点的方式增加计算和存储性能，扩展方便快捷。

（4）开发便捷性：之前很多的应用逻辑是用SQL写的，使用Spark可以很方便地把原来SQL的逻辑移植过来。

6.4.2 技术选型

经过反复论证，苏宁易购确定了如图10-19所示的技术选型方案：

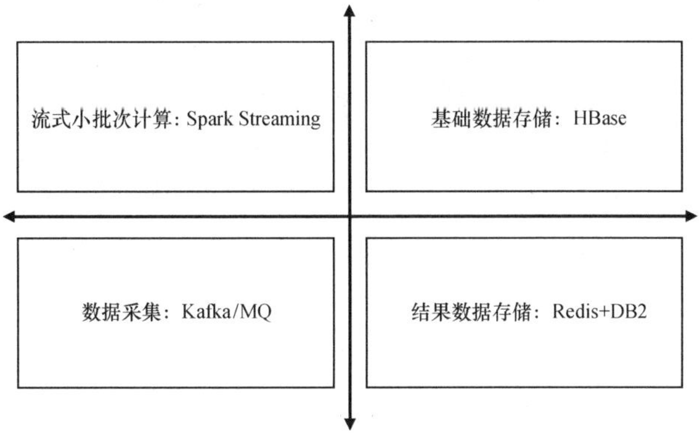

图10-19 技术选型方案

6.4.3 系统架构

在综合考虑Spark Streaming等技术应用后，“物流天眼”系统确立了如图10-20所示的系统架构。

如图10-20所示，这一系统架构分成三层：第一层为源系统，通过苏宁易购物流的LES[①]系统、DWMS[②]系统、LOS[③]系统、LSQ[④]系统、TMS[⑤]系统获得基本的数据源；第二层为实时数据存储和计算层，主要通过Spark Streaming实现实时的数据存储和计算，为数据应用提供可靠保障；第三层为实时数据应用层，包括统计报表、数据推送、监控预警、智能决策服务和运营直播等业务。

---

① LES的英文全称是Logistics Execution System，是指物流执行系统。

② DWMS的英文全称是Data Warehouse Management System，是指数据仓库管理系统。

③ LOS的英文全称是Logistics Order System，是指物流预订系统。

④ LSQ的英文全称是Logistics Service Quality，是指物流服务质量。

⑤ TMS的英文全称是Transportation Management System，是指运输管理系统。

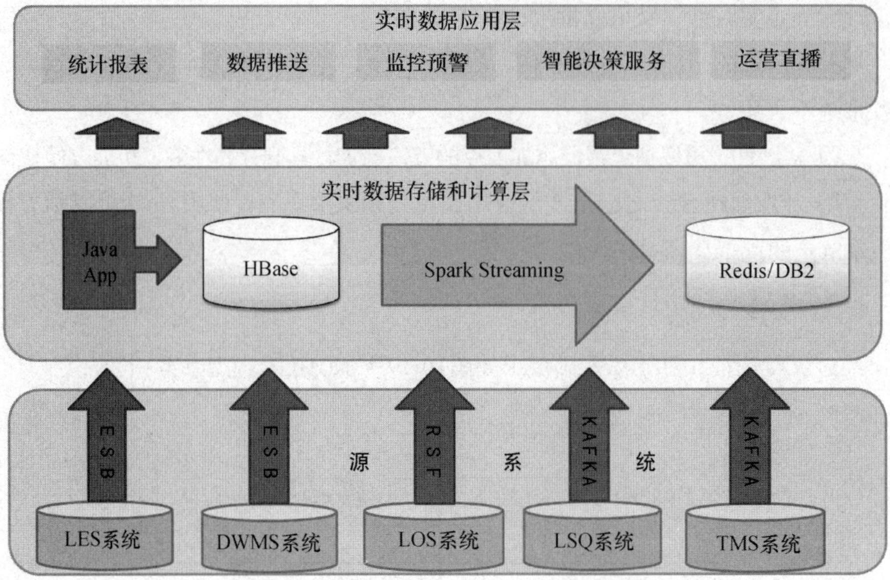

图10-20 基于Spark Streaming的系统架构

7 图像大数据

苏宁易购作为客流量巨大、门店分布广泛、线上线下融合的零售商，拥有得天独厚的图像大数据资源，在图像大数据资源的开发和利用方面做出了一些颇具价值的探索。

7.1 图像智能分析系统

苏宁易购图像大数据的应用主要是通过图像智能分析系统来实现的。这一系统包括智能监控系统、线上应用系统、离线算法平台和智能图像引擎四个部分组成，可以为不同的应用需求提供一致性的算法接口，满足各种图像智能分析需求，为内部和外部用户提供智能分析服务。

7.1.1 智能监控系统

苏宁易购图像大数据智能监控系统的架构如图10-21所示。

如图10-21所示，智能监控系统将不同门店的图像数据通过智能分析模块实现整合后进入数据中心，用于满足不同用途的需要。图像数据的形式包括客流、人脸以及消费者行为等，形成了多维度的图像监控体系。

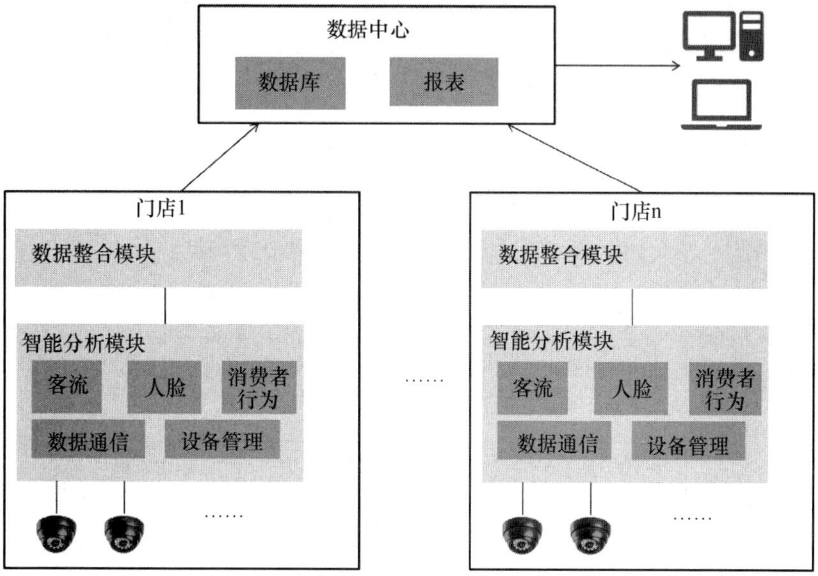

图10-21　智能监控系统的架构

7.1.2　线上应用系统

苏宁易购图像大数据的线上应用系统的架构如图10-22所示。

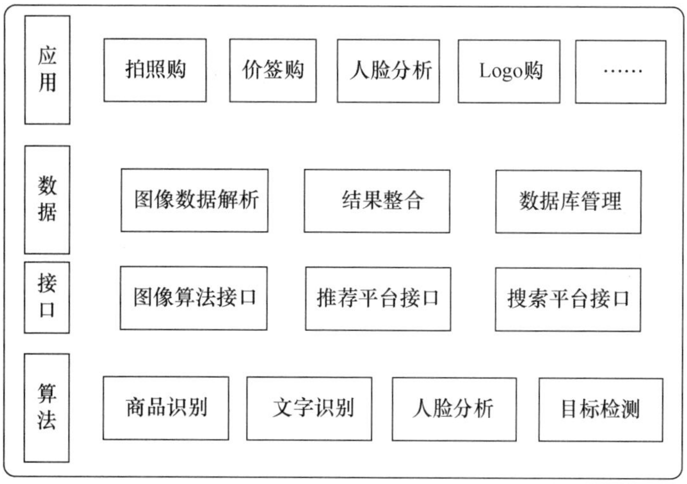

图10-22　线上应用系统的架构

如图10-22所示，线上应用系统包括算法、接口、数据和应用四层。算法涵盖了商品识别、文字识别、人脸分析和目标检测等类型；接口包括图像算法接口、推荐平台接口和搜索平台接口；数据涵盖了图像数据解析、结果整合和数据库管理；应用具体包括拍照购、价签购、人脸分析和Logo购等多种形式，并将随新方式的出现而扩展。

7.1.3 离线算法平台

苏宁易购图像大数据离线算法平台的架构如图10-23所示。

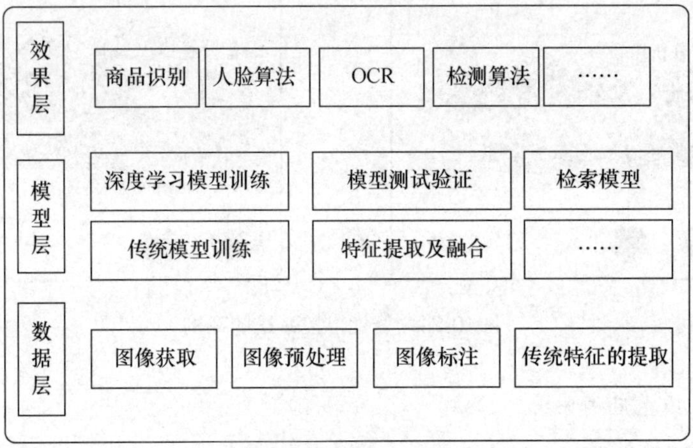

图10-23 离线算法平台的架构

如图10-23所示，离线算法平台包括数据层、模型层和效果层三层。数据层用于图像数据的获取、预处理、标注以及传统特征的提取；模型层包括深度学习模型训练、模型测试验证、检索模型、传统模型训练、特征提取及融合等；效果层包括商品识别、人脸算法、OCR、检测算法等。

7.1.4 智能图像引擎

依托智能监控系统、线上应用系统和离线算法平台开发而成的“SUNING智能图像引擎”，面向电商、O2O、社交应用、金融、门店等业务线，提供高精度多样化的图片识别服务，如人脸识别、文字识别、Logo监测、商品识别等（如图10-24所示）。

7.2 图像大数据的实际应用

苏宁易购利用图像大数据实现门店监控视频的智能分析，以获取准确的客流人

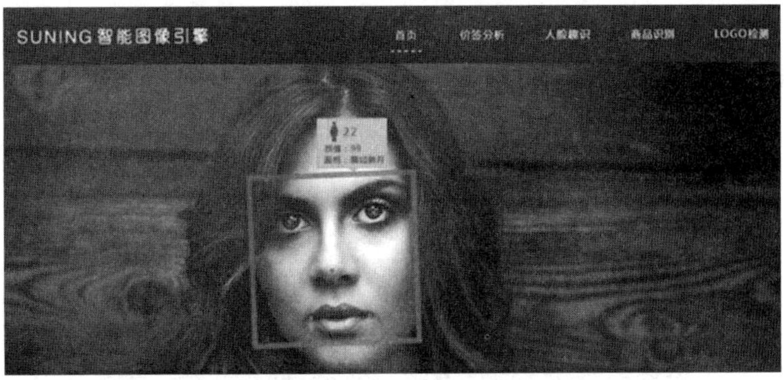

图10-24　SUNING智能图像引擎

数、客流成分组成、商品热区、顾客滞留分析等丰富的商业数据信息，进而为商业智能系统提供了数据保障，成效明显。

7.2.1　客流统计

门店监控客流统计方案如下：

（1）采用置顶数字摄像头；

（2）检测进入区域的人体；

（3）跟踪并确认有效客流。

图10-25为线下门店客流分析应用场景。

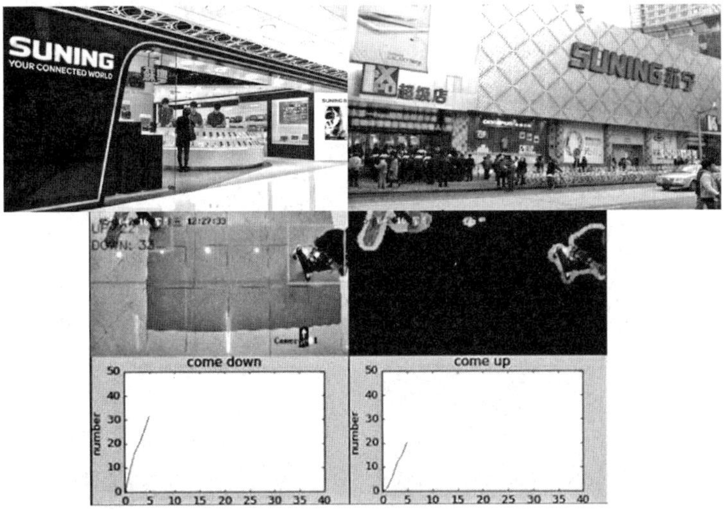

图10-25　线下门店客流分析应用场景

7.2.2　人脸分析

智能门店监控的人脸分析方案如下：

（1）利用特征点有效地跟踪人脸态势，利用正面人脸进行去重分析；

（2）深度神经网络分析年龄及性别。

图10-26为人脸分析的实际应用场景。

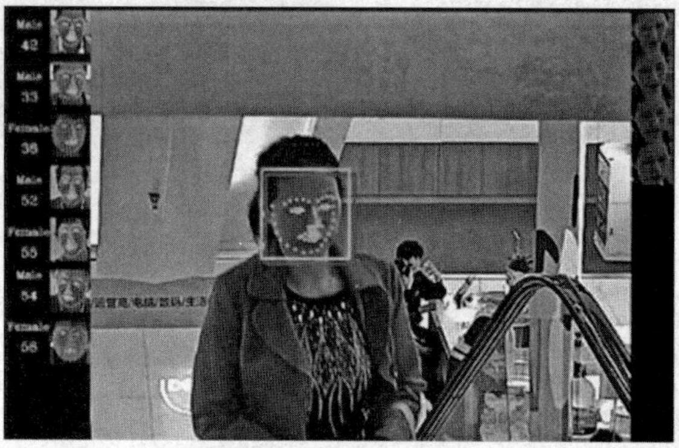

图10-26　人脸分析的实际应用场景

7.2.3　顾客行为分析

智能门店监控的顾客行为分析方案如下：

（1）对于置顶或偏置摄像头，都能够有效地获取商品热力图；

（2）对顾客进行去重和滞留分析，能够最大限度地抑制销售员的影响；

（3）进一步分析顾客与销售员的行为。

图10-27为顾客行为分析场景。

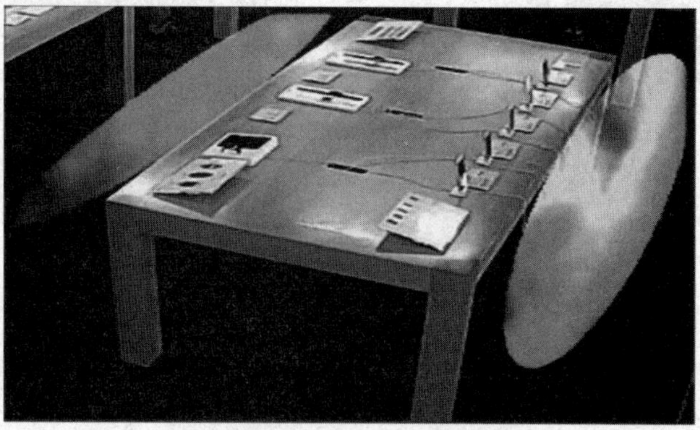

图10-27　顾客行为分析场景

7.2.4 拍照购

拍照购以商品识别算法和图像检索系统为基础，利用深度神经网络强大的表达能力，抽取图像中商品的有效特征，并结合文本识别的结果，获取高相关度商品的推荐结果。拍照购具有以下主要特点：

（1）支持广泛品类的商品识别；

（2）与文本识别相结合；

（3）具有较快的识别与检索速度，能获得相关性较高的返回结果。

图10-28为拍照购的实际应用示例。

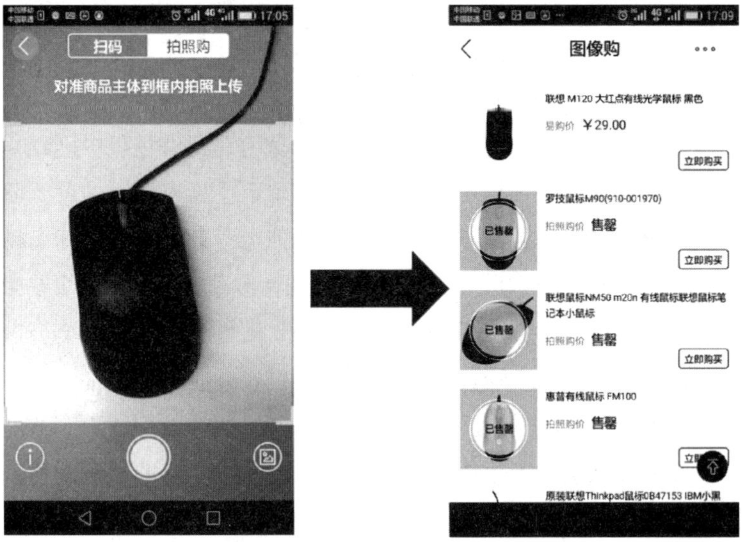

图10-28 拍照购的实际应用示例

8 案例评析

苏宁易购作为全国零售行业的领军企业，曾经是典型的线下实体零售企业，主要依靠人海战术实现销售员与顾客面对面的沟通。在汹涌而来的互联网驱动的电子商务发展大潮面前，苏宁易购敢为人先，直面挑战，变被动为主动，实现从“+互联网”到“互联网+”的顺利转型，成为我国大型零售商成功转型的典范。在过去多年互联网转型的探索中，苏宁易购借助大数据分析、云计算技术，共同建立C2B反向驱动的供应链管理能力，引领设计、制造和订单供应，带动上游产业的升级发展。目前，苏宁易购已拥有5000多名专业的IT研发与运维人员，建立了从前台产品、后台运营、内部管理一体化的信息化体系，实现了商品、供应链、金融支付、物流服务、市场推广等全流程实时、在线管理，在国内商业流通领域占据领先地位。按照计划，苏宁易购的IT研发人员的数量将逐步拓展到1万名，使其真正成为技术驱动、以商业零售为主体、其他相关业务齐驾并驱的巨型企业。回顾这些年苏宁易购所走过的不平凡的道路，以下四个方面值得兄弟企业学习、参考和借鉴：

第一，企业高层对发展大数据的决心和意志至关重要。苏宁易购的创始人张近东强调，“互联网零售时代，IT体系必须从后台走向前台，冲在一线，直面市场、直面需求。只有将我们27年来积累的行业经验用信息技术展现给消费者，将复杂的公式、模型、算法，变成贴心、便捷的体验，这样才能打动消费者，拴住他们的心”。可以想象，没有创始人的高瞻远瞩和强力推动，苏宁易购的IT建设和大数据发展是不可能取得今天这样的成就的。

第二，将数据作为业务增长的发动机。苏宁易购在发展过程中已经积累了海量的数据，这些都是互联网时代的生产资料，是推动企业高速发展的重要驱动力，苏宁易购强化数据驱动经营，致力于从数据化运营到运营数据转变。苏宁易购认为，大数据驱动的C2B反向定制将会是引领供给侧结构性改革的新机遇，更是未来零售业发展的新机遇。有鉴于此，苏宁易购打造了众筹、预售、闪拍、大聚会以及闪购等营销产品，覆盖了商品的全生命周期，就是希望更好地通过零售平台的作用，反向推动供给侧结构性改革。

第三，加快实现从流量思维向数据思维的转变。苏宁易购是国内实现O2O转型的超大型零售服务商，线上线下的巨大流量曾经是其实现互联网转型的重要法宝。但是，在大数据时代来临之际，传统的流量思维虽然“吸水”能力很强，但是“蓄水”能力严重不足，已经无法有效地满足顾客对个性化、专业化和精准化的需求，必须树立起“既能‘吸水’，又能‘储水’，同时还能‘造水’”的“数据思维”，将数据看作是新商业时代无可替代的“生产力”，真正成为企业竞争力之源、发展力之本。

第四，促进社交化运营和人性化服务融合创新。社交化运营是大数据时代对商业服务提出的新要求，通过社交化运营拉近与顾客的关系，与顾客建立起更加紧密的联系和更为深入的信任，形成长期、可持续、稳定的商业纽带。与此同时，人性化服务是苏宁易购线下门店的固有优势，苏宁易购不断地强化自身优势，并结合O2O发展的需要，进一步优化人性化服务的内涵和外延，提升服务的水平和质量，更好地满足顾客的服务需求。

不可否认，苏宁易购在大数据的发展道路上已经取得了可喜的进展，但前路漫漫、迷雾重重，需要在新的挑战面前寻求新的突破，不断地开创并引领发展的新局面。

案例 参考资料

[1] 乔新亮. 传统企业如何转型互联网？苏宁六年技术架构的演进总结[EB/OL].[2016-12-19]. http://www.sohu.com/a/121931753_355140.
[2] 苏宁易购. 苏宁图像智能分析平台及实践[EB/OL].[2017-07-15]. http://www.chinacloud.cn/show.aspx? id=25070&cid=13.
[3] 王富平. 数据平台实时化实践[EB/OL].[2017-07-15]. http://www.infoq.com/cn/presentations/ real-time-data-platform.
[4] 王志强. 苏宁云商的大数据平台架构[EB/OL].[2015-07-25]. http://www.infoq.com/cn/presentations/real-time-data-platform.
[5] 王卓伟. 10亿级海量数据运算下，Apache Spark的四个技术应用实践[EB/OL].[2017-07-10]. http://www.sohu.com/a/155979384_463994.
[6] 薛洪言，等. 2017年中国互联网消费金融发展报告及展望[EB/OL].[2017-05-17]. http://master.10jqka.com.cn/20170517/c598598195.shtml.
[7] 俞恺. Spark Streaming在苏宁物流天眼全程监控系统中的应用[EB/OL].[2017-03-27]. http://download.csdn.net/detail/csbylijianbo/9795332.
[8] 张近东. 运用大数据让智慧零售精准匹配[N]. 重庆商报，2017-03-10.
[9] 张毅. 流式计算在苏宁的发展历程[EB/OL].[2016-09-26]. http://files.meetup.com/18743046/ streaming_suning.pdf.

案例11

携程大数据应用案例

旅游业涉及“食、住、行、游、购、娱”六大要素，对国民经济的100多个行业具有关联带动作用，既是扩内需、保增长、促就业的永续发展产业，也是平衡国际收支、减少贸易摩擦、重新分配国内收入、平衡地区和城乡差别的经济支撑产业，同时还是推动资源枯竭城市可持续发展的转型产业，我国的旅游业已融入经济和社会发展全局，正成为国民经济战略性支柱产业。旅游业是典型的数据密集型的行业，大数据在旅游行业有着得天独厚的用武之地，两者的融合代表了传统旅游业转型升级的基本方向。携程旅行网（以下简称“携程”）作为国内领先的在线旅游服务提供商，是大数据应用的开拓者和践行者，在多年的发展实践中取得了可喜的成绩，成为行业的典范。

1 案例背景

携程（英文名为“CTRIP”）创立于1999年，总部设在上海。当初由在美国接受教育并且工作多年的沈南鹏、梁建章与接触过国外文化的民营企业家季琦、国营企业管理者范敏（人称“携程四君子”）共同组成的创业团队创办而成，季琦任总裁，梁建章任首席执行官，沈南鹏任首席财务官，范敏任执行副总裁。从创立至今，四个创业者如同接力赛一般，在企业发展的不同阶段分别领跑，各自发挥所长，实现优势互补，将携程打造成了世界上最大的在线旅游公司之一。携程现有员工3万余人，在全球200个国家和地区与近80万家酒店建立了长期稳定的合作关系，其机票预订网络已覆盖了国际国内绝大多数航线。携程成功地整合了高科技与传统旅游业，向近3亿会员提供集无线应用、酒店预订、机票预订、旅游度假、商旅管理及旅游资讯在内的全方位旅行服务，被誉为互联网和传统旅游无缝结合的典范。2003年12月，携程在美国纳斯达克成功上市，目前是全球市值位居前三位的在线旅游服务提供商。

携程的经营理念是：秉承“以客户为中心”的原则，以团队间紧密无缝的合作机制，以一丝不苟的敬业精神、真实诚信的合作理念，建立多赢的伙伴式合作体系，从而共同创造最大价值。这一理念以其英文名称“CTRIP”得到进一步的诠释：

（1）Customer——客户，以客户为中心；

（2）Teamwork——团队，紧密无缝的合作机制；

（3）Respect——敬业，一丝不苟的敬业精神；

（4）Integrity——诚信，真实诚信的合作理念；

（5）Partner——伙伴，伙伴式共赢合作体系。

携程的各级管理团队在资源合作、管理技能和业务经验等方面具有独特的优势：高层管理团队集合了美国、瑞士和中国的IT业、旅游业及金融业多年业务运作与管理的经验；而中层管理团队则汇集了中国IT业、酒店业、航空代理业及旅游业的精英人才，团队间紧密无缝的合作为企业健康、快速和可持续的发展提供了保障。目前，携程作为一个以旅游服务为核心产业的集团型企业，其集团成员包括：

（1）途风网：国内现有美洲旅游第一品牌。

（2）台湾易游网：总部位于台北，台湾地区线上旅游的领先者。

（3）众荟信息：国内首个酒店业全数据平台，以“渠道+PMS[①]+大数据挖掘”的创新模式，融合酒店行业大数据以及云计算技术，为智慧酒店建设提供全方位解决方案。

（4）香港永安旅游：香港旅游业界首屈一指的旅行社，服务网络遍布香港岛、九龙半岛及新界。

（5）铁友网：以互联网为平台，高效整合线下火车票务服务、物流服务和在线票务信息咨询服务，独创全国火车票在线代购一站式服务业务。

（6）途家网：一家高品质度假公寓预订平台，提供旅游地度假公寓的在线搜索、查询和交易服务。

（7）鸿鹄逸游：携程旗下顶级旅游品牌，针对高净值人群提供高端旅行线路。

携程是世界级的在线旅游服务提供商，数据既是携程业务运营的“血液”，也

① PMS的英文全称是Property Management System，是指物业管理系统。

是其发展壮大的关键性资源。从一定程度上可以说，携程是一家以数据为驱动力、以大数据资源和大数据技术应用为竞争力的在线旅游服务提供商。

2 数据管理

携程有着十分广泛的数据来源，在多年的发展实践中不断地探索出适合自身发展的数据管理模式，形成了一套较为科学的数据管理体系。

2.1 数据构成

携程的业务覆盖范围很广，自身产生了近乎海量的数据量，数据的来源主要包括业务数据、网站性能数据、用户行为数据以及爬虫数据等。

（1）业务数据，涵盖支付数据、订单数据、酒店维表等，日均2亿页面的浏览量。

（2）网站性能数据，包括性能日志、加载时长、测试Log等，数据量约为每日2T。

（3）用户行为数据，包括浏览量/独立访问量、展示数据、点击数据等，来自集群的500个节点。

（4）爬虫数据，来自上亿注册用户的数据，包括房态数据、天气数据、网页数据等。

以上四个方面的数据来源为携程大数据的开发和利用提供了有源之水，为更好地发挥大数据的价值奠定了基础。

2.2 数据类型

携程所获得的数据主要分为结构化数据以及半结构化/非结构化数据两大类。

2.2.1 结构化数据

结构化数据主要是指携程各业务线与交易相关的数据，具体包括：

（1）订单数据，包括酒店、景点、团队游、自由行、门票、景点加酒店、游轮等订单数据；

（2）产品维表数据，包括酒店、景点团队游、自由行、门票、景点加酒店、游轮等具体产品的数据；

（3）基础数据表，包括城市、车站、机场、码头等数据。

结构化数据基本都是“T+1”非实时数据，每天通过各业务单元的生产表来拉取数据。

2.2.2 半结构化/非结构化数据

半结构化数据是指携程用户的访问行为数据、评论数据和外部数据等，具体表现形式如下：

（1）用户访问行为数据，包括浏览、搜索、预订、下单状态、订单完成相关数据；

（2）评论数据，由用户提供的各类评论数据；

（3）外部数据，由外部合作伙伴以及其他来源提供的数据。

半结构化数据一般由前端的采集框架实时采集，然后下发到后端的收集服务，由收集服务写入到Hermes消息队列，最后到Hadoop上面进行长期存储。用户评论数据以及外部合作渠道的数据均属于非结构化数据，一般都为非实时的，需要根据特定要求进行加工处理。

2.3 数据采集

为了充分适应移动互联网快速发展的形势，携程针对传统用户数据采集系统在实时性、吞吐量、终端覆盖率等方面的不足，分析了在移动互联网流量剧增的背景下用户数据采集系统的需求，研究在多种访问终端和多种网络类型的场景下用户数据实时、高效采集的方法，并在此基础上设计和实现实时、有序和健壮的用户数据采集系统。这一系统基于Java NIO网络通信框架（Netty）和分布式消息队列（Kafka）存储框架实现的，具有实时、高吞吐、通用性好等优点。整个数据采集分析平台的系统架构如图11-1所示。

如图11-1所示，携程数据采集分析平台包括以下五个环节：

（1）客户端数据采集SDK分成PC、安卓和苹果三种类型，以Http/Tcp/Udp协议根据不同的网络环境按照一定的策略将数据发送到Mechanic（UBT-Collector）服务器。

（2）Mechanic（UBT-Collector）系统对采集的数据进行一系列处理之后将数据异步写入Hermes（Kafka）分布式消息队列系统，具体包括数据分类、数据解压、数据解密、数据抽取、灾备存储和建模服务等。

（3）进入消息队列后，业务服务器获取由客户端SDK统一生成的用户标识（C-GUID），然后将用户业务操作埋点、日志信息以异步方式写入Hermes（Kafka）队列。

（4）数据消费分析平台从Hermes（Kafka）中消费采集数据，进行数据实时或离线分析。

（5）Mechanic（UBT-Collector）系统对采集数据和自身系统进行监控，监控信息先写入HBase集群，然后通过Dashboard界面进行实时监控。

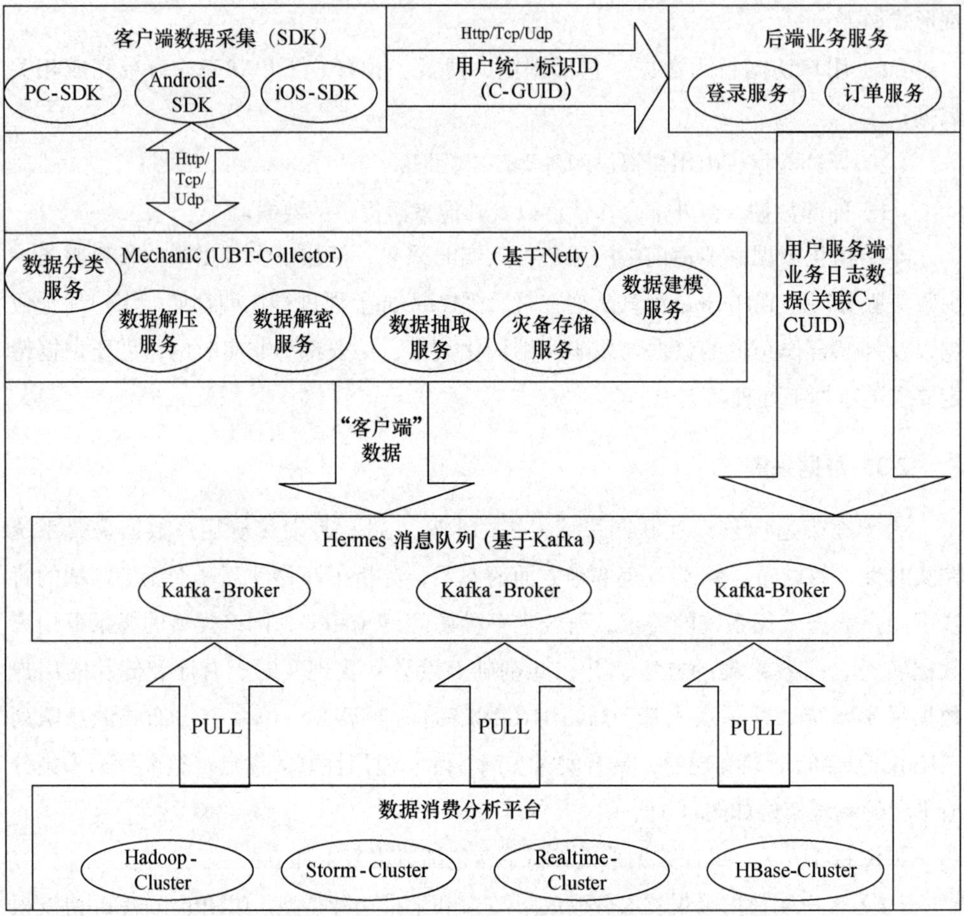

图11-1　携程数据采集分析平台的系统架构

2.4　数据存储

在数据存储方面，携程采用了基于携程分布式消息中间件Hermes的数据存储方案，Hermes是基于开源的消息中间件Kafka且由携程自主设计研发的，其整体架构如图11-2所示。

如图11-2所示，Hermes消息队列存储有以下三种类型：

（1）MySQL适用于消息量中等及以下，对消息治理有较高要求的场景；

（2）Kafka适用于消息量大的场景；

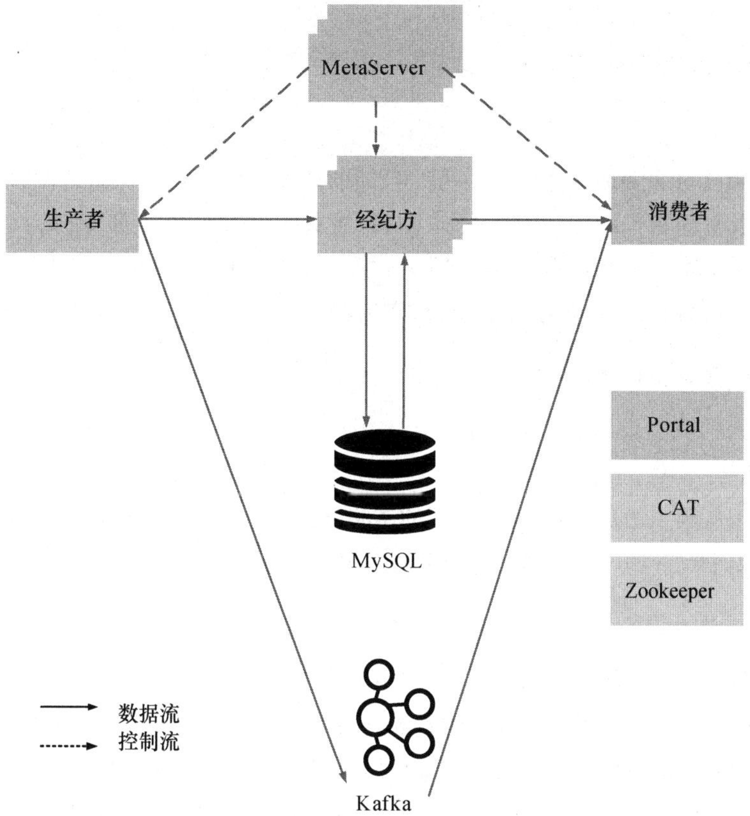

图11-2　Hermes消息队列的整体架构

（3）经纪方分布式文件存储（扩展Kafka、定制存储功能）。

由于数据采集服务的消息量非常大，所以采集数据需要存储到Kafka中，Kafka是一种分布式的，基于发布/订阅的消息系统，它能满足采集服务高吞吐量、高并发和实时数据分析的要求。

2.5　数据分析产品

基于实时采集到的用户数据和系统监控数据，携程开发出了一套相关的数据分析产品，应用较多的数据分析产品如下：

2.5.1　单用户浏览跟踪

单用户浏览跟踪主要用于实时跟踪用户的浏览记录，帮助产品优化页面访问流程，帮助用户排障定位问题。根据用户在客户端上的唯一标识ID（手机号、电子邮件、注册用户名等）查询此用户在某一时间段顺序浏览过的页面和每个页面的访问时间，以及页面停留时长等信息。

2.5.2 页面转化率

页面转化率主要用于实时查看各个页面的访问量和转化情况，帮助分析页面用户体验以及页面布局问题。一般根据用户配置页面浏览路径查询某个时间段各个页面的转化率情况。例如，有1.4万个用户进入A页面，下一步有1400个用户进入下一个B页面，这样可以推算出B页面的转化率为10%左右。

2.5.3 用户访问流

用户访问流主要用于了解每个页面的相对用户量、各个页面间的相对流量和退出率，了解各维度下页面的相对流量。当用户选择查询维度和时间段进行查询时，就能获取应用从第一个页面到第n个页面的访问路径中，每个页面的访问量和独立用户会话数、每个页面的用户流向、每个页面的用户流失量等信息。

2.5.4 热力图点击

热力图点击主要用于发现用户经常点击的模块或者区域，以判断用户的喜好，分析页面中哪些区域或者模块有较高的有效点击数从而开展A/B测试，通过比较不同页面的点击分布情况可以帮助改进页面交互和用户体验。点击热力图查看工具包括Web端和App端，统计的指标包括原始点击数、页面浏览点击数和独立访客点击数等。

2.5.5 采集数据验证测试

采集数据验证测试主要用于快速测试能否正常采集数据、数据量是否正常、采集的数据是否满足需求等。用户使用携程App扫描工具页面的二维码获取用户标识信息，之后正常使用携程App的过程中能实时地将采集到的数据分类展示在工具页面中，并对数据进行对比测试验证。

2.5.6 系统性能报表

系统性能报表主要用于监控系统各业务服务调用性能（如SOA服务、RPC调用等）、页面加载性能、App启动时间、LBS[①]定位服务、Native-Crash占比、JavaScript错误占比等，按小时统计各服务调用耗时、成功率、调用次数等报表信息。基于前端多平台数据采集SDK的丰富的自动化埋点数据，可以对数据、用户和系统三个方面进行多维度立体的分析，服务于系统产品和用户体验、用户留存、转换率及吸引新用户。

---

① LBS的英文全称是Location Based Services，是指基于位置的服务。

3 实时大数据平台

随着业务量的快速扩张，携程对大数据平台建设的需求强烈，经过深入调研后，携程确立了建设适合自身发展需求的“实时大数据平台”的目标，并予以大力推进建设和应用。

3.1 业务痛点

携程作为一家不拥有实体酒店的在线旅游服务提供商，数据业务涉及的业务部门多、形态差别大，尤其是酒店和机票两大业务单元有近20个子业务单元和公共部门，不仅业务复杂，而且变化速度非常快，在经营过程中面临以下多方面的业务痛点：

（1）业务逻辑日益繁杂：基础业务研发部需要支撑起企业数十条业务线，给数据管理带来了很大的困难。

（2）业务需求的急速增长：访问请求的并发量激增，仅2016年一年中业务部门的服务日均请求量激增了数倍。

（3）业务数据来源多样化、异构化：接入的业务线、合作公司的数据源越来越多，数据结构由以前的数据库结构化数据整合转为Hive表、评论文本数据、日志数据、天气数据、网页数据等多元化异构数据。

（4）技术开发力量无法满足需求：业务的高速发展和频繁迭代，对技术开发提出了极高的要求，技术人员的数量和整体能力无法得到保证。

（5）内部管理滞后：企业内部在技术上五花八门，数据和信息共享不顺畅，缺少必要的配套设施，应用稳定性得不到保障。

面对这样的挑战，传统的应用架构显然已无法满足业务需求，必须采用实时大数据及新的高并发架构来解决以下技术难点：

（1）高访问并发：满足每天数亿次的访问请求。

（2）海量数据处理：每天处理TB级的增量数据、近百亿条的用户数据、上百万的产品数据。

（3）业务逻辑重构：采用复杂个性化算法和LBS算法，例如满足一个复杂用户的请求需要大量的计算和30次左右的SQL数据查询，降低了服务延时。

（4）高速迭代：面对OTA多业务线的个性化、Cross-Selling（交叉销售）、Up-Selling（向上销售）的需求，需满足提升转化率的迫切需求，同时减少研发成本。

3.2 平台需求

针对存在的业务痛点以及需要解决的技术难点，携程对建设统一的实时大数据平台提出了多个方面的需求：

（1）确保稳定：稳定性是任何平台和系统的生命线，对有着数亿用户和海量数据的携程而言尤为重要，可谓“稳定压倒一切”。

（2）全方位的配套设施：包括测试环境，上线、监控和报警等，以及数据处理相关的基础设施等。

（3）促进数据的共享：让数据在企业内部以及外部相关各方之间自由流动、充分共享。

（4）实现应用场景共享：企业内部不同的部门能对同一场景进行信息共享。比如，一个部门会受到另一个部门的一个实时分析场景的启发，在自己的业务领域内也可以做一些类似的应用。

（5）对服务及时响应：用户在开发、测试、上线及维护的整个过程都会遇到各种各样的问题，都需要得到及时的帮助和支持。

3.3 整体架构

在认识到需要解决的业务痛点和技术难点并明确平台建设需求后，携程确定了实时大数据平台的整体架构（如图11-3所示）。

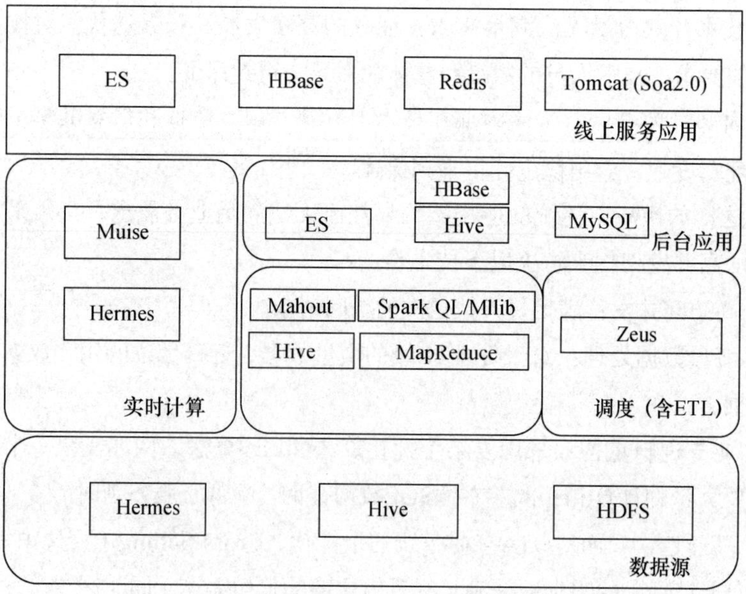

图11-3　实时大数据平台的整体架构

如图11-3所示，各组成模块说明如下：

3.3.1 数据源部分

数据源作为平台的数据主要来源，通过Hermes、Hive和HDFS三大工具实现：Hermes是携程框架部门提供的消息队列，应用于系统间实时数据传输交互通道；Hive 是基于Hadoop平台的数据仓库，底层所有的计算都是基于MapReduce来完成；HDFS是携程海量数据的主要存储系统，重点解决数据的存储问题。

3.3.2 离线部分

离线部分包括的模块有MapReduce、Hive、Mahout、Spark QL/Mllib[①]：其中，MapReduce是通过测量报告得到的大数据，为Hive数据仓库提供数据源；Mahout提供基于Hadoop平台进行数据挖掘的机器学习算法包；Spark提供基于内存的大数据并行批量处理平台；Spark QL和Spark Mllib是基于Spark平台的SQL查询引擎和数据挖掘相关算法框架。携程主要用Mahout和Spark Mllib三大工具进行数据挖掘，实现数据价值。

3.3.3 调度系统

调度系统通过Zeus来实现，Zeus是淘宝开源大数据平台调度系统，被携程引入后进行了相应的重构和功能升级，已成为携程实时大数据平台的作业调度平台。

3.3.4 实时计算部分

实时计算部分是基于Muise来实现近实时的计算场景，内部基于Storm实现与Hermes消息队列的搭配，实现实时识别出用户的行程意图等功能。

3.3.5 后台/线上应用部分

后台/线上应用部分集成了相关的各类工具：MySQL用于支撑后台系统的数据库；ES是一个基于Lucene的搜索服务器，提供了一个分布式多用户能力的全文搜索引擎，用于索引携程用户画像的数据；HBase用于后台报表可视化系统和线上服务的数据存储；Redis支持在线服务的高速缓存，用于缓存统计分析出来的热点数据；Tomcat是一个免费的开放源代码的Web 应用服务，是开发和调试JSP 程序的首选。

4 实时用户行为系统

实时用户行为系统是携程的基础服务，目前普遍应用在多个场景中，比如“猜你

① Mllib的英文全称是Machine Learning Library，是指机器学习库。

喜欢（携程的推荐系统）”“动态广告”以及浏览历史等，总体取得了不错的效果。

4.1 原有系统问题

旅行是一项综合性的需求，用户往往选择多个产品以供比较。作为一站式的旅行服务平台，向游客提供跨业务线的推荐，特别是实时推荐，往往能有效地满足用户的潜在需求，因此在上游提供打通各业务线之间的用户行为数据有很大的实际价值。携程原有的实时用户行为系统存在一些问题，包括：

（1）数据覆盖不全，无法反映用户需求的全貌；

（2）数据输出没有统一格式，对众多使用方而言提高了接入成本；

（3）日志处理模块是Web Service，难以支持多种数据处理策略和不方便扩容等。

伴随着近年来旅游市场的高速发展，数据量变得越来越大，并且会持续快速增长，有越来越多的使用需求需要满足，自然对系统的实时性、稳定性也提出了更高的要求。总的来说，原有需求对系统的实时性、可用性、性能及扩展性方面都有很高的要求。

4.2 新系统架构

为了适应新的形势，同时能解决相应的问题，携程启用了新的实时用户行为系统（如图11-4所示）。

如图11-4所示，在新的架构下，数据有两种流向，分别是处理流和输出流。

4.2.1 处理流

在处理流，行为日志会从三类客户端（App/Online/H5）上传到服务端的Collector Service（收集服务），然后将消息发送到分布式队列。数据处理模块由流计算框架完成，从分布式队列读出数据，处理之后把数据写入数据层（由分布式缓存和数据库集群组成）。

4.2.2 输出流

输出流相对简单，Web Service的后台会从数据层拉取数据，并输出给调用方，有的是内部服务调用（比如推荐系统），也有的是输出到前台（比如浏览历史）。

携程新的实时用户行为系统每天处理20亿左右的数据量，数据从上线到可用的时间在300毫秒左右，查询服务每天服务8000万次左右的请求，平均延迟在6毫秒左右，效果远远超越了原有的系统。

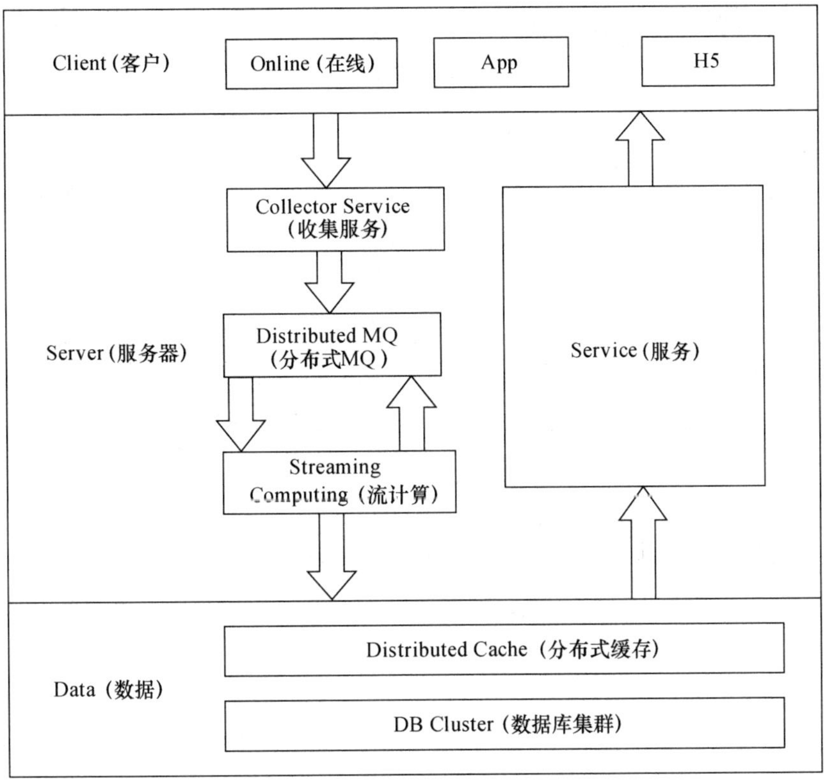

图11-4　实时用户行为系统的架构

5 大数据实时风控

携程作为国内在线旅游服务提供商的领头羊，每天都遭受着严酷的欺诈风险，个人银行卡被盗刷、账号被盗用、营销活动被恶意刷单、恶意抢占资源等时有发生。为此，携程充分利用大数据资源和技术，研发出基于规则引擎、实时模型计算、流式处理、MapReduce、大数据、数据挖掘和机器学习等技术的Aegis风险监控系统。这一系统拥有实时、准实时的风险决策和数据分析能力，为防范和控制风险起到了积极的作用。

5.1 系统架构

由于携程的业务种类非常丰富，而且每种业务都有其特性，因此必须有统一的风险控制系统，因此，Aegis风险监控系统应运而生。图11-5为Aegis风险监控系统的架构。

如图11-5所示，Aegis风险监控系统主要包括以下三大模块：

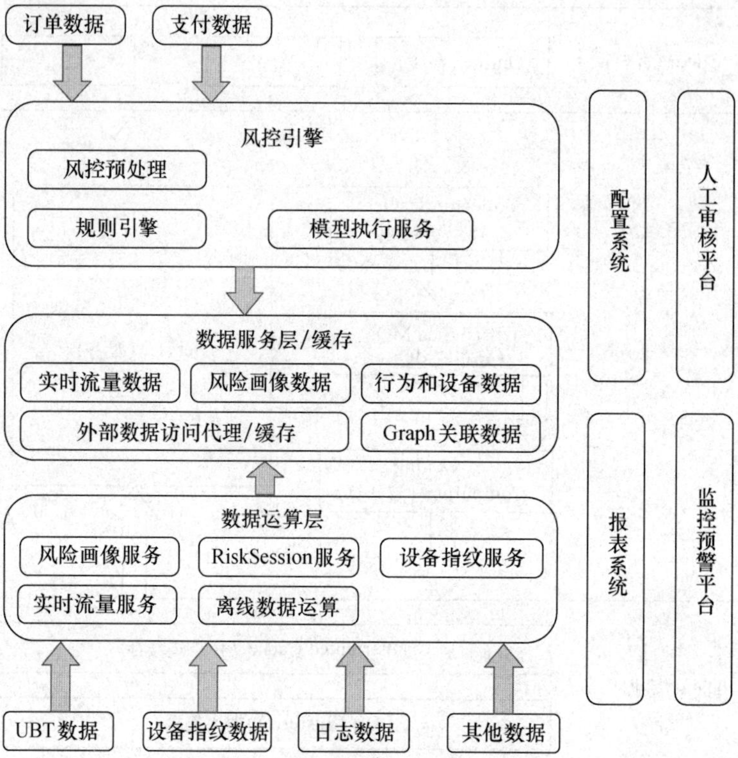

图11-5 Aegis风险监控系统的架构

5.1.1 风控引擎

风控引擎主要处理风控请求，有预处理、规则引擎和模型执行服务，其所需要的数据是由数据服务模块提供的。

5.1.2 数据服务

数据服务主要有实时流量数据、风险画像数据、行为和设备数据、外部数据访问代理/缓存和Graph关联数据等，数据访问层所提供的数据都是由数据计算层提供的。

5.1.3 数据运算

数据运算主要包括风险画像服务、RiskSession（风险度量）服务、设备指纹服务以及实时流量服务、离线数据运算，其所需数据来源主要是风控事件数据（订单数据、支付数据）以及各个系统获取的UBT[①]数据、设备指纹和日志数据等。

① UBT的英文全称是User Behavior Tracking，是指用户行为跟踪，俗称数据采集系统。

此外，Aegis风险监控系统还包括相应的人工审核平台、监控预警系统、配置系统以及报表系统等，是一个功能完整的风险监控体系。

5.2 规则引擎

携程Aegis风险监控系统的规则引擎需要实现以下三大功能：

（1）数据适配：Aegis风险监控系统的前端有一个适配器模块，把各个业务的数据都按照风险控制内部标准化配置进行转换，以适合风险控制系统使用。

（2）数据合并：将支付信息和订单信息等数据进行合并，以便规则、模型使用。

（3）数据预处理：在完成数据合并后就开始准备规则、模型所需要的变量和Tag数据，根据需要确定数据的优先级。

从实际需求出发，携程选择了开源Drools作为规则引擎：一是因为开源，方便进一步进行研发；二是可以使用Java语言，入门较为容易；三是功能足以满足需要。由于每个风控事件请求都需要执行数百个规则、模型，为此风控引擎引入了规则执行路径优化方法，建立起“并行+串行”“依赖+非依赖”关系的规则执行优化方法，然后再引入短路机制，使上千个规则的运行时间控制在100毫秒之内（如图11-6所示）。

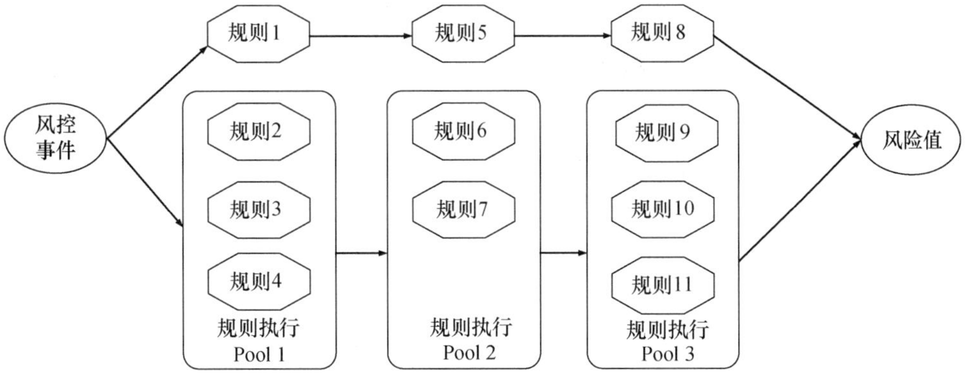

图11-6　规则引擎Drools示意图

Drools系统规则的灵活性非常强，制定、上线非常快，但是单个规则的覆盖率比较低，需要通过模型来优化。为此，Drools系统利用了规则、模型的各自特点进行互补，取得了良好的效果。

5.3 数据服务层

风控引擎预处理需要获取到非常多的变量和Tag，这些数据都是由数据访问层来提供的。数据服务层的主要功能是提供数据服务，主要使用Redis作为数据缓存区，重要、高频数据直接使用Redis作为持久层来使用。由于实时数据流量服务、风险画像数据服务的数据是直接存储在Redis中，其性能能够满足规则引擎的要求，而用作其他服务的数据需要通过数据访问代理服务来实现。

数据服务的基本思想是在该数据被规则调用前先调用第三方的服务，把数据保存到Redis中，当规则提出请求的时候就能够直接从Redis中读取，这样就能有效地达到数据响应的要求。以用户相关维度的数据为例，Aegis风险监控系统通过对用户日志的分析，可以侦测到哪些用户有登录、浏览、预订的操作，这样就可以预先把这些与用户相关的外部服务数据加载到Redis中，当规则、模型读取用户维度的外部服务数据时，先直接在Redis中读取，如果不存在然后再访问外部服务。

5.4 Chloro系统

Chloro系统是数据分析服务也是整个Aegis风险监控系统的核心，数据服务层所使用到的数据都是由Chloro系统计算后提供的，主要分析维度包括用户风险画像、用户社交关系网络、交易风险行为特性模型以及供应商风险模型等。图11-7为Chloro系统的架构。

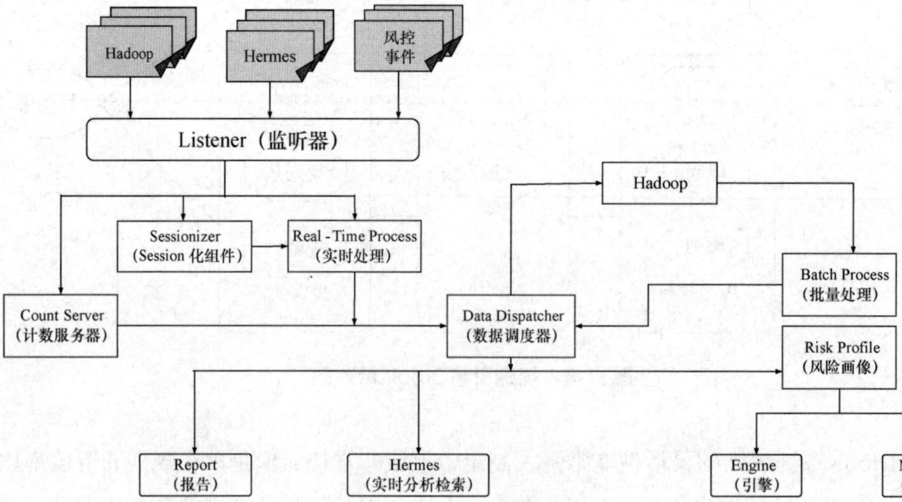

图11-7　Chloro系统的架构

如图11-7所示，数据来源主要有Hermes、Hadoop以及前端抛过来的各种风控事件数据，Listener（监听器）用来接收各类数据，然后数据进入Count Server（计数服务器）和 Real-Time Process（实时处理）系统。其中，Sessionizer模块可以快速进行归约Session处理，根据不同的Key归约成一个Session，然后再提交给实时处理系统进行处理。Real Time Process和Count Server数据处理的结果直接进入到Risk Profile（风险轮廓）提供给引擎和模型使用，而原始数据会写入到Hadoop集群。Batch Process（批量处理）就利用Hadoop集群的大数据处理能力，对离线数据进行处理，处理结果被发送给Data Dispatcher（数据调度器），由它进行数据路由。

Aegis风险监控系统通过比较用户信息（UID、手机号、电子邮箱）、设备信息（Fingerprint、ClientID、DeviceID等）来判断其是否是同一个用户，通过用户的浏览轨迹、历史轨迹来判断其行为相似度。比如，用户在PC端下单，然后在手机App里完成支付，这个对于Chloro系统是一个会话，称为“风控Session”，从而实现了对用户行为的量化和刻画。Chloro系统可以做到跨平台、多维度的判断，有利于更加全面、系统地分析用户的特征。图11-8为多维度风险分析数据源。

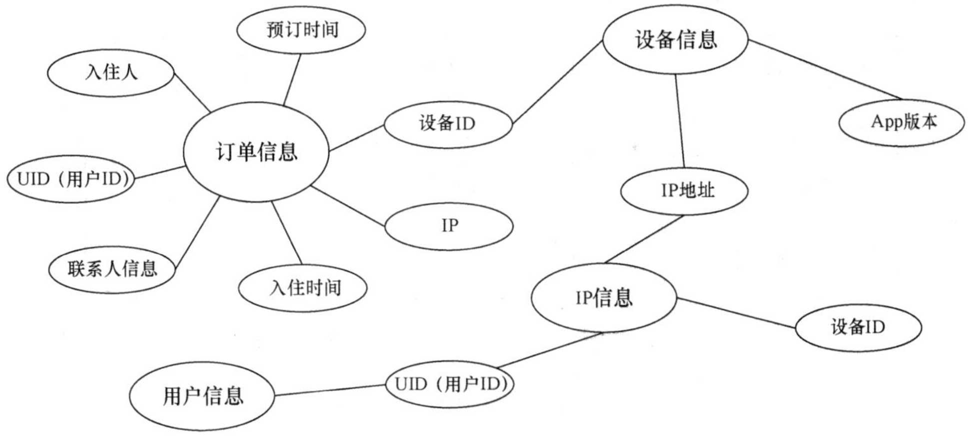

图11-8　多维度风险分析数据源

Chloro系统的一个核心思想是先创建各个维度的数据索引，然后根据索引值再进行内容的查找。目前，Aegis风控系统已经创建了十几个维度的快速索引，对风险控制起到了较好的作用。

6 用户画像

利用大数据对用户进行画像，并据此提供具有针对性的个性化服务，是大数据开发和利用的重要价值体现。携程通过对用户的地理位置、浏览行为和历史数据等进行画像分析，细化预测游客出行意图，做到“千人千面”的推送，既受到了用户的认可，又提升了企业服务的能力和水平。

6.1 系统架构

“根据个人的喜好推荐对应的产品”以及“推荐和目标客人特征相关度高的产品”是携程进行用户画像的初衷。携程希望根据用户的信息、订单、行为等推测出其喜好，然后在此基础上有针对性地提供具有个性化的产品和服务，以追求更好的用户体验，满足用户深层的需要。

6.1.1 产品架构

携程用户画像的产品架构大体可以分为注册、采集、计算、存储/查询和监控等多个环节。所有的用户画像都需要在“UserProfile（用户画像）平台”中进行注册，并由专人审核，审核通过的画像才可以在数据仓库中进行流转，之后通过用户的信息、订单、行为等进行信息采集。图11-9为用户画像系统的产品架构。

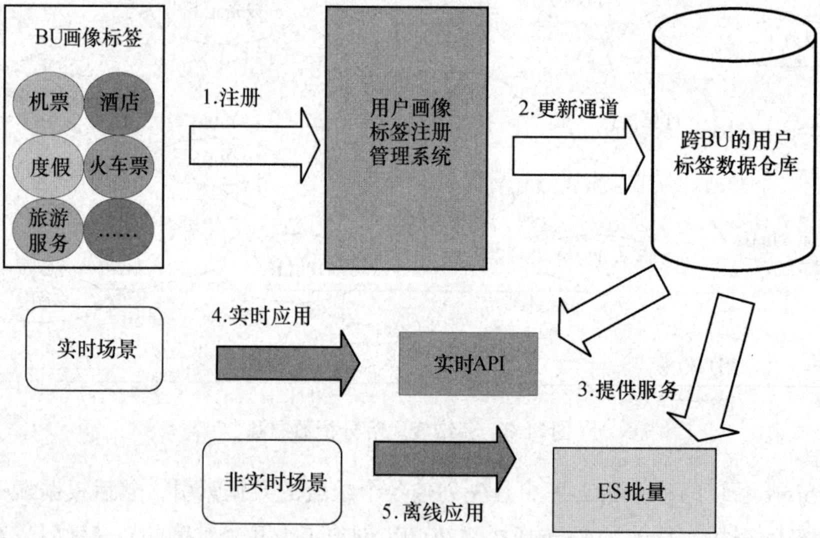

图11-9 用户画像系统的产品架构

信息收集的下一步是对画像的计算，携程有专人制定计算公式、算法、模型，而计算分为批量（非实时）和流式（实时）两种，经过严密的计算，画像进入“画像仓库”中。而根据不同的使用场景，用户画像系统提供实时和批量两种查询API供各调用方使用，实时的服务侧重高可用，批量服务则侧重高吞吐；最后所有的画像都在监控平台中得到有效的监控和评估，以保证画像的准确性。

6.1.2 技术架构

携程作为一家规模巨大的在线旅游服务提供商，更强调松耦合、高内聚，实行的是BU（BusinessUnit，业务单元）化的管理模式。用户画像是一种跨BU的模型，各BU都可以贡献有价值的画像，基础部门也会根据BU的需要不断地制作新的画像。画像经过开源且经二次开发的DataX和Storm进入携程跨BU的UserProfile数据仓库。在仓库之上有Redis缓存层以保证数据的高可用，同时有实时和借助ElasticSearch两种方式的API供调用方使用。图11-10为用户画像系统的技术架构。

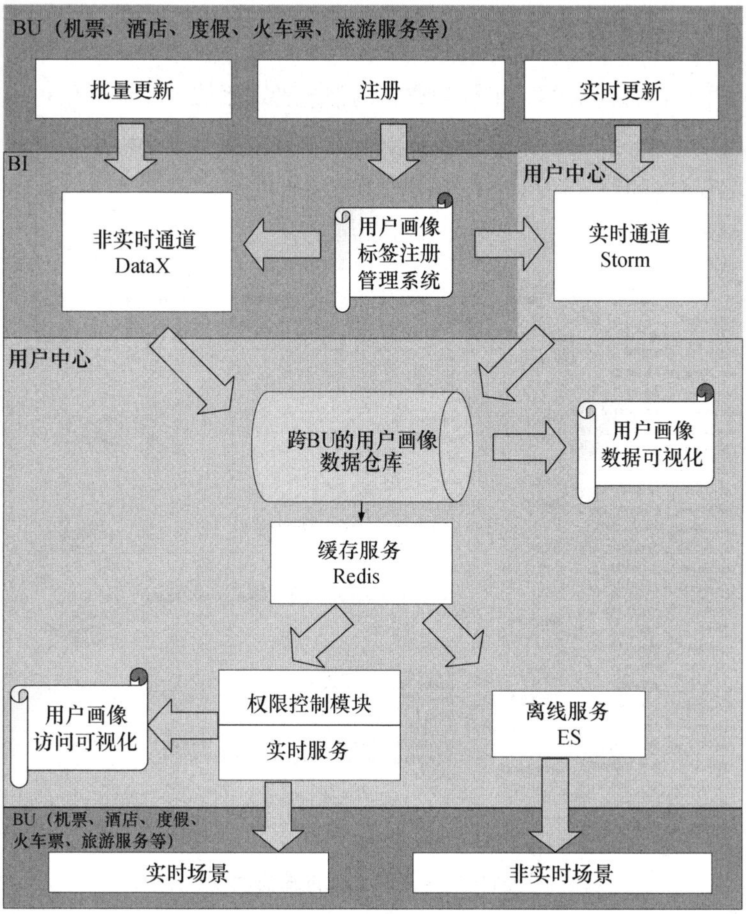

图11-10　用户画像系统的技术架构

这一架构包括以下关键点：

（1）有异步和实时两种通道满足不同场景、不同画像的需要。实时类画像一般采用实时计算方式，而复合类画像一般采用异步方式。

（2）整个用户画像由多个团队合作完成，内部强调专人专用，每个人做自己最适合的事。

（3）所有的API都是可降级、可熔断的，根据需要确定数据流量。

（4）由于用户画像极为敏感，出于数据安全的考虑，查询服务有严格的权限控制方案，所有的信息必须经过授权才可以访问。

（5）出于对用户画像准确性负责的目的，携程有专门的用户画像数据可视化平台，用于监控数据的一致性、可用性、正确性。

6.2 用户画像注册

携程的用户画像注册在一个较为典型的信息管理系统中完成，用户画像的数据提供方在这里申请，并由专人审核。在申请时，数据提供方必须填写画像的含义、计算方式以及可能的值等。图11-11为用户画像注册页面。

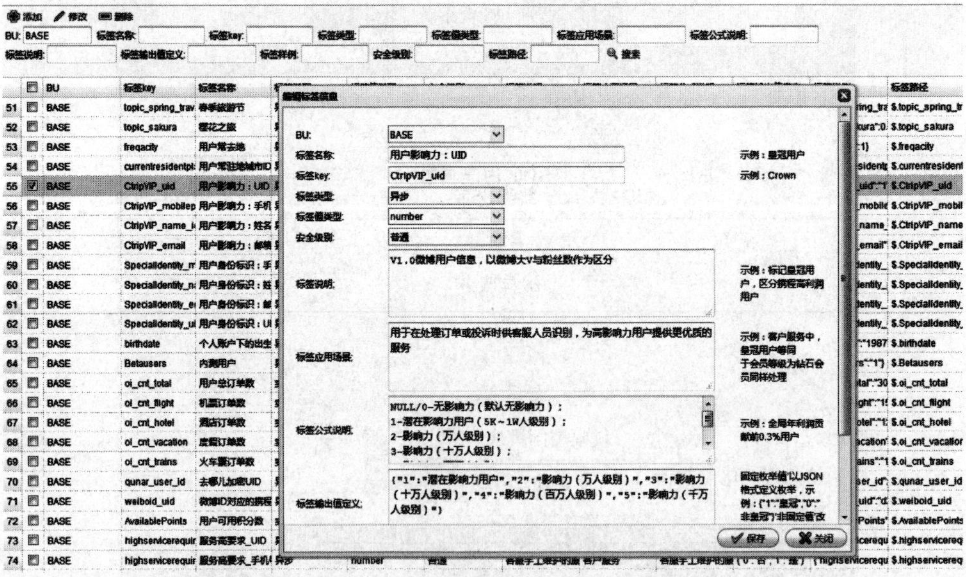

图11-11　用户画像注册页面

6.3 用户画像流程

基于大数据的用户画像具有一系列相互关联的流程，包括信息采集、画像计算、信息存储、高可用查询、监控和跟踪等多个环节。

6.3.1 信息采集

基础信息的采集是数据流转的前提，用户画像系统既要收集包括用户个人信息、用户出行信息、用户积分信息等用户个人信息，也要收集用户在App、网站、合作站点的行为信息，同时还要获取用户的订单信息、爬虫信息、手机App信息等。信息采集的覆盖面广泛，同时要能保证相应的精准度和时效性，为实际应用提供可靠的依据。图11-12为用户订单信息的采集流程。

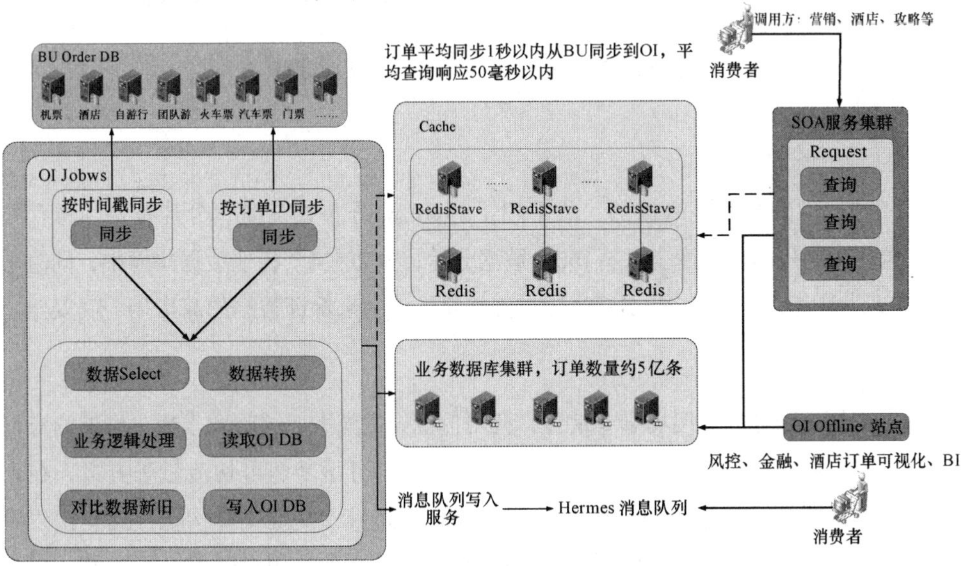

图11-12　用户订单信息的采集流程

6.3.2 画像计算

基础信息是海量的、无序的，不经加工没有实际的价值，只有面向用户画像的多维计算才能使数据产生应有的价值。携程的商务智能团队根据场景的需要制定规则和参数，确定相应的公式和模型，对采集的各类数据进行异步计算。对一些要求实时或对新鲜度要求比较高的计算需要采用Kafka+Storm的流式方案去实现。图11-13为UBT（用户行为跟踪）使用消息通道Hermes对接Kafka+Storm为用户画像提供的实时计算。

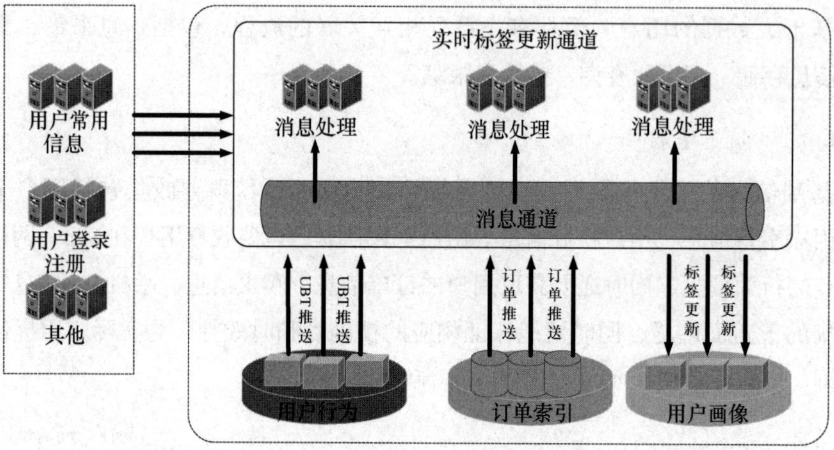

图11-13　基于UBT的用户画像实时计算

6.3.3　信息存储

用户画像的数据是海量的，故采用了Sharding分布式存储、分片技术、缓存技术。携程的用户画像仓库一共有160个数据分片，分布在4个物理数据集群中，同时采用跨IDC[①]热备、一主多备、SSD[②]等主流软硬件技术来保证数据的高可用、高安全。

6.3.4　高可用查询

由于用户画像的使用场景非常多，调用量也异常庞大，这就要求用户画像的查询服务一定要做到高可用，携程因此采用了自降级、可熔断、可切流量等方案，在仓库前端增加缓存，数据仓库和缓存的数据按照不同目的实现了异构化存储。携程要求所有的API响应时间低于250毫秒，用户画像实时服务采用自降级、可熔断、自短路等技术，服务平均响应时间控制在8毫秒，99%响应时间控制在11毫秒。

6.3.5　监控和跟踪

数据的准确性是衡量用户画像价值的关键指标，携程为此设置了多层监控平台，从多个维度衡量数据的准确性。比如，就用户消费能力这个画像，从用户等级、用户酒店星级、用户机票两舱等多个维度进行验证和纠偏，同时还要监控数据

① IDC的英文全称是Internet Data Center，是指互联网数据中心。

② SSD的英文全称是Solid State Disk，是指固态硬盘。

的环比和同比表现，若出现较大标准差、方差波动的数据，需要重新评估算法。

7 个性化推荐

利用大数据实现面向用户的个性化推荐服务是携程发展大数据的基本目标，携程在建立用户画像的基础上，开展了各类个性化的推荐，取得了比较好的效果。

7.1 系统架构

个性化推荐一方面取决于用户多方面的因素，需要为其提供具有针对性的方案，另一方面取决于市场可供推荐的产品和服务。携程个性化推荐系统通过在线、近线和离线三种方式向用户提供个性化推荐，图11-14为个性化推荐的系统架构。

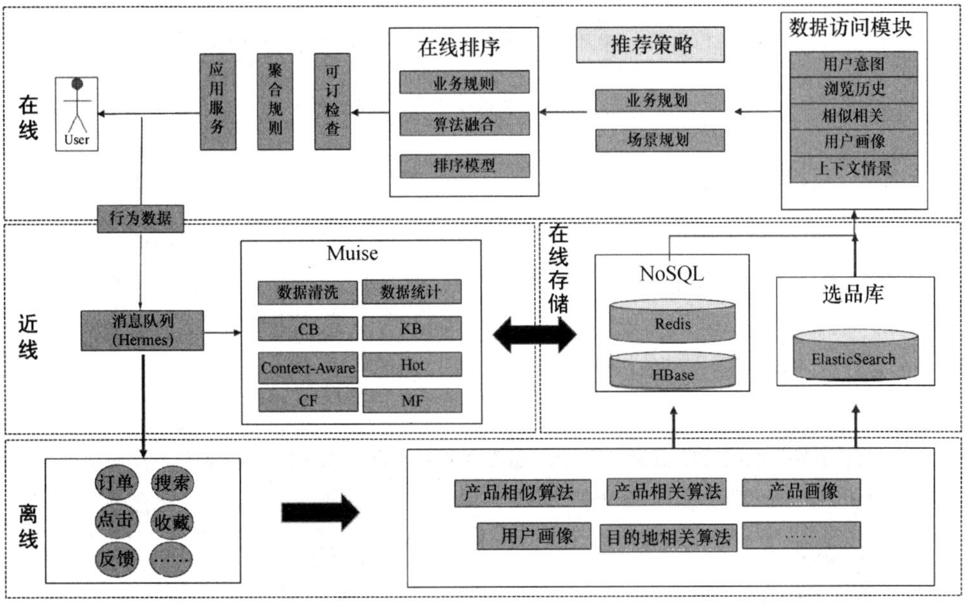

图11-14 个性化推荐的系统架构

如图11-14所示，在线推荐方式是通过数据访问模块确定推荐策略，根据业务规则和算法融合决定的排序模型进行在线排序，然后根据需要向用户在线推荐；近线推荐通过用户在线的行为数据，结合Muise分析所得到的结果，提供相应的推荐方案；离线推荐主要根据用户的各类历史数据，得出相应的产品算法，结合产品和用户画像以及目的地相关算法，向用户进行推荐。

7.2 个性化产品

携程提供的个性化产品覆盖行前、行中和行后全过程。行前提供个性化旅游产品的推荐，行中进行个性化LBS推荐和消息推送，行后向潜在用户提供UGC服务。携程推荐个性化产品的最终目标包括两个方面：一是在产品端实现精准匹配，有较高的性价比；二是在服务端能做到精益求精，为用户开启幸福旅程。个性化产品的构成如图11-15所示。

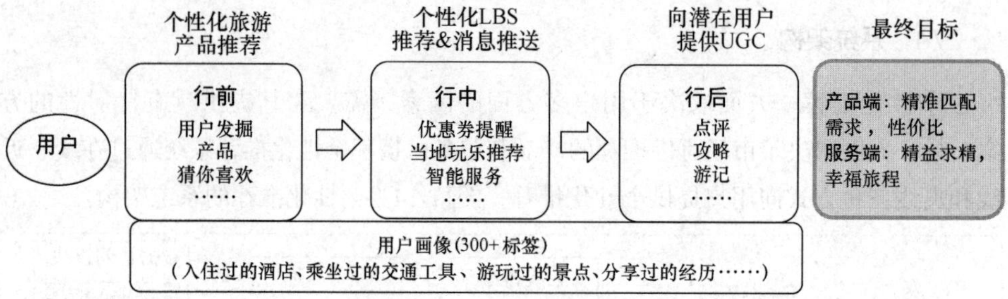

图11-15　个性化产品的构成

7.3 “鹰眼”项目

为了更好地为用户提供具有针对性的推荐服务，携程启动了“鹰眼”项目，目的是研究用户最新的浏览行为，以便能有针对性地进行推送。例如，携程首页的Banner广告位需要根据用户的访问进行动态的调整，真正做到用户喜欢什么就推送什么。图11-16为携程“鹰眼”Banner广告位。

图11-16　携程“鹰眼”Banner广告位

鹰眼系统在获得用户数据，并在利用数据服务个性化需求方面已发挥出越来越重要的作用，有效地提升了服务的精准性和时效性。

7.4 EDM

携程通过大数据的多维度分析，筛选出对目的地旅游产品感兴趣的目标客户群，然后通过电子邮件进行精准推送。图11-17为面向双人出境游的EDM（Email Direct Marketing，直邮营销）的实例。

图11-17　携程面向双人出境游的EDM的实例

7.5 实时意图推荐

根据用户的意图进行实时推荐，对用户而言更能接受，推荐的效果也更有保障。以张小姐为例，假设她的常驻地为西安，已订购广州的酒店，计划10月1日入住、10月6日离店，目前她正在南京开会，同时在多次浏览东京的旅游攻略。携程提供的实时意图推荐方案如图11-18所示。

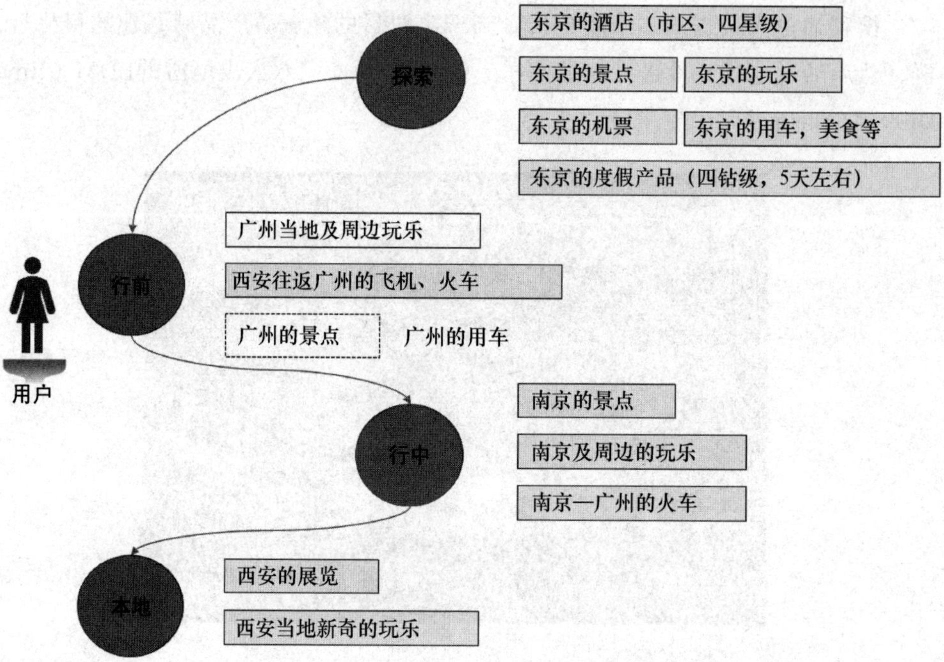

图11-18 携程提供的实时意图推荐方案

8 云端WAF

携程作为国内最大的在线旅游服务提供商，业务的安全和稳定具有压倒一切的地位。面对严峻而又复杂的安全挑战，携程通过实施基于云端的WAF（Web Application Firewall，Web应用防火墙），切实有效地保障了业务的安全，取得了较为满意的成效。

8.1 实施背景

携程在安全问题上存在着较为特殊的业务痛点，主要包括：

（1）业务安全需求：封禁恶意IP、封禁恶意扫描行为等。

（2）应用安全防护需求：SQL注入、XSS[①]跨站、本地文件包含、命令执行、敏感文件信息泄露等。

① XSS的英文全称是Cross Site Scription，是指跨站脚本攻击。

（3）应急响应需求：不能精确拦截、发布更新周期长、规则生效慢等。

面对这些业务痛点，如何在低成本和低风险的情况下给Web服务做好快速、精确的安全防护，是携程觉得十分棘手但又必须面对的现实难题。在已有的解决方案中，比较常见的是部署硬件WAF或者使用商业云WAF，但是这两个方案的实际可行性达不到要求：硬件WAF不但成本太高，而且无法做到分布式部署，所以无法选用；而商业云WAF由于企业服务器的操作系统种类繁多（如Ubuntu、CentOS6、Windows等）、Web服务器也超过5种（如Nginx、Tomcat、Apache、IIS等），加上有各种不同的编码语言，导致Web服务兼容性差而无法解决业务痛点。

8.2 解决方案

为了有效地解决业务痛点、克服技术障碍，携程最终选择的解决方案是做一个基于云的Web应用防火墙（WAF），这一方案的特色主要包括：

（1）采用集中式平台，客户端无须任何改变；

（2）仅需要DNS[①]解析指向；

（3）检测信息能充分实现共享。

在实际的开发过程中，遵循“闭环、落地”的原则来设计其中的一些功能点，规则源表现为以下四个方面：

（1）外部收集，内部整理；

（2）通过日志、流量运用规则做实时计算；

（3）将实时计算的结果进行分析；

（4）将误报率和漏报率低的规则策略发至线上。

将规则动态加载到一个基于Storm的实时计算流量的框架，通过把报警日志做离线分析后，统计出其中的漏报、误报，对偏差较大的规则进行修改优化后，加入规则中，这样就形成了一个闭环，在运营维护过程中，不断地去优化规则。

基于闭环设计的“部署”要求如下：

（1）结合Nginx，一行配置，无缝开启WAF；

（2）结合ngx_lua、luajit，实现核心高速检测逻辑；

（3）结合Load Balance，低成本部署产生高性能；

（4）REST API用于管理。

在日志处理方面，加入了监督式机器学习，用于进行误报判断。一个完整的闭

① DNS的英文全称是Domain Name System，是指域名系统。

环起始于日志收集，然后是参数优化并进行离线训练，将分类器分类的结果进行误报率和漏报率的统计计算，最终用于下一次的日志结果分类中（如图11-19所示）。

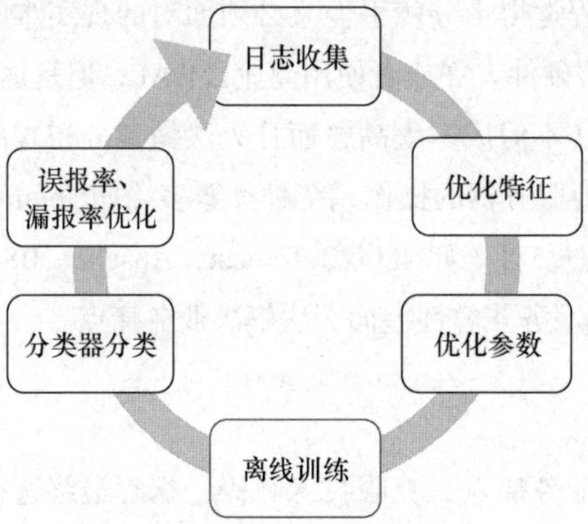

图11-19 日志处理闭环

8.3 构建实践

WAF简化后的逻辑架构如图11-20所示，数以十亿计的请求通过SLB[①]负载均衡后到达后端的各种集群的不同服务器上。在SLB层，通过Nginx配置加载WAF module，使得所有的流量均经过该module的逻辑判断，通过各种形式的规则策略决定是否对请求进行操作，包括拦截、跳转等。经过module过滤之后的请求，会被视为正常请求发送至后端。

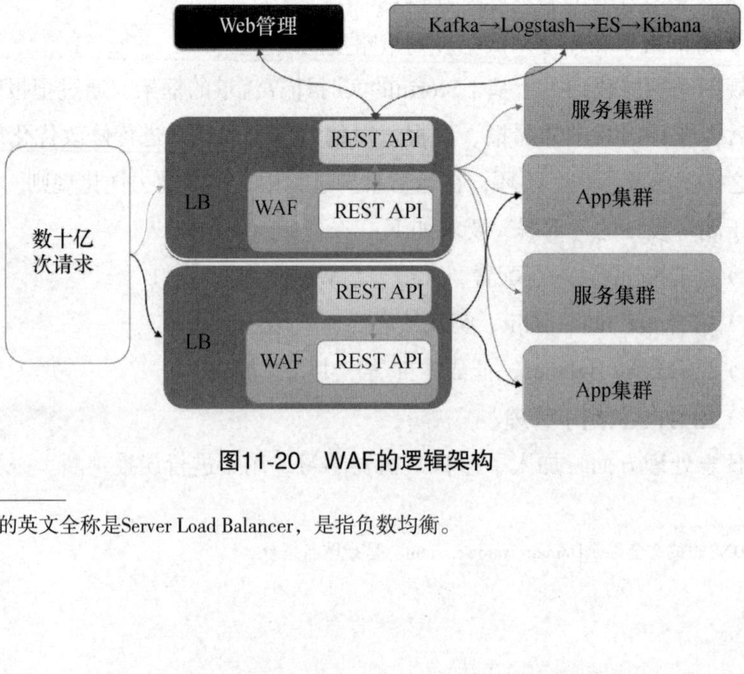

图11-20 WAF的逻辑架构

① SLB的英文全称是Server Load Balancer，是指负数均衡。

采用这一架构之后，无论是HTTP应用还是HTTPS应用，均可以直接接入WAF防御范围，而不用额外的配置，特别是SSL[①] 密钥配置。这一架构的主要特色体现如下：

（1）结合应用需求，对HTTPS友好；

（2）快速部署，规则策略秒级生效；

（3）引擎一键进入拦截，检测关闭模式；

（4）预留 REST API接口，可以有效配合风控、反爬虫；

（5）规则来源于Storm实时计算优化。

8.4 构建成效

WAF系统构建后取得了十分明显的成效，目前该系统每天处理数以十亿计的请求，每次耗时0.2毫秒左右，无论是请求规模还是响应效率均比过去有了根本性的提升。与此同时，WAF系统每天拦截百万次攻击，误报率低于千分之一，保护了成千上万种应用，为了更好地掌握动态安全的状况，WAF系统实现了3D的可视化（如图11-21所示）。

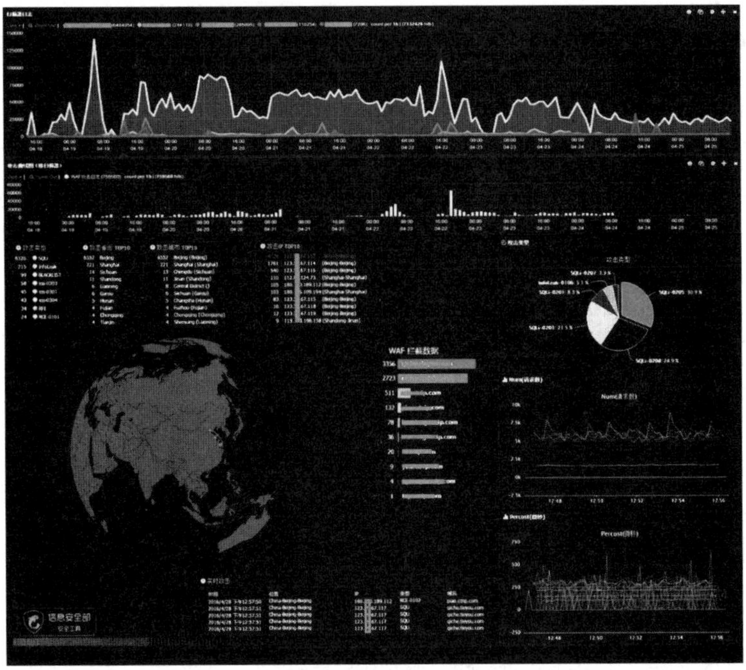

图11-21 WAF系统3D可视化

① SSL的英文全称是Secure Sockets Layer，是指安全套接层。

如图11-21所示，左下角的地球为攻击源的实时可视化，其中每条攻击曲线的两头分别是攻击源和被攻击点，颜色代表攻击类别，还分别列出了一些Top10的细节。而右边则主要展示的是WAF module的工作状态，包括每10秒所处理的请求数、每10秒所消耗的平均时延。

8.5 大数据分析

为了更主动、更有效地去分析、判断各种攻击行为，WAF系统在前置分析、接口提供和后置学习三个环节应用大数据进行分析。

8.5.1 前置分析

大数据应用前置分析，可以达到以下目的：

（1）基于Storm实现对流量实时计算；

（2）提供更为宽泛的规则策略；

（3）自动或手动与WAF联动。

图11-22为前置大数据分析的实例。

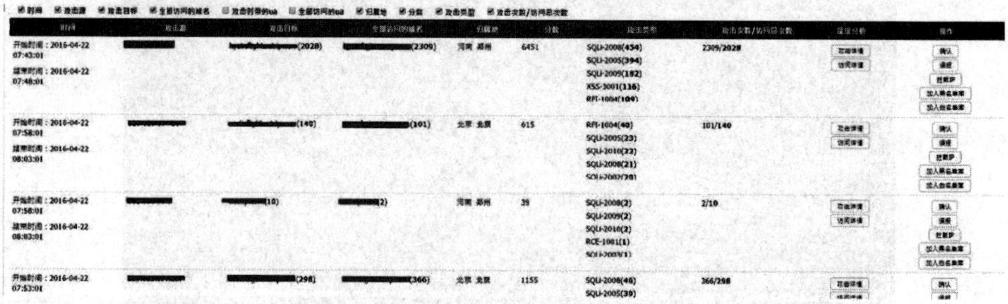

图11-22 前置大数据分析的实例

WAF系统通过交换机流量镜像的方式将流量镜像实现RabbitMQ，并通过Storm去消费。Storm除计算每条请求是否为攻击外，还会计算各种维度上的信息，总结出封堵的动态规则，发送至WAF module的REST接口，通过WAF来直接拦截，以防止一些漏报和攻击绕过。

8.5.2 接口提供

接口提供环节的大数据分析可以达到以下目的：

（1）支持动态规则，拦截基于IP、UA、UID等策略组合；

（2）支持静态规则，拦截基于参数、内容的Web攻击拦截；

（3）支持一键开启或关闭WAF，一键切换拦截、检测模式，一键Bypass；

（4）支持状态查询、规则下发、规则更新等功能。

图11-23为接口提供大数据分析的实例。

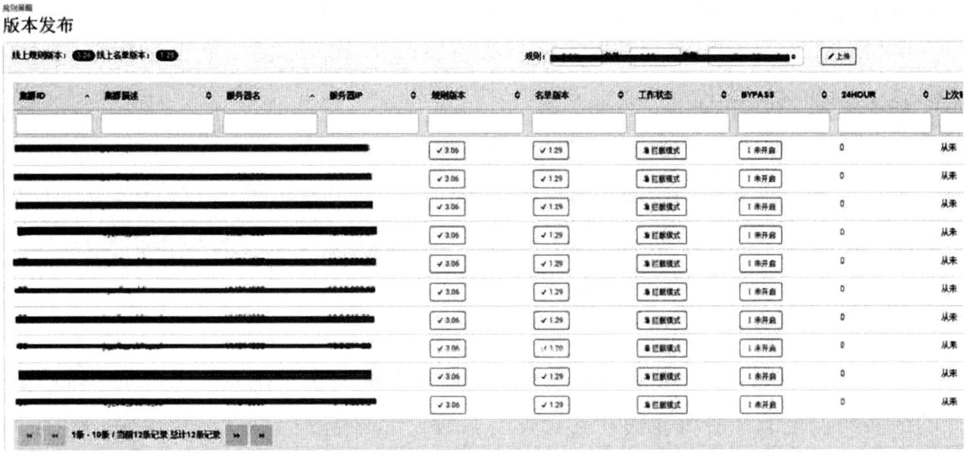

图11-23　接口提供大数据分析的实例

通过RESTful API接口，WAF系统实现了动态规则下发拦截，可以动态地进行一些封堵操作，以防止外部对WAF规则的绕过尝试。同样，系统还实现了静态规则的下发拦截，基本上是常见的Web攻击经大数据分析后的特征。

8.5.3　后置学习

后置学习中的大数据应用可以达到以下目的：

（1）针对WAF日志进行解析、分析、统计、学习；

（2）自动分析每日上百万条日志中的误报条目；

（3）人工确认结果作为训练数据输入。

图11-24为后置学习大数据分析流程。

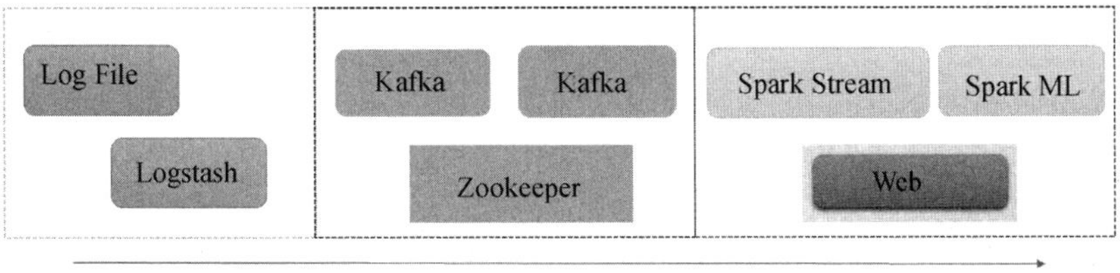

图11-24　后置学习大数据分析流程

对WAF日志进行处理和统计用到了Spark的Streaming和Mllib，主要的逻辑为解析日志、计算特征值，根据统计学的SVM（Support Vector Machines，支持向量机）算法进行分类，尝试找出其中的误报日志，输出到管理控制台进行人工确认，确认后的结果会再次作为训练数据去训练分类器。

9 旅游数据服务平台

携程作为国内领先的旅游大数据资源的拥有者和运营者，在服务自身业务需求的同时，还搭建了旅游数据服务平台，以进一步发挥旅游大数据的作用和价值。

9.1 平台的功能

我国的旅游业在进入快速发展期的同时也面临着很多的困难，尤其是传统旅游业的诸多痛点正制约着行业的发展壮大，如细分行业需要整体化运营发展、传统手段下监管和统一规划的难度过大、公众旅游需求多元化等。因此，我国传统旅游业需要一个具备全局性的大数据平台提供全方位的数据资源支持，携程旅游数据服务平台由此应运而生。

这一平台聚合了携程多项旅游行业数据，目标是成为国内最具有影响力的旅游业大数据服务平台。这一平台主要包括两个方面的功能：对内服务企业各业务线，满足自身业务对数据的全方位需求；对外服务各地的旅游企业、政府机关、中央部委及央地媒体，为旅游数据需求各方提供强有力的数据支撑。

携程的旅游数据服务平台聚合了企业内数据和旅游行业的相关数据，其基础平台核心技术每天能够处理150亿条数据、100TB的实时数据，运维了超大规模Hadoop集群，存储了数百PB的行业内数据。经过多年的积累，目前该平台已聚合了全球1800万旅游行业POI（Point of Interest，兴趣点），还包括超过300万条的团队游线路，超过1.5万条的单航线路，超过1亿张的旅游相关图片，超过2.5亿条的用户行为数据、订单数据和用户画像数据。

9.2 平台的价值

携程的旅游数据服务平台作为服务整个旅游行业的数据平台，在以下多个方面发挥了自身价值：

（1）提供个性化精准营销平台服务，在提升用户旅行导购体验的同时，也为各旅游企业提升数倍营销投资回报率；

（2）提供客流预测与预警服务，能有效地引导公众错峰出行，避开拥堵，并提升景区资源利用率；

（3）提供行业服务质量监管服务，有助于提升对地方旅游企业服务质量的监管技术和力度，及时制止恶性事件；

（4）引导公众选择优质的旅游服务，引导企业提升服务质量；

（5）提供景点竞品分析服务，促进各地旅游项目规划的合理布局，避免恶性竞争。

目前，该平台已经能够服务54类旅游场景，产生年化毛利润超过1亿元。携程对旅游数据服务平台利用数据数量、维度与广度，综合分析各类信息，借助大数据之手，实现了旅游者、景区和服务商三方共赢，共同推动旅游业向纵深发展。

10 案例评析

随着社会经济的快速发展和全球化的深入推进，旅游业已成长为世界经济中发展势头最为强劲和规模最大的产业之一。据世界旅游业理事会预计，到2020年，全球国际旅游消费收入将达到2万亿美元。与全球旅游发展形势相对应，我国的旅游业正进入重要的机遇期，正快速地从旅游大国向旅游强国迈进。携程作为我国领先的在线旅游服务提供商，有着广阔的发展前景和巨大的发展潜力。大数据作为携程发展壮大的重要法宝，已广泛深入应用到了企业业务发展的方方面面，从最为普通的数据报表到结合业务的复杂的机器学习的应用，从面向用户的一个小小的推荐到企业发展的重大决策，大数据已成为基本的依据，成为企业运营的“血液”和生产力的源泉。携程的发展带给我们以下四个方面的启示：

第一，发展大数据是促进企业转型升级的重要选择。携程从呼叫中心起家，拥有世界上最大的旅游业服务联络中心，服务规模化是携程的核心优势之一。如何利用大数据资源和技术助力客服人员更好地服务自己的客户，既是携程发展大数据的重要出发点，也是大数据价值体现的基本落脚点，大数据已成为携程广大客服人员打赢服务战的强大武器。目前，携程的客服电话平均接通时间从8秒缩短至2秒，平均服务时间从2分钟减少至1分钟，极大地改善了用户体验，并降低了成本，成效十分明显。

第二，大数据的资源整合和集成应用是大数据开发的重要保证。携程的业务面非常广泛，各条业务线有较强的独立性，如何利用统一建设的大数据平台实现各个业务条线的数据资源整合，促进数据的集成应用，关系到数据资源开发和利用的深度和广度，也是避免内部出现数据孤岛的有效举措。携程构建的统一大数据平台给各个业务部门开发自己相关的数据应用提供了强有力的技术保证，他们需要更多地关注业务逻辑的处理和分析，从而提高了数据开发的效率，进一步提升了数据的价值。

第三，树立数据“取之于用户，用之于用户”的理念。携程拥有近3亿的注册用户，庞大的用户群是其数据最可靠也是最广泛的来源。携程积极探索、利用数据，更好地把握用户需求的各种方式，尤其在用户画像方面取得了较大的突破，以此为基础，开展了全方位的个性化服务的尝试，成为旅游精准营销的成功实践者。

第四，加强对大数据的风险控制和安全防范刻不容缓。携程作为服务全球海量客户的服务商，业务系统的稳定和数据至关重要，但意外还是在所难免，在过去几年，携程遭遇数次有较大影响的信息系统和数据安全事件，吃一堑长一智，携程面对严峻的安全挑战不断地研发风控和安全的技术，形成了国内一流的大数据平台安全监控体系，有力地保障了企业业务快速发展的安全需要。

毋庸置疑，携程在领跑旅行服务大数据的过程中，仍面临着各种不可预料的困难和障碍，但对具有良好发展基础和极强创新精神的携程而言，必然能创造出一个又一个属于自己的奇迹。

案例 参考资料

［1］CTRIPTE. 每天TB级数据处理，携程大数据高并发应用架构涅槃［EB/OL］.［2016-09-22］. http://techshow.ctrip.com/archives/1304.html.

［2］董锐. 面对百亿用户数据，日均亿次请求，携程应用架构如何涅槃?［EB/OL］.［2016-10-08］. http://www.infoq.com/cn/articles/ctrip-big-data-high-concurrency-applications-architecture.

［3］李小林. 携程大数据实践：高并发应用架构及推荐系统案例［EB/OL］.［2016-08-28］. http://www.afenxi.com/post/24468.

［4］刘丹青. 携程新风控数据平台建设［EB/OL］.［2017-07-06］. http://hao.caibaojian.com/43649.html.

［5］王小波. 携程用户数据采集与分析系统［EB/OL］.［2017-05-18］. http://

techshow.ctrip.com/archives/2120.html.
[6] 徐蓓君. 携程：大数据拓展入境市场助力目的地旅游发展［EB/OL］.［2017-07-20］. http://www.ynta.gov.cn/UploadFiles/lyky/2016/6/2016628151619.pdf.
[7] 杨晓青. 携程大数据平台与服务化实践［EB/OL］.［2015-08-30］. http://www.doit.com.cn/article/0830289663.html.
[8] 郁伟. 携程是如何把大数据用于实时风控的［EB/OL］.［2017-01-14］. http://www.36dsj.com/archives/74929.
[9] 张亮.云WAF与大数据实时分析实践［EB/OL］.［2016-10-28］. http://weibo.com/p/23041812dbeb06f0102wlgs? from=page_100606_profile&wvr=6&mod=wenzhangmod.
[10] 张翼. 携程大数据平台最佳实践［EB/OL］.［2017-07-20］. http://techshow.ctrip.com/archives/1254.html.
[11] 张翼. 携程基于Storm的实时大数据平台实践［EB/OL］.［2016-10-10］. http://www.infoq.com/cn/articles/practice-of-ctrip-real-time-big-data-platform-based-on-storm.
[12] 周源. 手把手教你用大数据打造用户画像［EB/OL］.［2017-02-10］. https://www.evget.com/article/2017/2/10/25635.html.
[13] 周源. 携程是如何做用户画像的［EB/OL］.［2016-12-20］. http://www.sohu.com/a/ 126234045_355135，2016-12-20.

案例12

京东大数据应用案例

京东集团（以下简称“京东”）是中国自营式电商的领军企业，在短短10余年的发展历程中昂首阔步，一跃成为世界级的电子商务企业。2018年，京东位列美国《财富》评出的“世界500强”第181位，比2017年的位次提升了80位。京东长期保持着远高于行业平均增速的高增长态势，不断地创造中国电子商务企业发展的奇迹，这与其高度重视大数据技术的应用、大数据资源的开发和利用密不可分。京东作为一家自营式电商平台型企业，拥有中国电商最完整、最精准、价值链最长和应用价值最高的数据资源，长期致力于从“海量数据的处理，从数据中发现规律，通过数据洞察为企业和行业创造价值”三个层次深耕大数据带来的发展机会，取得了非凡的业绩，值得我们深入学习和探究。

1 案例背景

京东是由1996年毕业于中国人民大学社会学系的刘强东一手创办的，他对编程技术有着浓厚的兴趣，大学刚毕业时他就职于一家当时如日中天的日资企业——日宝来福（RBLF）。这家实行轮岗制的日资企业为刘强东提供了从电脑信息化到物流、采购、管理等各个岗位的锻炼机会，而且在业余时间他还能继续干着编程的老本行，这对他后来的创业帮助很大。两年后，刘强东在中关村租下柜台，开始了自主创业的历程。1998年6月18日，以名为“京东多媒体”柜台为基础的京东公司正式成立，主要业务是售卖刻录机以及代理销售光磁产品等，由刘强东担任总经理。初创的京东公司由于恪守“明码标价、薄利多销以及做好服务”的经营理念而在竞争激烈的中关村数码电子产品市场中脱颖而出。到2001年，京东公司开始学习国美、苏宁经营IT连锁店的商业模式。2002年，京东公司发展成全国最大的光磁产品零售商，成为Maxell、TDK、威宝和三菱等品牌的区域代理，到2003年年初连锁店总数达12家，但最后由于“非典”的到来而被迫歇业。痛定思痛，刘强东决定带领公司进入电子商务领域，并于2004年1月正式创办了京东多媒体网，继而发展成为京东商城。一年后，刘强东最终下定决心关闭零售店面，转型为一家专业的电子商务企业。也正是当初的这个决定才成就了京东商城今天的辉煌。京东商城开张后坚持走“独立平台”发展的模式，在较短的时间内得到了投资者的认可。2007年，京东多媒体网改名为京东商城，并拿到了今日资本1000万美元的投资从而开始走上扩大品类、高速发展之路。2008年金融危机时，今日资本又投资了800万美元给京东，加上其他的融资，那一年京东共获得2100万美元的融资资本。从那之后，京东商城几乎以每年200%以上的增速发展，登上了中国电子商务发展的快车道。从2011年至2014年5月上市前，京东融资金额累计20.26亿美元，股东名单上有今日资本、老虎基金和腾讯等。2014年5月22日，京东在美国纳斯达克证券交易所正式挂牌上市，是中国第一个成功赴美上市的大型综合型电商平台，并成功地跻身全球前十大互联网公司排行榜。2015年7月，京东凭借高成长性入选“纳斯达克100指数”和“纳斯达克100平均加权指数”。

京东是一家以技术为成长驱动的公司，从成立伊始，就投入大量的资源开发和完善可靠的、能够不断升级的、以应用服务为核心的自有技术平台，从而驱动各类业务的成长。京东通过应用大数据实现了个性化推荐搜索、自动补货、自动定价等业务，有效提升了用户体验和运营效率；无人机、无人车、无人仓逐步投入实际应用，智慧供应链技术不断地推动供应链系统管理向前进步。京东云成为京东对外提供技术、方案服务的核心，通过将自身的技术、资源和经验全面云化输出，帮助政府、行业用户迅速走上“互联网+”进程。未来，京东将更加重视技术的战略地位，发展大数据、云计算、智慧物流、人工智能、AR/VR①、智能硬件等最新技术，以推动京东实现快速、可持续增长。

大数据是支撑京东的业务超常规发展的重要保证。目前，京东大数据集群总服务器的数量超过1.5万台，数据总容量突破200PB，每天约有20万个作业运行，拥有接近2亿的活跃用户，每天产生上千万的订单，大数据覆盖了这些用户从浏览、下单、配送到售后的完整过程，建立起了大数据流转的“闭环”。京东大数据全方位的应用，在三个方面体现出了重要价值：一是提高运营效率，为客户提供更好的产品

① AR的英文全称是Augmented Reality，是指增强现实。VR的英文全称是Virtual Reality，是指虚拟现实。

和服务；二是带动整个零售行业的创新，引领和驱动整个供应链的生产；三是从大数据中诞生新的业态和新的商业模式。

2 业务需求

京东大数据的发展与其业务特点和发展需求紧密相关，是坚持以需求为中心的发展模式，技术应用与业务需求的深度融合是京东发展的一个重要特征。

2.1 业务板块

京东是一家规模巨大的电子商务企业，业务涉及电商、金融和物流三大板块。

2.1.1 电商业务

京东致力于打造一站式综合购物平台，服务中国的亿万家庭。在传统优势品类上，京东已成为中国最大的手机、数码、电脑零售商以及线上线下最大的家电零售商；京东服饰是京东平台上最大且增速最快的品类，在新用户购买的品类中，大服饰占据40%以上，成为拉新能力最强的核心品类；京东家居家装的合作商家突破2.5万家；京东商城积极布局生鲜业务，致力于成为中国消费者安全放心的品质生鲜首选电商平台，目前已在240个城市实现了自营生鲜产品次日达。

2.1.2 金融业务

2013年10月，京东金融集团开始了独立运营，定位为金融科技公司。京东金融集团依托京东购物平台积累的交易记录数据和信用体系，为社会各阶层提供融资贷款、理财、支付和众筹等各类金融服务。京东金融集团努力夯实金融门户基础，并依托京东众创生态圈，为创业创新者提供全产业链一站式服务。目前，京东金融集团已建立了九大业务板块，分别是供应链金融、消费金融、众筹、财富管理、支付、保险、证券、金融科技和农村金融。京东金融App为用户提供了“一站式金融生活移动平台”，涵盖了理财加消费的金融产品。

2.1.3 物流业务

2017年4月25日，京东正式成立京东物流子集团，以便更好地向全社会输出京东物流的专业能力，帮助产业链上下游的合作伙伴降低供应链成本、提升流通效率，共同打造极致的客户体验。京东物流子集团为合作伙伴提供包括仓储、运输、配送、客服、售后的正逆向一体化供应链解决方案服务、物流云和物流科技服务、商家数据服务、跨境物流服务、快递与快运服务等全方位的产品和服务，致力于与商家和社会化物流企业协同发展，以科技创新打造智慧供应链的价值网络，并最终成为中国商业最重要的基础设施之一。目前，京东是全球唯一拥有中小件、大件、冷链、B2B、跨境和众包（达达）六大物流网络的企业，凭借这六张大网在全球范围内的覆盖以及大数据、云计算、智能设备的引入应用，京东物流子集团将打造一个从产品销量分析预测，到入库出库，再到运输配送各个环节无所不包，综合效率最优、算法最科学的智慧供应链服务系统。

2.2 应用需求

对于京东来说，建设大数据平台所面临的最大挑战是如何让企业所拥有的数据产生价值，形成转化率。换言之，京东的大数据平台需要具备从海量数据中实时观察变化、快速发现规律、洞察变化的原因，并预测未来变化的种种能力。从京东业务覆盖的范围来看，大数据的应用需要在以下三个环节共同发力：

（1）在前端，大数据要成为服务用户的有力武器。为此，京东需要将商品推荐扩展到精准个性化、实时化、全覆盖、平台自学习等层次，通过大数据算法，利用个性化搜索和推荐实现针对用户的精准营销，为用户提供更有价值的服务。

（2）在中端，大数据要成为指导业务和商业决策的依据。在智慧采销系统中，基于大数据的京东大脑集成采销知识、经验和思维决策，辅助数千位采销人员对产品进行促销、定价等操作，以智能定价系统逐步取代传统的手工定价，优化了运作流程，降低了运作成本。

（3）在后端，全面提升物流运营效率。依托覆盖全国的物流网络，利用“大数据+人工智能”的算法，全面提升物流运作效率，促进内部资源和人员配置的优化，为企业创造更高的效益。

3 大数据平台

京东作为自营式电商，实行的是端到端的流程控制，这使得京东的大数据覆盖了从采购、仓储、销售、配送到售后、客服的全部流程，确保了大数据在数据、模型、技术和工具等多个层面高度的整合和统一，大大提升了大数据在整个企业内融合和利用的效率，促进了大数据价值的深度挖掘。

3.1 技术选型

在2008年之后，伴随着京东业务的快速增长，各业务部门对数据处理和应用变得十分突出，于是京东数据部在2009年年底正式成立，当时京东所应用的商业软件在海量数据的面前暴露出越来越多的弊端：

（1）快速响应能力弱：电商行业的变化非常快，需要动态增加或削减某些品类，而商业软件都是模块化的，根本跟不上业务的发展。

（2）存储能力有限：无法满足数十PB的存储需要。

（3）数据处理能力滞后：基于流量等大数据量的批量计算和复杂推荐类算法无法应对。

（4）扩展性差：无法根据需要调整相应的业务架构。

（5）成本高：商业软件的每次升级都需要请原厂人员上门，费用高昂。

到了2012年年初，为了更好地应对业务的快速增长，京东确定了基于Hadoop的分布式开源技术架构，原来的SQL Server和Oracle数据仓库均退出了历史舞台。在Hadoop的基础上，京东开发出了JDW（Jingdong Data Warehouse，京东数据仓库）企业级数据平台，为数据处理和应用提供了支撑。京东大数据应用的技术选型过程如图12-1所示。

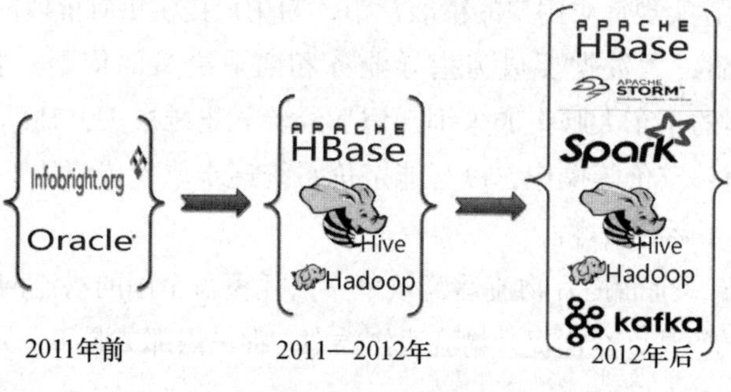

图12-1　京东大数据应用的技术选型过程

如图12-1所示，在2011年之前，京东选用的数据处理是较为传统的Infobright、Oracle以及SQL Server等数据库技术；在2011—2012年，开始过渡到HBase、Hive和Hadoop等大数据处理；到2012年后全面进入到以HBase、Storm、Spark、Hive、Hadoop以及Kafka等为表现形式的全方位的大数据技术发展阶段，实现了历史性的跨越。

3.2　平台架构

京东建设大数据平台的目的是希望能以此来支撑全集团的数据业务、实现全集团数据集中以及全方位开发数据价值，能有效地解决困扰京东业务快速发展所带来的痛点，达到以下目的：

（1）实时感知业务运营情况，实现实时决策支持，如营销策略调整、库房排班等；

（2）根据客户的位置、实时的浏览轨迹、商品价格的变化等提供精准推荐和广告推送等；

（3）动态产生Top排行榜，提供销量排行、热度排行等实时数据；

（4）优化离线数据仓库数据抽取环节，彻底改变过去“T+1”模式的数据仓库必须等到每天凌晨以增量或全量抽取业务数据的方式进行数据处理的做法。

为了达到以上目的，京东确立了以下大数据平台的建设思路：

（1）打造自助式服务平台；

（2）支持离线模式/流式模式；

（3）采用“开源组件+自主研发”相结合的方式；

（4）通过数据产品化发挥最大价值；

（5）提供专业化技术保障，让用户专注于开发。

基于以上建设思路，京东确定了如图12-2所示的平台架构。

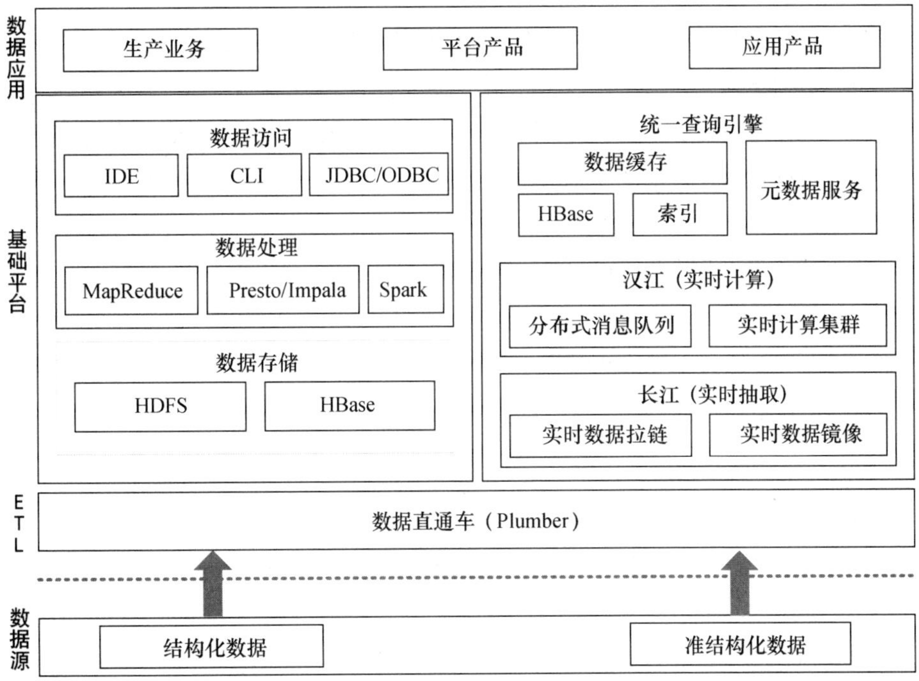

图12-2　京东大数据平台的整体架构

3.2.1 数据源

数据源分成结构化数据和非结构化数据两类。

（1）结构化数据，存储在数据库里可以用二维表结构来逻辑表达实现的行数据，如京东订单交易数据。

（2）非结构化数据，无法用数字或统一的结构表示，如文本、图像、声音和网页等，如京东网站浏览日志、商品文字识别及视频播放等。

3.2.2 ETL

京东内部的数据库系统繁多，有SQL Server、Oracle、MySQL、MongoDB、Redis、Hive、HBase等。同时，由于业务众多，个性化需求繁多，时效性强，京东又自行开发了使用Clojure配合Java编写的Plumber工具。此外，市场比较成熟的ETL工具包括Datastage、Informatica公司的Powercenter、Teradata公司的ETL Automation、FineBI等。京东数据仓库从ETL接入线上数据，形成原始层ODS（Operational Data Store，操作数据存储），然后经过业务梳理汇总形成整合层并形成通用模型，最后根据不同的应用场景生成不同的集市层。

3.2.3 基础平台

基础平台分成离线处理架构和实时处理架构两种。离线处理架构，具体包括：

（1）数据访问，包括IDE、CLI、JDBC/ODBC；

（2）数据处理，多种引擎交互使用，包括MapReduce、Presto/Impala和Spark等；

（3）数据存储，包括HDFS和HBase。

实时处理结构，具体包括：

（1）日志收集，包括Flume/京东日志统一平台；

（2）消息队列，包括Kakfa；

（3）实时系统，包括Storm/Flink。

3.2.4 数据应用

数据应用具体包括以下内容：

（1）生产业务，包括京东罗盘、云服务、精准营销等；

（2）平台产品，包括查询平台、报表平台、调度平台等；

（3）应用产品，内部业务使用，如数立方、POD（Plan of Open Platform，平台开放计划）管家、流量可视化等。

3.3 实时大数据平台解决方案

实时大数据平台的建设必须要解决以下三个方面的问题：

（1）实时数据采集——数据来源渠道是什么，怎样确保数据完整和低延迟；

（2）实时数据存储——数据如何存储，怎样做到存储统一、方便使用并满足高吞吐量的要求；

（3）实时数据计算——数据如何计算，怎样确保及时性，并支持高复杂度场景。

针对以上三个方面问题，京东提出了如图12-3所示的实时大数据平台解决方案。

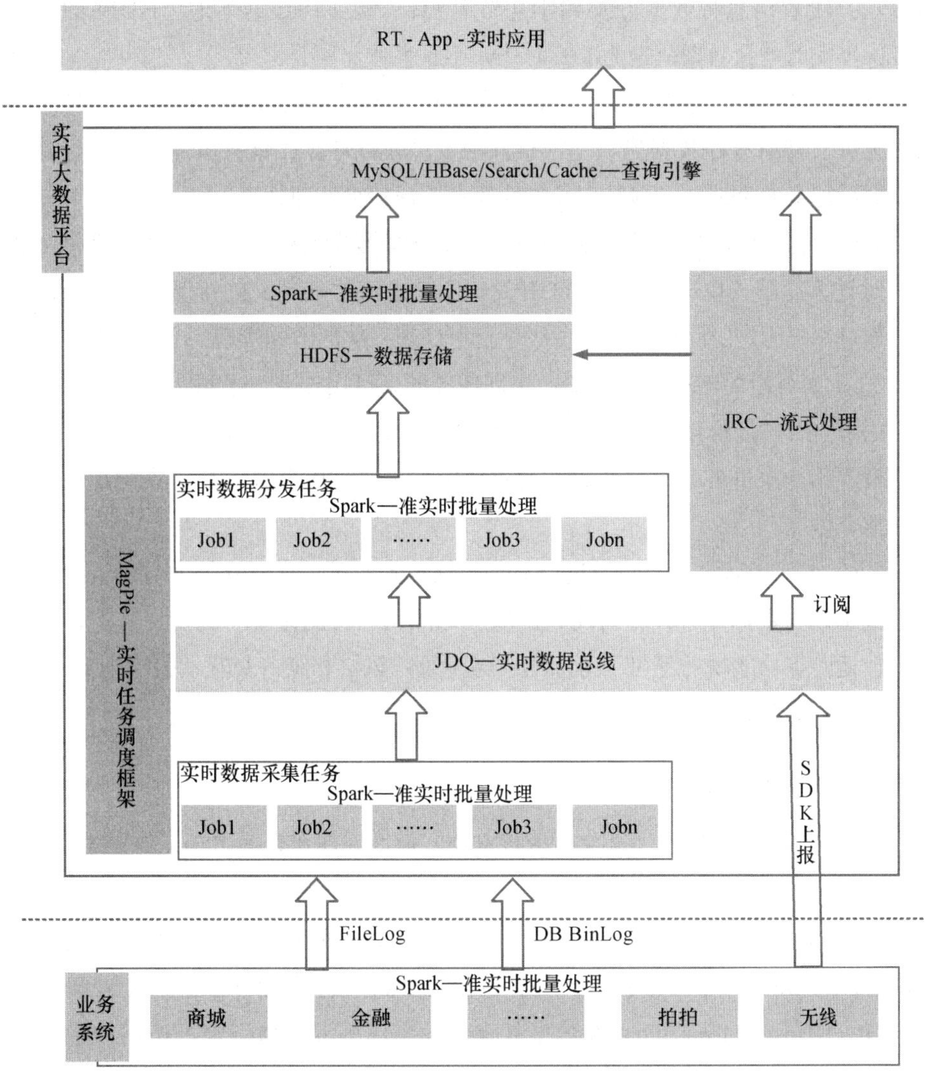

图12-3 实时大数据平台解决方案

如图12-3所示的解决方案，实现了以下各方面的功能要求：

（1）实时数据采集：解决了实时数据来源问题，包括在线系统记录日志、上报数据以及基于数据库日志，几乎覆盖了全部的业务数据，能通过产品化实现用户自助接入，支持快速新增实时数据。

（2）实时数据总线：架起了实时数据采集与下游数据使用者之间的桥梁，构建了数据共享通道，实现了数据集中，统一了实时数据出口。

（3）实时数据分发：从JDQ（京东实时数据总线）中消费某一特定数据，并根据用户配置信息将数据分发到HDFS中，日志型文件数据落地为HDFS的文件，BinLog型实时增量数据落地为准实时Hive还原表。

（4）实时数据流式处理：计算程序从庞大而连续的数据流中提取、过滤、分析数据，支持持续的数据流、基于事件触发、并行计算，具有可靠的消息处理机制（失败后能自动重试），满足高及时性要求（毫秒级处理延迟）。

（5）准实时数据批量处理：既适用计算逻辑复杂且难以通过流式处理模式实现的实时计算场景，也适合擅长ETL开发但不熟悉流式处理又能接受分钟级延迟的场景，通过每隔固定时间周期（分钟级）批量处理一次的方式实现。

（6）高可用的任务调度框架：保证任务的高可用，节点不可用时任务自动切换到可用节点，调度框架通过ZooKeeper实现各调度节点的无状态，根据CPU、内存和网络资源平衡集群各节点的压力，通过分组实现集群内资源隔离、集群规模水平扩展和整合监控。

（7）实现产品化：旨在通过产品化降低技术门槛，从而降低大数据消费门槛，让人人都成为数据专家，坚持流程抽象、标准化、功能完备（配置、管控、监控、分析、运营等功能缺一不可）等原则，做到统一风格和统一交互、关注细节、“帮助文档+提示+最佳案例”集成以及多屏可用。

3.4 数据基础平台

京东的数据基础平台主要实现数据存储、数据处理和数据访问，其架构如图12-4所示。

如图12-4所示，京东的数据存储，以前数据仓库用的是LZO工具，线上业务用的是SQL Server、Oracle技术，而在调整之后数据仓库是ORC ，线上业务用的是MySQL+HBase+Mongodb。在数据处理方面采用了混合型引擎，按需按量分配并根据不同的业务场景选择不同的处理方式，统一由YARN[①]（Yet Another Resource Nagotiator，另一种资源协调者）做资源管理，并已实现混合引擎自动化分配处理，只要传入常规信息即可完成业务。

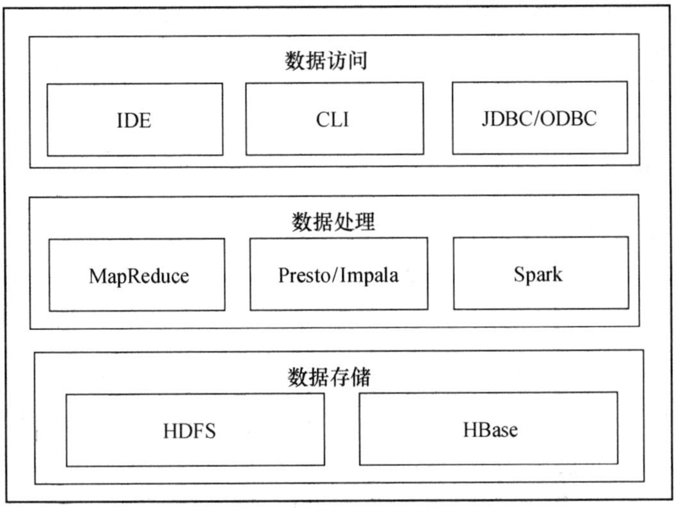

图12-4　数据基础平台的架构

3.5　数据展示

京东的实时大数据平台展示的主要内容如图12-5所示。

图12-5　京东的实时大数据平台数据展示

如图12-5所示，京东的实时大数据平台数据展示的主要内容包括：

（1）分析报表：包括常规分析、汇总和明细数据查看，一般采销通过分析报表来满足日常需求。

（2）驾驶舱：包括高层重要指标查看，如GMV（Gross Merchandise Volume，成交总额），通过驾驶舱展示关键一两个核心指标。

① YARN是一个通用资源管理系统和调度平台，可以为上层应用提供统一的资源管理和调度，有利于集群利用率的提升、资源的统一管理和数据的共享。

（3）决策地图：大屏监控使用决策地图可以使数据更直观、更形象地进行展示。

（4）移动BI：移动BI及App化是重点方向，实现了移动化办公和核心指标移动化展示。

（5）多维分析：对数据从多个角度即多个维度进行观察和分析，以求剖析数据，使用户能够从多种维度、多个侧面、多种数据结合度查看数据，从而更深入地揭示数据中隐含的信息和内涵。

3.6 技术突破

京东的实时大数据平台的技术突破主要表现在以下六个方面：

（1）分布式系统技术突破：确保了稳定性、高性能、多集群和故障及时恢复，优化了运维和管理。

（2）多用户共用平台：实现了数据安全和隐私保护。

（3）数据任务运行监控：运行并监行每日数万个数据任务以及核心任务的及时性。

（4）挖掘数据价值：处理数据量大，迭代效率高。

（5）数据实时化：支持关系型数据、AD HOC和实时计算。

（6）离线、实时平台合并：综合利用Hadoop、Spark和Storm大数据处理工具，实现了离线和实时的融合。

4 大数据分析

拥有海量大数据的京东如何对大数据进行全面、系统和精准的分析，是关系到大数据资源价值发挥和应用成效的关键所在，为此，京东展开了多方面的探索。

4.1 用户画像

基于大数据的用户画像是面向用户提供个性化服务的前提和基础，京东从基本属性、购买能力、行为特征、社交网络、心理特征和兴趣爱好等六个维度对用户进行画像，并通过性别、年龄、教育程度等27个可量化的指标进行评估，形成了用户专属的个性化画像（如图12-6所示）。

4.2 用户分群

在完成用户画像的基础上，需要进一步对用户进行分群，京东从用户基本属性、购物场所和购物行为三个方面对用户进行了分群（如图12-7所示）。

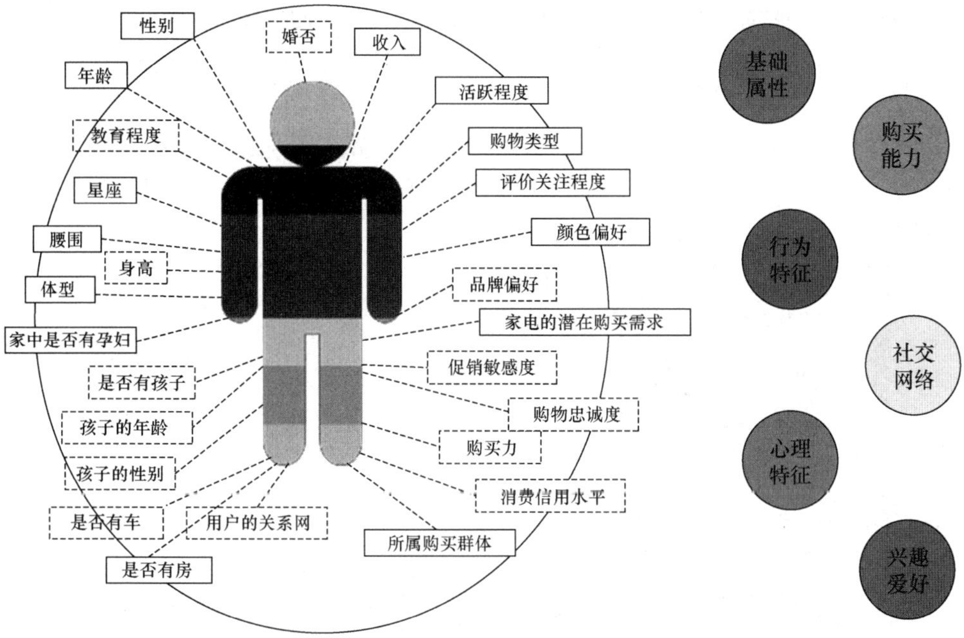

图12-6　京东的用户画像分解

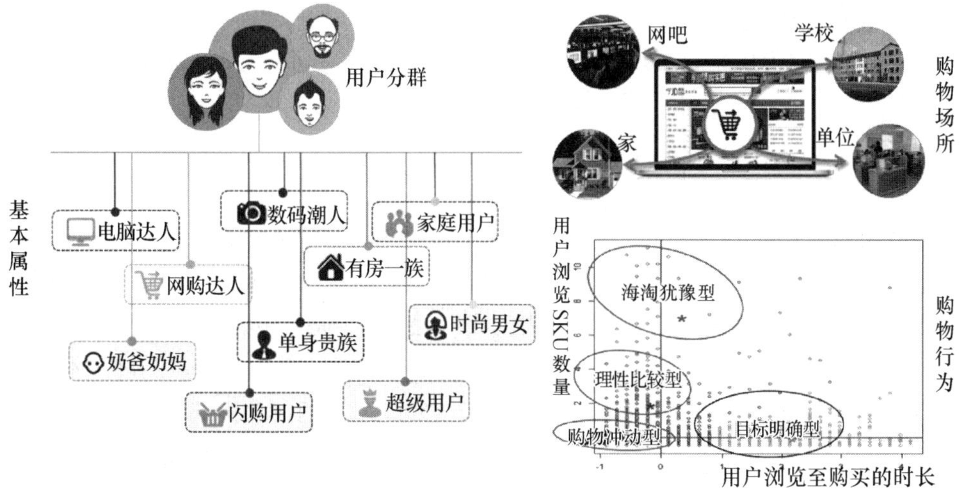

图12-7　用户分群

如图12-7所示，按照用户的基本属性区分，可以分为电脑达人、数码潮人、家庭用户等十种情形；按照购物场所区分，可以分成网吧、学校、家和单位四种情形；按照用户浏览至购买的时长和用户浏览SKU数量两个用户购买行为指标来衡量，可以分成购物冲动型、目标明确性、理性比较型和海淘犹豫型四类。

4.3 用户画像应用

京东的用户画像在实际中已得到较多的应用，能较为精准地模拟出特定用户的特定画像。以京东大数据创新部的某位技术专家X为例，按照京东后台的数据模型，得出如图12-8所示的用户画像图。

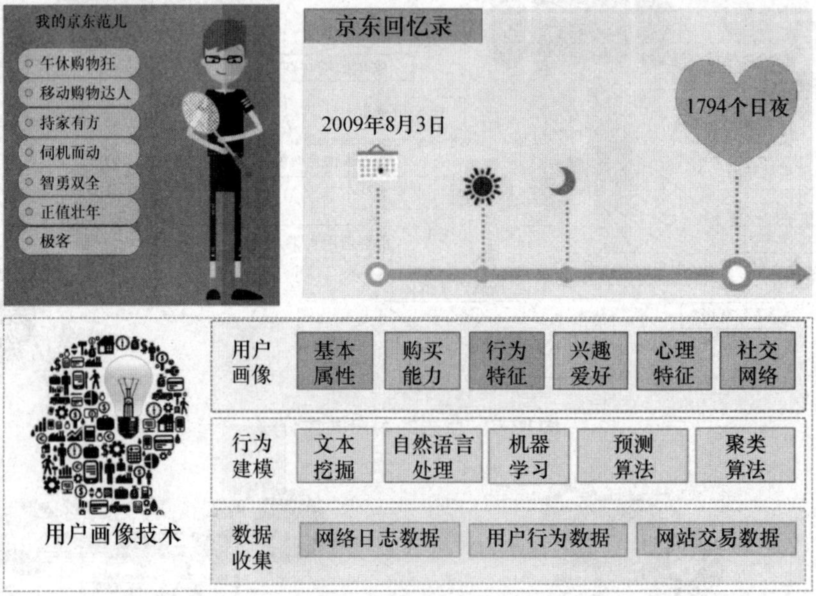

图12-8 京东的用户画像的实例

如图12-8所示，X是一位持家有方的人，会经常购买家里所需要的一些东西。一年前他刚刚结婚，是较为典型的午休购物狂，主要在中午12点到下午1点下单。“伺机而动”说明他的订单里面促销商品所占的比例比较高，是个极客[①]。X是一个对品质追求比较高的人，喜欢购买手机、笔记本以及其他日常生活用品，对品牌基本上长期不变。X是移动购物达人，70%的订单都是在移动端下的，手机是其主要的购物渠道。X正值壮年，年龄在30—35岁。通过以上的用户画像，京东就可以较为全面地了解用户的情况，并在此基础上提供信用贷款等较为特殊的相关业务。

4.4 京东慧眼

京东慧眼是基于京东所拥有的电商大数据资源，以打造面向消费者的智能决策

① 极客是美国俚语“Geek”的音译，指对计算机和网络技术有超常兴趣并投入巨大精力的群体。

系统。图12-9为京东慧眼的应用架构。

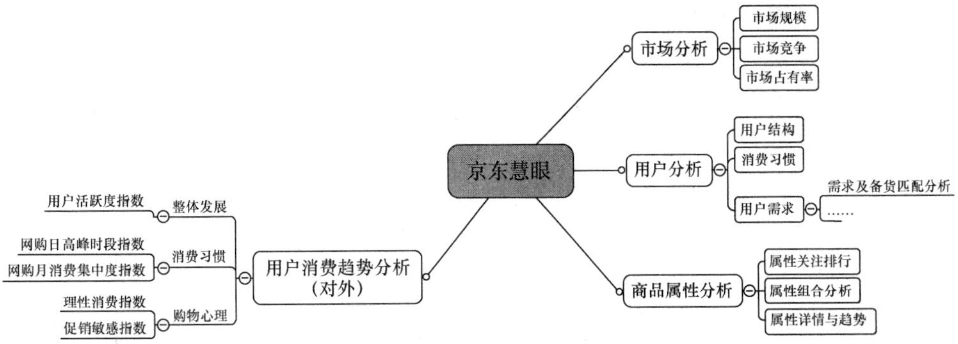

图12-9　京东慧眼的应用架构

如图12-9所示，京东慧眼主要具备以下四个方面的分析功能：

（1）用户消费趋势分析：从消费者的整体发展、消费习惯和购物心理等三个维度，对外发布对政府、行业有价值的消费趋势指数。

（2）市场分析：从市场规模、竞争程度和各品牌市场占有率三个维度对全品类进行市场分析。

（3）用户分析：从用户结构、消费习惯和用户需求三个维度对全品类进行用户分析。

（4）商品属性分析：从商品扩展属性的属性关注排行、属性组合分析以及属性详情与趋势三个维度，对全品类进行商品属性分析。

5 统一的监控平台

京东的业务系统众多，涉及设备的数量庞大，如何对各类对象实现高效监控，并通过监控发现隐患，实现对相关风险的有效处置是京东必须面对的一项挑战。京东通过建设和运行统一的监控平台，达到了良好的效果。

5.1　解决方案

MDC（Monitor Data Center，监控数据中心）是京东自行研发的企业级监控系统，承担对京东所有物理机、容器的监控任务，为各类用户提供精准、可靠和灵活的监控告警服务。目前，这一系统共有执行监控任务的在线用户3500人，监控物理机10万余台、各类容器超过15万台，每天产生原始监控数据140亿条，数据库文件容量超过2T。京东监控系统的总体架构如图12-10所示。

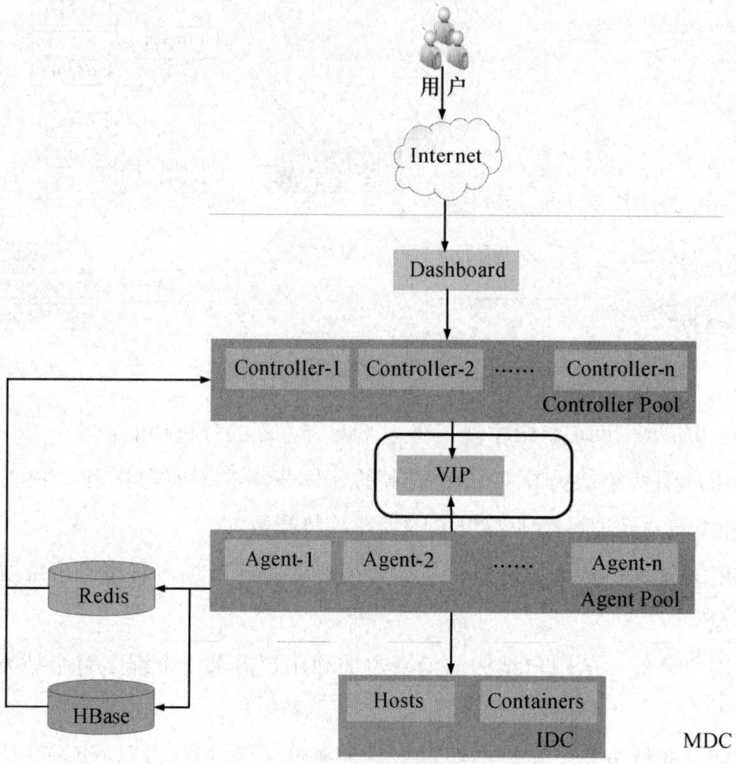

图12-10　京东监控系统的总体架构

如图12-10所示，监控系统主要包括以下三个部分：

（1）Dashboard：仪表盘，是基于Web的用户界面。

（2）Controller：控制器，对内负责采集资源的管理和采集任务的调度，对外提供丰富的数据获取和报表生成接口。其中的VIP用于把Controller服务整体封装成统一入口，以方便采集服务发现的实现和对外接口调用。

（3）Agent：采集器，是一个逻辑上的概念，包括采集、告警、数据处理等多个模块，是实际的数据采集和告警执行者。

5.2　采集架构

京东监控系统的采集系统属于Agent内部的架构，包括四个部件，用于相互之间通过消息队列进行通信。图12-11为采集系统的架构。

如图12-11所示，采集系统的架构各个部件说明如下：Central作为消息流的起点，负责采集任务的处理，并把任务下发到Sniper；Sniper负责数据采集，不参与其他业务逻辑，在采集完成后，通过消息队列将采集到的数据返回到Central中，Central在对数据处理完成后，将其发送到Filter和Collector的队列中；Filter负责过滤数据，进行告警；Collector进行数据处理聚合，然后将数据放入缓存和存储。

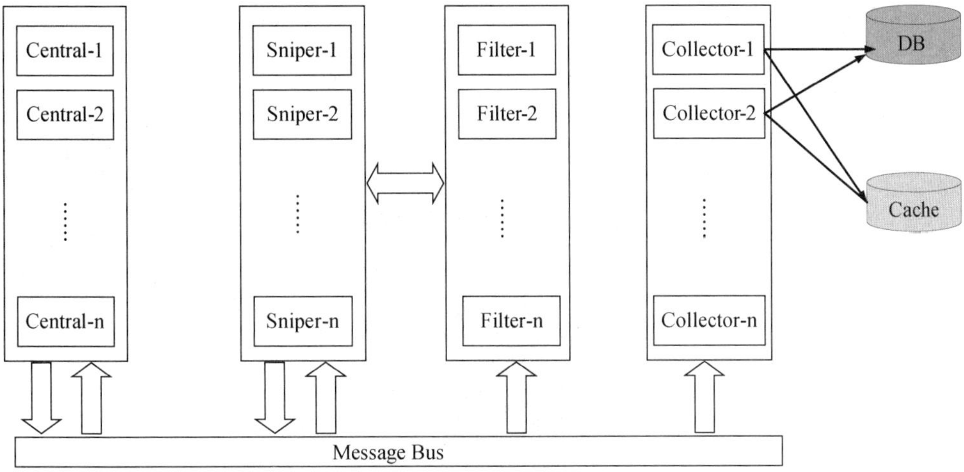

图12-11　采集系统的架构

5.3　数据采集

数据采集由Sniper部件来完成的，主要采用插件的方式实现不同采集类型的灵活加载，京东通过SNMP+IPMI来采集物理机的资源使用情况和相关硬件信息。容器采集的实现是在宿主机上部署DockerPull采集代理，对外暴露RESTful API，Sniper通过RESTful API通用插件获取其数据。数据采集的流程如图12-12所示。

5.4　告警设置

告警设置包括用户组、告警组和资源组三个部分，支持多级别、多阈值、多间隔和多种通知途径的规则设置，能最大程度地方便用户完成告警的个性化定制。图12-13为告警设置的实现。

5.5　监控流程

京东统一监控平台的监控流程包括平台的主流程和实时监控主流程。

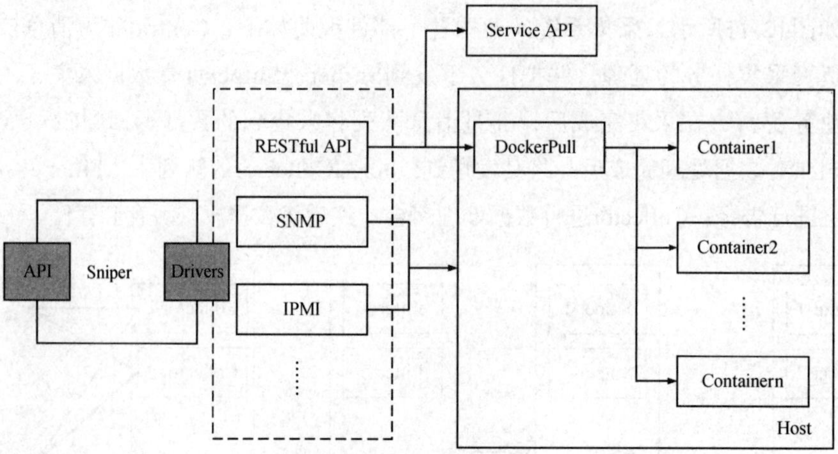

图12-12 数据采集的流程

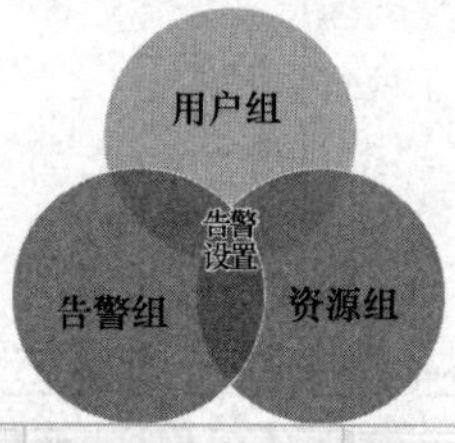

类型	级别	用户	报警方式	应用	阈值	间隔(分钟)	次数	状态	操作
CPU过载	严重	用户	SMS,MAIL	jdos-neutron	95	0	2	已启用	操作 ▾
CPU过载	普通	用户	SMS,MAIL	jdos-neutron	80	0	2	已启用	操作 ▾
磁盘占用	普通	用户	SMS,MAIL	jdos-neutron	80	0	2	已启用	操作 ▾

图12-13 告警设置的实现

5.5.1 平台的主流程

京东统一监控平台的主流程如图12-14所示。

如图12-14所示，从左到右流程如下：由Console（控制台）向DB（数据库）提供基础配置数据，下一步向Controller（控制器）提交配置数据，然后通过VIP与Agent实现交互，然后由Agent依据SNMP（Simple Network Management Protocol，简单网络管理协议）、IPMI（Intelligent Platform Management Interface，智能型平台管理接口）等方式将数据提交给Host（宿主机）进行处理，由Host对采集到的监控数据进行过滤，对匹配告警规则的数据进行告警。与此同时，Agent产生的近期监控数据给Cache进行缓存，历史监控数据则进入HBase进行长期保存，Console可以根据需要对进入到Cache和HBase的数据进行调用。

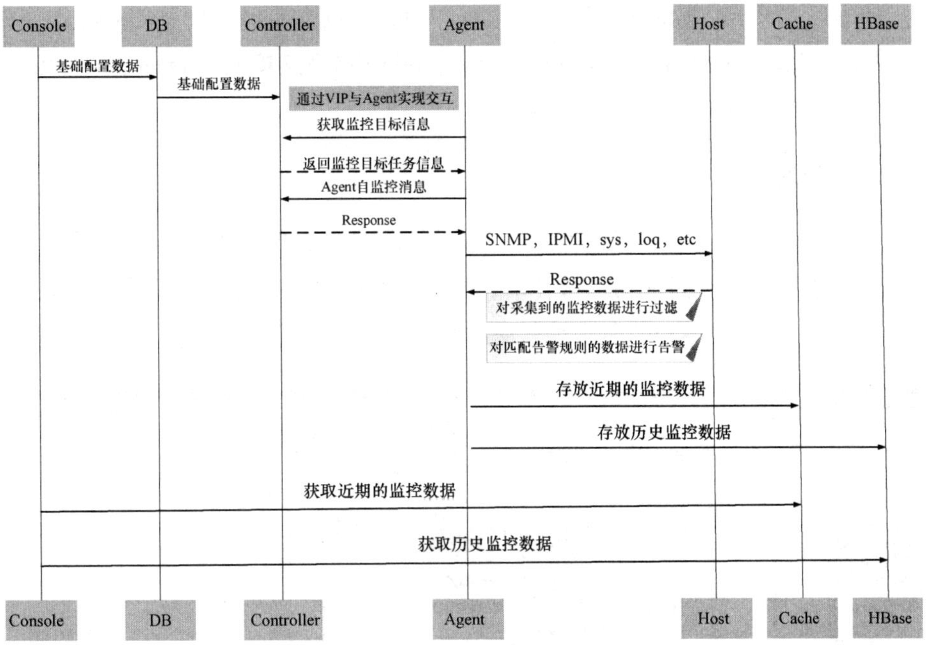

图12-14 统一监控平台的主流程

5.5.2 实时监控主流程

实施监控主流程如图12-15所示。

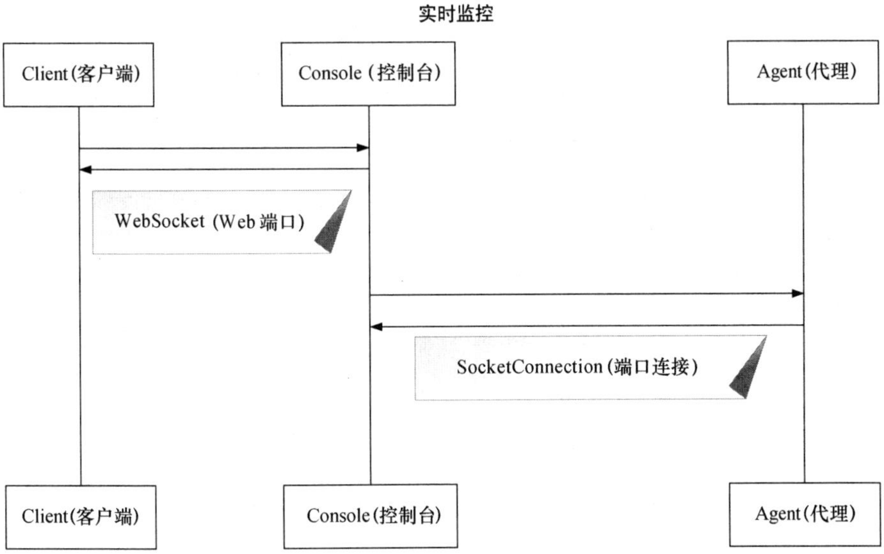

图12-15 实时监控主流程

如图12-15所示，Client（客户端）通过WebSocket（Web端口）与Console（控制台）进行交互，再由Console通过SocketConnection（端口连接）与Agent进行交互，从而实现了实时监控的目的。

5.6 监控实践

京东统一监控平台在实际应用中面临着监控数据量巨大、时间要求高等挑战，但由于系统具有高性能、低开销、高扩展和高可用等特征，总体运行成效良好。图12-16为自我监控和巡回监控的应用实例。

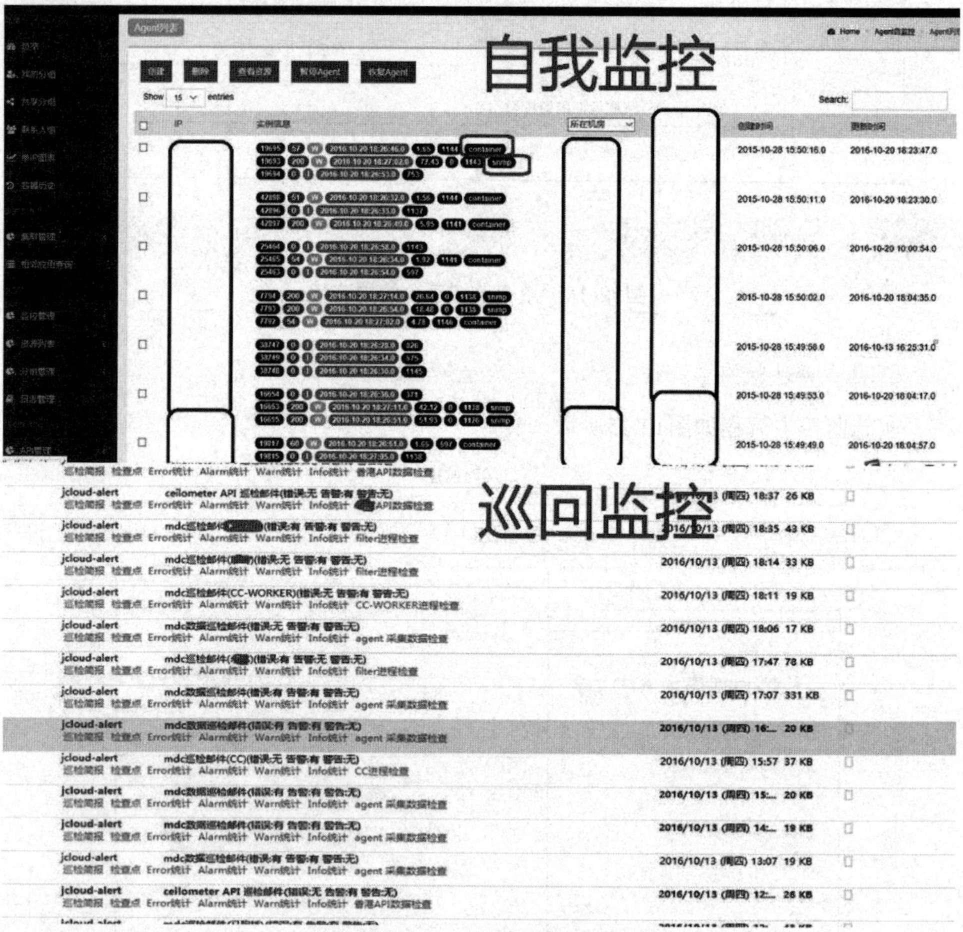

图12-16 自我监控和巡回监控的实例

6 反刷单系统

虚假交易是电商平台的“毒瘤”，既会带来虚假的繁荣，也会破坏正常经营的秩序，给大量合法经营业务带来极大的困扰。利用大数据建设反刷单系统，识别虚假交易，是京东发展和应用大数据的重要内容之一。

6.1 系统需求

京东作为国内最大规模的自营电商平台，交易过程涉及的环节较多（如图12-17所示）。因此，京东的订单交易数据具有以下特点：一是生命周期长，从用户产生消费冲动到对商品发表评论，一个订单关联到的数据跨度可以长达数周甚至数月；二是数据种类多，有关日志、买卖方属性、商品属性、交易属性、支付以及物流等各方面的数据都需要考虑到；三是数据变动频繁，在订单生命周期内交易数据的变动十分常见。正因为这些特点，就要求反刷单必须在更长的时间跨度上，从海量持续变动的数据中挖掘刷单行为的痕迹。

图12-17　京东交易的全过程

为了达到识别虚假交易的目的，京东交易平台开发的系统必须满足以下要求：

（1）分布式大数据系统需求：能满足高可用性、可扩展性和低延迟等多方面基本需求。

（2）多样化数据源适应性：既要适应多种业务类型（订单、账户、支付、物流、评论），也要适应不同的数据形式（批量数据、流式数据、京东云等），同时还要适应数据的变化。

（3）结果可复现性：判定需要保留现场历史，以便回溯判定的过程，有助于解决分歧、进行复议。

（4）决策系统灵活性：要做到可扩展（支持多模型规则协作）、热插拔（随时可以上线、下线，支持突发业务变更）、应对业务变化。

（5）服务多维度应用：识别结果在高维度上聚合，生成个体风险指标，同时帮助构建信用账户体系、商家信用体系、商品质量监控等。

6.2 系统架构

从满足系统需求出发，根据数据和作业的特点选择适合的数据处理技术，京东选择了如图12-18所示的反刷单系统的架构。

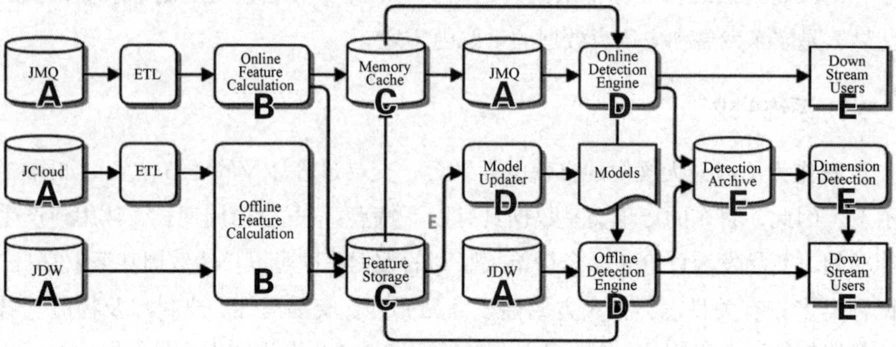

图12-18　京东反刷单系统的架构

如图12-18所示，系统架构可以分成A、B、C、D、E五大模块，各模块的功能如下：

（1）A模块——数据预处理：实现批量数据和批量作业，支持流式数据处理、作业管理和调度。

（2）B模块——特征计算：包括离线特征计算和在线特征计算。其中，离线特征包括初级特征（特征工厂）、高级特征（包括图模型算法、传统机器学习方法以及聚类、序列分析等方法）；在线特征包括时间窗口统计（Spark Streaming）等。

（3）C模块——特征管理：包括离线特征（特征仓库）和在线特征（JimDB）。其中，离线特征具体表现为模型训练更新和特征共享，在线特征表现为实施特征检索。

（4）D模块——模型与决策引擎系统：包括模型训练与更新和决策系统。其中，模型训练与更新包括浅层模型方法、自实现方法和深度学习方法；决策系统包括基于模型方法与基于规则方法两类。

（5）E模块——结果归档与推送：包括归档和推送两个部分，归档采用数据压缩，推送包括实时请求和消息推送两个环节。

6.3 系统需求和架构实践

为了满足反刷单系统的需求，京东开发了三个防刷单的应用系统。

6.3.1 交易订单风控系统

交易订单风控系统主要致力于控制下单环节的各种恶意行为。该系统根据用户注册的手机、收货地址等基本信息结合当前的下单行为、历史购买记录等多种维度，对机器刷单、人工批量下单以及异常大额订单等多种非正常订单进行实时判别并实施拦截。当前，该系统针对图书、日用百货、3C产品以及服饰家居等不同类型的商品制定了不同的识别规则，经过多轮的迭代优化，识别准确率已超过99%。对于系统无法精准判别的嫌疑订单，该系统会自动将其推送到后台风控运营团队进行人工审核，风控运营团队根据账户的历史订单信息并结合当前订单来判定其是否为恶意订单。从系统自动识别到背后人工识别辅助，能够最大限度地保障订单交易的真实有效性。

6.3.2 爆品抢购风控系统

“京东狗”几乎每天都会有定期推出的秒杀商品，这些秒杀商品多数来自一线品牌商家在京东网站上进行产品首发或是爆品抢购。因此，相对于市场价格来说，秒杀商品的价格会有很大的优惠力度，但这同时也给“黄牛”带来了巨大的利益诱惑，他们会采用批量机器注册账号、机器抢购软件等多种形式来抢购秒杀商品，数量有限的秒杀商品往往在一瞬间就被一抢而空，一般消费者却很难享受到秒杀商品的实惠。爆品抢购风控系统正是针对这样的业务场景而设计的，对打击爆品抢购行为有良好的效果。在实际的秒杀场景中，其特点是瞬间流量巨大。爆品抢购风控系统对这种高并发、高流量的机器抢购行为有很强的判别力，显示出了极强的威力。目前，京东的集群运算能力能够达到每分钟上亿次并发请求处理和毫秒级实时计算的识别引擎能力，在秒杀行为中，可以有效地阻拦98%以上的“黄牛”生成订单，能最大限度地为京东的正常用户提供公平的抢购机会。

6.3.3 商家反刷单系统

商家反刷单系统利用京东自建的反刷单大数据平台，从订单、商品、用户和物流等多个维度进行分析，分别计算出每个维度下面的不同特征值，通过发现商品的历史价格和订单实际价格的差异、商品SKU销量异常、物流配送异常、评价异常和用户购买品类异常等上百个特性，结合贝叶斯学习、数据挖掘、神经网络等多种智能算法进行精准定位，对被系统识别到的疑似刷单行为，该系统会通过后台离线算法，结合订单和用户的信息调用存储在大数据集市中的数据进行离线的深度挖掘和计算，继续进行识别，让其“原形毕露”。而对于这些被识别到的刷单行为，该系统会直接把关联商家的信息告知运营方并作出严厉惩罚，以保证京东消费者良好的用户体验。

7 智慧物流

京东作为自营电商的领军企业，走的是自营物流的路线，为用户提供独特的智慧物流体验。青龙系统是支撑京东智慧物流的核心系统，平常日处理数百万份订单，大促销期间达到日处理数千万单的规模，数十万操作人员在这个物流网络中提供服务。青龙系统从2012年研发版本1.0到目前的6.0的演进过程中，充分证明了大数据是驱动智慧物流运作的关键所在。以大数据处理技术作为基础，利用软件系统把人和设备更好地结合起来，让人和设备能够发挥各自的优势，达到系统最佳的状态，京东走出了自己的智慧物流发展道路。

7.1 构建步骤

京东认为，智慧物流不同于传统的物流运营模式，它是以数据作为开始，数据的应用贯穿其中，并且以数据为终点的一个循环上升过程。在可靠的数据源和处理技术基础上，京东把以大数据为基础逐步构建智慧物流系统的过程分成了以下四步：

7.1.1 业务还原

利用大数据技术及时准确地还原业务的关键是要及时准确地采集各类业务运行的数据，并依据不同的层次需求展示出来。业务日报、周报和月报等离线数据都是业务管理的基础，如果不能做到及时准确，不仅数字化运营无法实现，而且智慧化运营就成了无本之木。

物流是商品流、实物流、资金流和信息流的有机结合，对物流系统来讲，进行图形化展示非常重要，往往起到“一图胜千言”的效果。在时间维度，实时展示各个节点的生产量、相邻节点间的差异、地理维度，都可以有效地管控业务的运作。

7.1.2 业务评估

在大数据时代，我们既可以依据社会化的数据对物流进行业务评估，也可以利用互联网灰度测试的方法进行流程优化的评估，还可以利用实时数据进行业内排名。同时，利用实时数据进业内排名也能起到一定的激励作用。

7.1.3 业务预测

在对业务进行实时监控和准确评估后，京东可以利用大数据对业务进行预测。在物流行业，如果能够提前进行业务量的预测，就可以提前进行资源调度，确保资源的高效配置，从而更有序地开展业务运作，保证更好的用户体验。青龙系统的单量预测是根据用户的下单量、仓储生产能力、路由情况等数据进行建模，得出预测结果并供决策部门参考（如图12-19所示）。

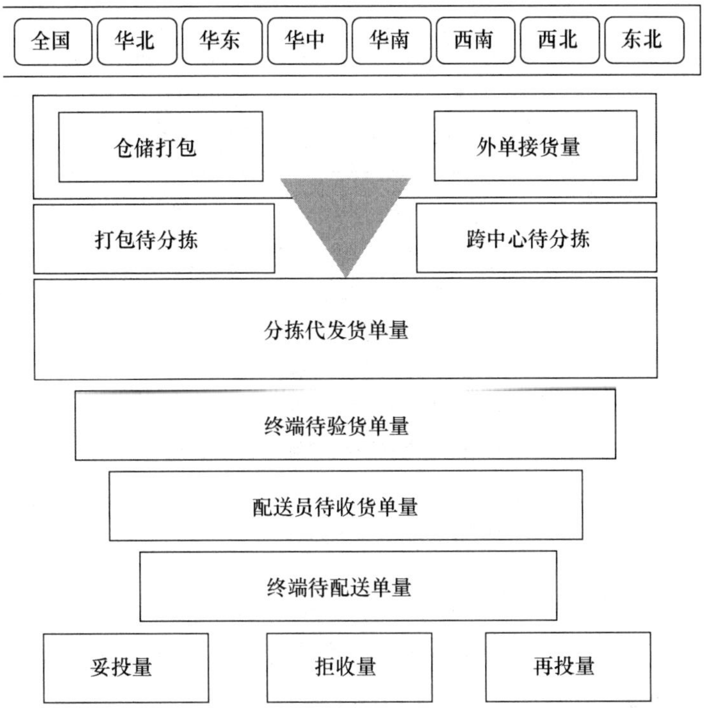

图12-19　单量建模预测

7.1.4　智能决策

依托大数据进行物流智能决策很大程度上依赖预测的准确性和业务对准确性的包容度，对于预测准确性高并且包容度强的业务，越容易实现智能决策。目前，京东主要通过人机结合，利用大数据和人工智能技术，为人工提供辅助决策，让人工的决策更加合理。过去，京东在配送站的设置方面基本靠“拍脑袋”决定，后来依据订单分布数据、客户分布数据进行分析，通过订单聚合等技术手段，加入位置信息、当地租金成本、管理成本、从分拨中心到传站的距离等决策参数，设计一个可靠的决策模型，辅助业务管理人员进行决策，起到了很好的效果。

7.2　青龙系统的架构演进

青龙系统作为京东物流运行的核心支撑系统，从2012年开始1.0的封闭开发，到

2016年6.0智慧物流系统上线，走过了一条不断探索、日臻完善的智慧物流发展之路。图12-20为青龙系统的架构演进过程。

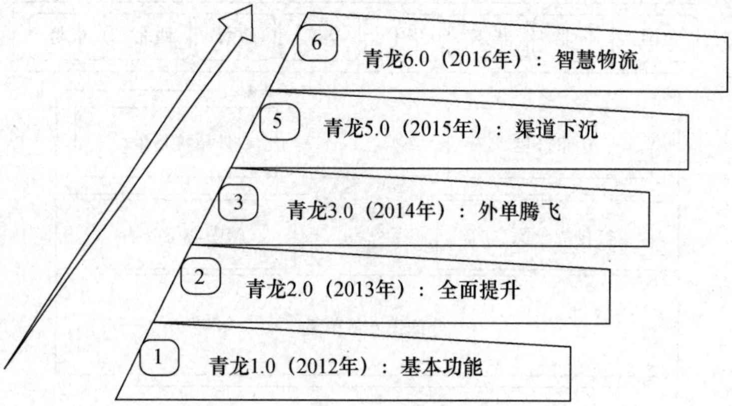

图12-20　青龙系统的架构演进过程

如图12-20所示，不同阶段的发展重点内容如下：

7.2.1　青龙系统1.0：基本功能

青龙系统1.0主要实现了电商物流的基本功能，满足了当时的核心业务诉求，实现了最有价值的部分。开发团队利用半年的时间封闭完成开发，再用半年的时间完成全国推广上线。青龙系统是基于Java的SOA理念开发的，完全替代了“.net”老系统。

7.2.2　青龙系统2.0：全面提升

青龙系统2.0于2013年开发，主要原因是1.0版本上线后又衍生了很多新的业务需求。开发团队利用一年的时间高效地完成了开发任务，使功能得到全面提升，成为当时较为完善的自营电商物流系统。

7.2.3　青龙系统3.0：外单腾飞

青龙系统3.0于2014年开发，开发团队为配合京东“物流开放”的战略而确立了“外单开放”的主题。这个版本包括青龙开放平台、接单系统和主流的ISV[①]软件，并改造了原有的分拣、运输和配送等环节，以支持外单。因为符合京东的战略，所以取得了良好的业绩。

① ISV的英文全称是Independent Software Vendors，是指独立软件开发商。

7.2.4 青龙系统5.0：渠道下沉

2015年，开发团队直接从3.0版本进入到5.0版本，确定的主题是“渠道下沉”，配合京东的战略，从零开始，构建了京东乡村推广员系统和校园派系统。

7.2.5 青龙系统6.0：智慧物流

随着“互联网+”被提升到国家战略层面，物流也越来越受到重视，“互联网+物流”迎来了新的发展机遇。2016年，京东启动了青龙系统6.0，把主题确定为“智慧物流”，开发完成后，整个系统已包括基础服务、运营支持、分拣作业、大运输、终端服务以及外部拓展等六大核心模块、数十个核心子系统，构建了完善的电商物流体系（如图12-21所示）。

图12-21 青龙子系统的组成

到2016年9月底，青龙系统的业务覆盖范围如下：

（1）已经投入使用的7个统称为“亚洲一号”的智能物流中心；

（2）运营254个大型仓库，仓储总面积达550平方米；

（3）配送站、自提点为6780个，覆盖区县2646个。

中小件物流网已覆盖我国95%的区县，211及次日达的订单占比已经达到近90%；大件物流网已全面覆盖我国所有的省级行政区；冷链物流网则通过七地生鲜仓覆盖全国，目前正在快速扩张中。

7.3　预分拣子系统

在青龙系统的六大核心模块中，实现快速配送的核心要归功于预分拣子系统，它是承接用户从下单到仓储生产之间的重要一环，准确性的高低对运送效率的提升至关重要。

7.3.1　核心功能

预分拣处在用户下单之后以及进入仓储生产、分拣和配送环节之前，处于中心的位置，订单无预分拣就无法进入生产环节。预分拣子系统采用深度神经网络、机器学习、搜索引擎技术、地图区域划分、信息抽取与知识挖掘等技术，根据经验值、特征值、特殊配置和GIS（Geographic Information System，地理信息系统）技术进行大数据分析，使订单能够迅速准确地接入预分拣接口，以方便后续的分配站点等工作，大大节省了分拣时间，降低了分拣成本，提升了分拣效率。图12-22为预分拣子系统的核心功能。

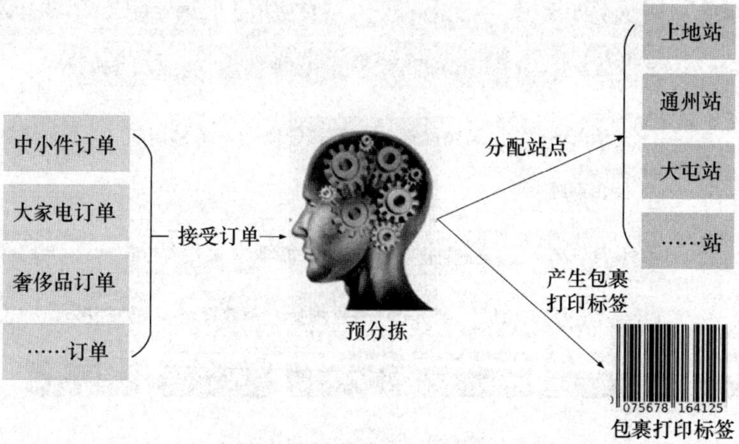

图12-22　预分拣子系统的核心功能

7.3.2　系统痛点

京东原有物流系统存在的痛点表现在分拣率、性能、可用性、可靠性、可伸缩性和可扩展性方面跟实际的需求有较大的差距（如图12-23所示）。

7.3.3　系统目标

预分拣子系统的目标包括分拣率、性能、可用性、可靠性、可伸缩性和可扩展性等多个方面（如图12-24所示）。

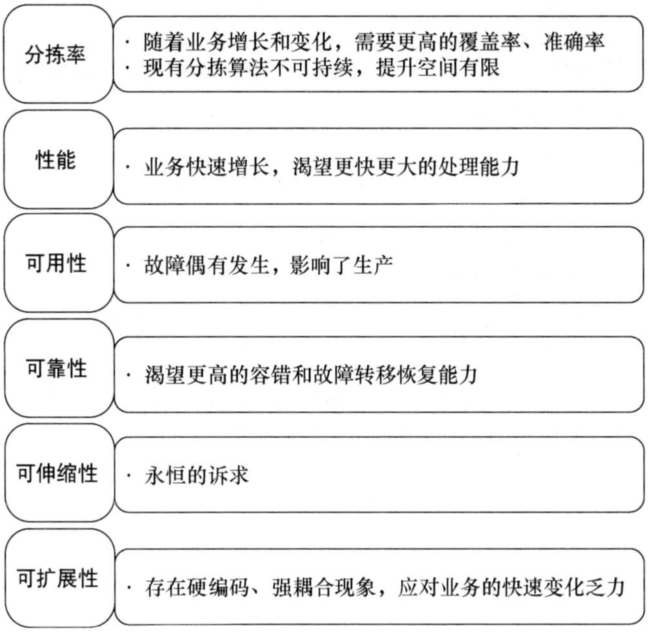

分拣率
· 随着业务增长和变化，需要更高的覆盖率、准确率
· 现有分拣算法不可持续，提升空间有限
性能
· 业务快速增长，渴望更快更大的处理能力
可用性
· 故障偶有发生，影响了生产
可靠性
· 渴望更高的容错和故障转移恢复能力
可伸缩性
· 永恒的诉求
可扩展性
· 存在硬编码、强耦合现象，应对业务的快速变化乏力

图12-23　系统痛点

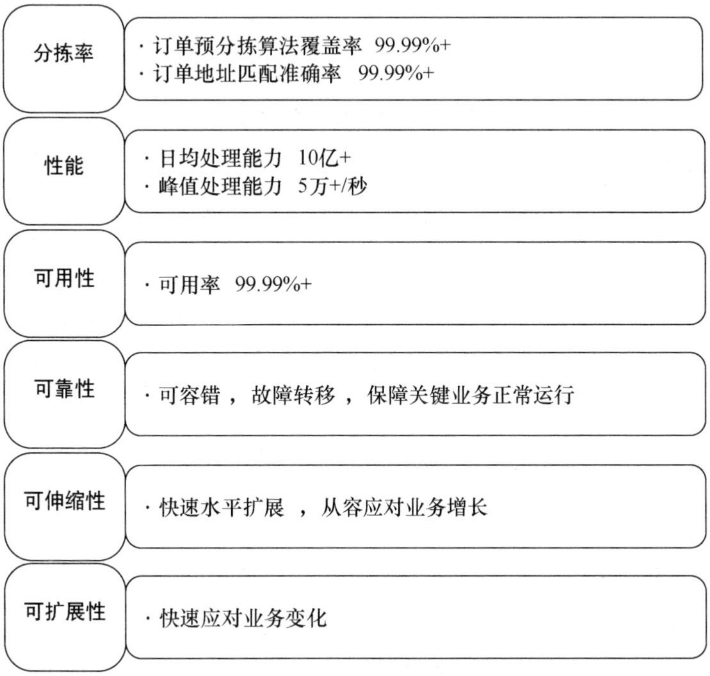

分拣率
· 订单预分拣算法覆盖率 99.99%+
· 订单地址匹配准确率 99.99%+
性能
· 日均处理能力 10亿+
· 峰值处理能力 5万+/秒
可用性
· 可用率 99.99%+
可靠性
· 可容错 ，故障转移 ，保障关键业务正常运行
可伸缩性
· 快速水平扩展 ，从容应对业务增长
可扩展性
· 快速应对业务变化

图12-24　系统目标的分解

7.3.4　预分拣的算法

预分拣旨在通过利用经验值、特征值、特殊配置和GIS完成99.99%的工作量，另加0.01%的人工处理，从而达到100%的分拣目标（如图12-25所示）。

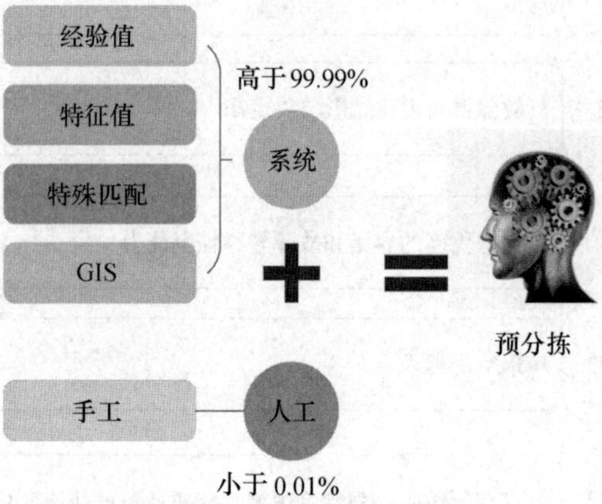

图12-25　预分拣任务分工

如图12-25所示，经验值主要通过地址库来实现，而特征值主要依靠关键字来完成，预分拣的算法参见表12-1。

表12-1　预分拣的算法说明

预分拣算法	内容	说明
地址库	订单地址相同时，系统会自动匹配上次站点	同一地址多次购买，依赖于第一次妥投地址
关键字库	订单触及关键字时，系统会自动匹配对应站点	需要提前人工维护关键字，依赖于关键字的准确性
特殊配置库	利用特殊配置如站点类型（如大家电）来及时确定站点位置	需要提前人工配置，依赖于该区域是否有特殊配置
GIS地图	利用GIS地图来确定订单对应的站点	——

7.3.5　架构关系

预分拣子系统既相对独立又与整体架构密切关联，其架构关系如图12-26所示。

如图12-26所示，订单系统将订单数据发送到预分拣子系统，经过全地址服务、关键字服务、配置服务、GIS服务和人工服务后，部分预分拣结果由系统自动反馈给主系统进行后续的流程，部分预分拣结果需要进入DB/Redis，进行进一步的处理，处理结束后以人工的方式反馈给主系统进行下一个环节。

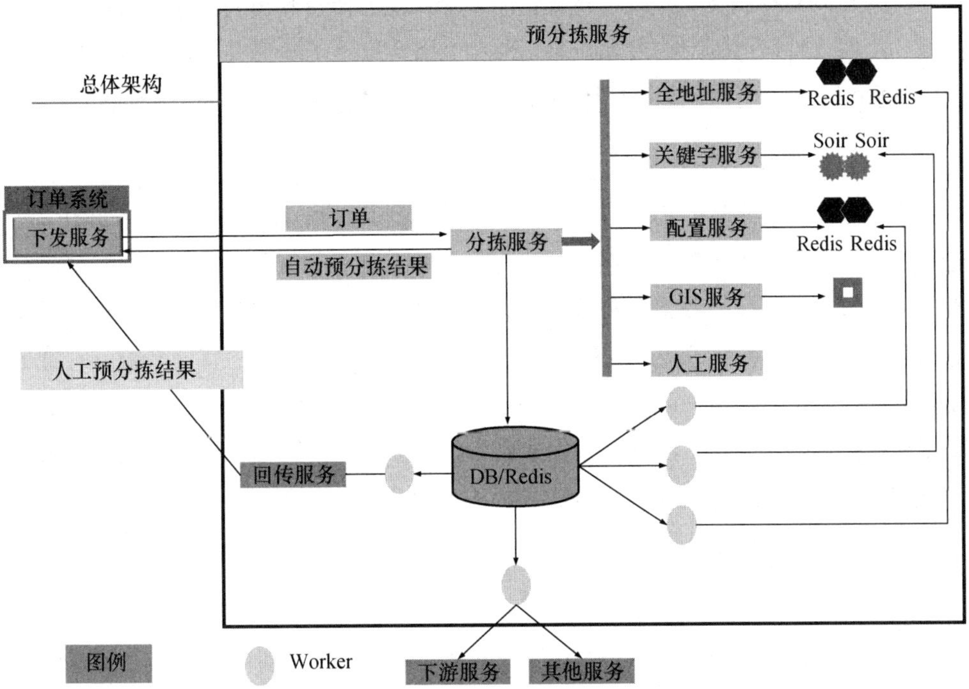

图12-26 预分拣服务与总体架构的关系

7.4 其他核心子系统

如果说预分拣子系统是京东物流的“主心骨”，那青龙系统的其他核心子系统则扮演着“龙骨”的角色，这些核心子系统主要包括以下五种：

7.4.1 基础服务系统

基础服务作为京东物流业务运营的基础支撑，提供基础资料汇集、运单管理，以及消息总线、分库框架和序列服务等支持，为物流业务关联方以及一线物流配送人员提供基础性保障。

7.4.2 运营支持系统

运营支持系统提供青龙门户、质控管理、时效管理以及监控报表等业务支持，其中，质控管理平台和监控报表为主要应用。京东对于用户购买商品的品质有着严格的要求，为了避免因为运输而造成的损坏，质控平台针对业务系统操作过程中发生的物流损害等异常信息进行现场汇报收集，由质控人员进行定责，既保证了对配送异常的及时跟踪，又为降低损耗提供了质量保证。监控和报表是为管理层、领导层提供决策支持服务的，青龙系统采用集中部署方案，为全局监控的实现提供了可能，企业可以及时监控各个区域的作业情况，并根据相应的报表数据进行必要的调整。

7.4.3 大运输系统

大运输系统是运输管理系统（TMS）的简称。其运输业务在供应链体系中，将仓库、分拣、终端等各节点连接，从而将所有的节点业务串联互通并运转起来，实现了运输服务统一化、数据采集智能化、操作流程标准化和跟踪监控透明化，形成了完整的物流供应链体系。京东已形成了企业级完整统一的运输管理平台，它将运输运营、车辆调度、地图监控等业务统一管理，实现了运输运营数据分析、运营调度管理智能化，从而满足了仓储、配送业务的运营要求。同时，该系统也会提供运营开放服务，形成专业的社会化运输共享平台，最终实现京东车辆和社会化车辆、京东内部和社会货源的资源共享大融合。

7.4.4 终端服务系统

京东的快递员手中持有一台PDA一体机，这台一体机是青龙终端系统的组成部分，在分拣中心、配送站都需要以此作为数据传输和信息交互的工具。京东将逐步推行可穿戴式的数据采集器，以解放分拣人员的双手，从而提高工作效率。此外，微信服务号、手机App、自提柜系统也在逐步覆盖，用于完成“最后一公里”物流配送业务的操作、记录、校验、指导、监控等内容，不断地提升配送人员的装备水平，进一步提升“战斗力”。

7.4.5 外部拓展系统

外部拓展系统是京东物流逐步向社会开放所提供的配套服务和支持，包括B商家客户端、接货中心、B商家合同、CRM、配送官网等一系列服务项目，促进京东物流生态圈的形成，同时不断地做大、做强京东自营物流产业的规模。

7.5 智慧运营

京东的智慧物流系统是一个复杂的体系，青龙系统支撑物流业务的各个子系统的运行，以互联网为中心的移动互联、智能硬件、机器学习、LBS、物联网、大数据和云计算等技术支撑物流业务的高效运作，同时与电商平台和运营体系实现有机融合，驱动智慧物流的高效运营。图12-27为京东物流智慧运营图。

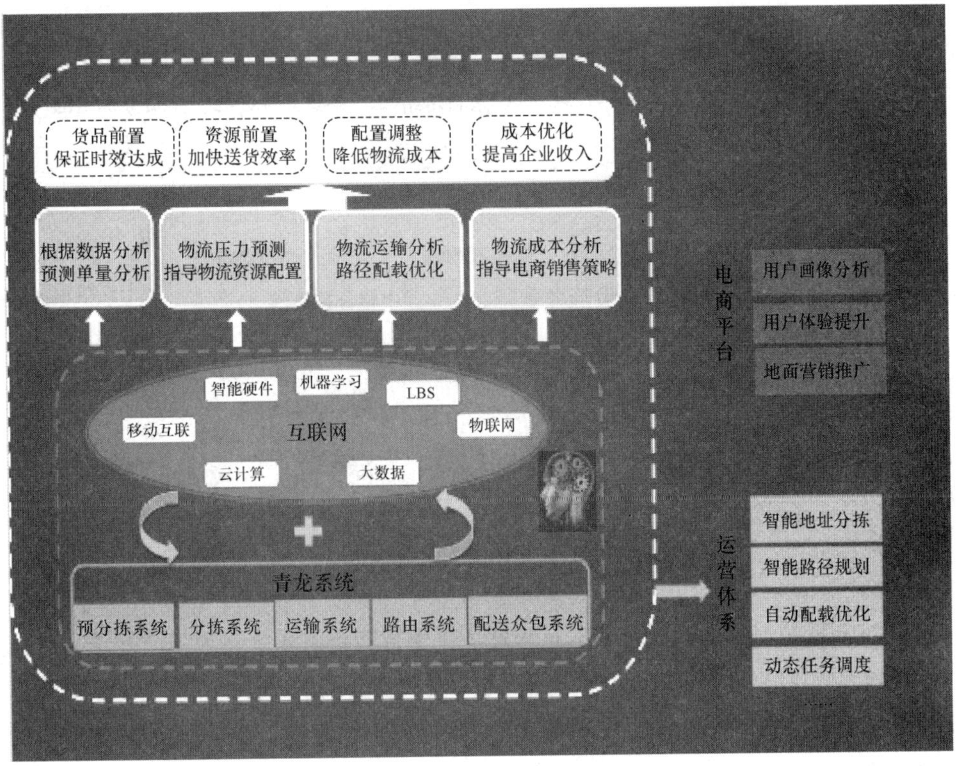

图12-27　京东物流智慧运营图

在上述智慧运营体系中，借助大数据、云计算等技术的综合应用，从根本上分析商品从生产到存储，再到最终的消费整个链条，运用最优化的算法模型，指导仓储的布局、品类的规划以及库存在整个网络中的分布，让商品能够更高效地得到配置、存储、运输和配送，使仓储和消费的需求有效匹配，减少了无谓的物流活动，从而减少了物流运营成本，提高了物流运营效率，全面提升了用户的感知和体验。

7.6　智能路由系统

京东的物流运作是一个线长、面广、点多的复杂体系，图12-28列出了客户从下单到签收的一个完整过程。在这一复杂的物流实现过程中，京东常常需要面对这样一些实际问题：是否清楚各个网点之间的最优时效和路由；货物是否按照最优时效运输及配送的；如果一旦发生了路由时效偏差，是否知道偏差在哪里、偏差有多少；而原因又是什么；现场是否能够随时了解到接下来的预计到货量，以便随时做好下一时刻的生产作业安排。

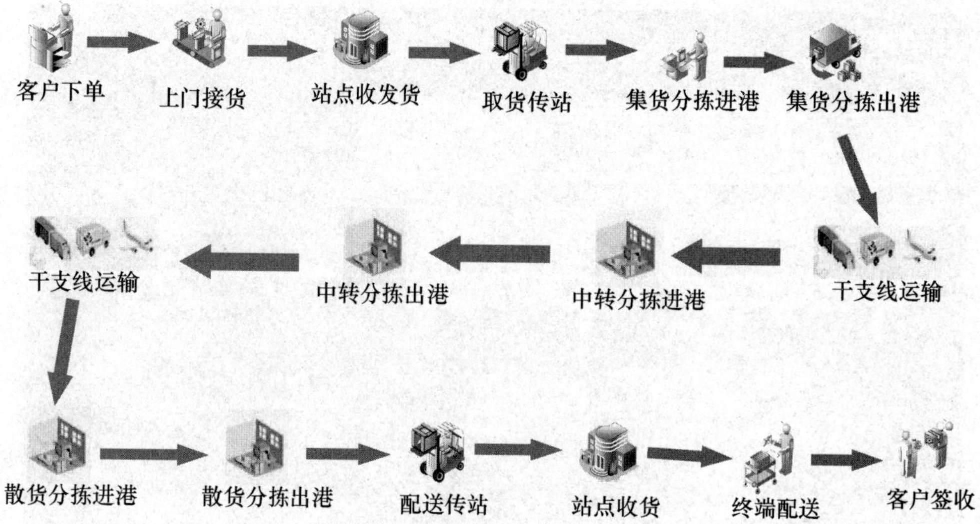

图12-28　京东物流全流程组成

针对上面提到的这些疑问，京东开发了青龙智能路由系统，为物流配送人员提供了有效的解决措施。该智能系统旨在构建一套覆盖全网络运营链路的配送节点操作标准”，从而指导物流配送人员正确、规范地做好运输配送工作。图12-29为全网时效路由管理系统。

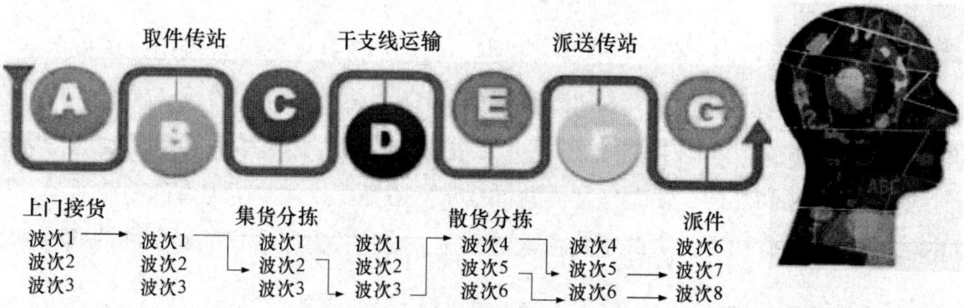

图12-29　全网时效路由管理系统

如图12-29所示，这一系统提供了从事前、事中到事后全过程的功能：

（1）事前：智能最优路由预测，作为差异对比的基准，进行预报及推荐。

（2）事中：实时监控，进行实效差异对比及应急调度处理。

（3）事后：根据报表数据，进行路由分析，以优化路由、提升KPI。

这一系统的价值主要体现在以下三个方面：

（1）行业意义：智能化的算法逻辑，将优于行业其他企业路由规划和管理。

（2）指导支持：更明确及量化的数据指导，为配送运营操作提供指导、支持。

（3）全网预报：帮助现场人员随时了解预计到货量动向，方便运力产能调配，以应对企业促销及日常有条不紊的生产作业。

8 智能商业体

为了更好地利用大数据资源和满足人工智能服务业务快速发展的需要，京东启动了智能商业体的建设，成为国内智能商业体建设的领跑者。

8.1 业务布局

京东商业智能体的建设是一个着眼于长远发展的大工程，基本的思路是以大数据为支撑，结合技术进展，综合应用语音交互、图像感知、自然语言理解等技术，通过机器学习、深度学习，促进无人机、无人车、叮咚家庭助手、JIMI智能客服机器人等智能设备的应用，以及服务的个性化和专业化，同时推进智慧物流和智慧供应链的发展。智能商业体的业务布局如图12-30所示。

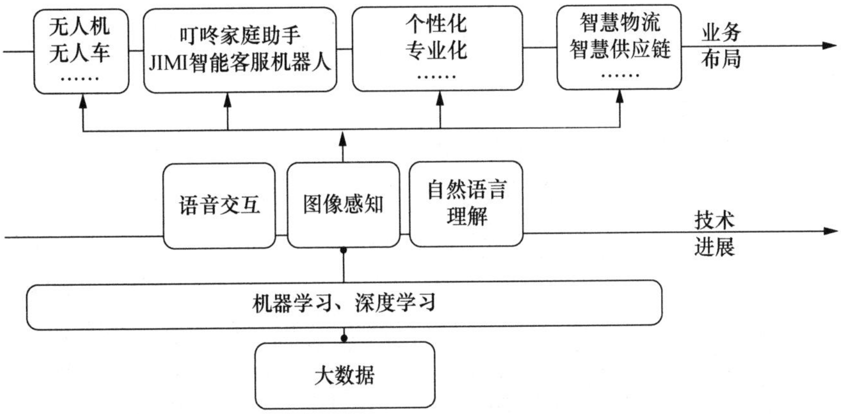

图12-30　智能商业体的业务布局

8.2 无人机

为了解决乡村电商最后一公里的“瓶颈”，京东通过无人机来实现智慧配送。图12-31为京东无人机的样机。

图12-31 京东无人机的样机

无人机在农村电商发展中的应用，实现了以下技术创新：

（1）感知和视觉导航，精准定位，主动避障，降落环境判定；

（2）自主航线规划，智能选取/更改航线，迭代生成最优路线；

（3）多机协同，人机交互，分布式空中交通管理系统和飞行器间通信和避让。

8.3 无人配送车

无人配送车是解决城市最后一公里制约的有效选择，是城市智慧配送的新载体。图12-32为京东无人配送车的样车。

图12-32 京东无人配送车的样车

无人配送车实现了以下技术创新：

（1）环境感知：采用了高精度地图、激光雷达、视觉避障和导航，实现了对环境的精准感知。

（2）决策控制：利用环境建模、价值评估和行为生成等方法实现可靠的决策控制。

（3）智能装备：采用了智能货箱和声音预警等智能装备，以确保作业安全。

（4）动力系统：采用了先进的电池技术，以确保动力能满足需要。

从发展实际来看，无人配送车主要在城市非机动车道和园区内部低速行驶，能自主导航，完成配送站到办公楼、宿舍和自提点的短途配送，在很大程度上能化解一线配送人员人手不足、成本高昂的痛点。

8.4　无人仓

为了有效地解决仓储人力不足的难题，京东应用人工智能加机器人来解放仓储人力，让机器人融入生产作业，改变了传统的仓储生产作业模式。图12-33为京东无人仓的实景。

图12-33　京东无人仓的实景

无人仓的运作需要通过大数据技术和人工智能算法做支撑，商品布局算法、商品定位算法、机器人调度算法等是支撑无人仓运行的“大脑”。无人仓的使用为京东节省了大量的人力成本，同时仓储管理的效率和水平也得到了显著提升。

8.5 客服机器人

JIMI智能客服机器人是京东自动服务客户的人工智能应用，能做到响应迅捷、应答自如。图12-34列出了智能客服机器人的用户需求、智能服务、大数据分析以及核心价值。

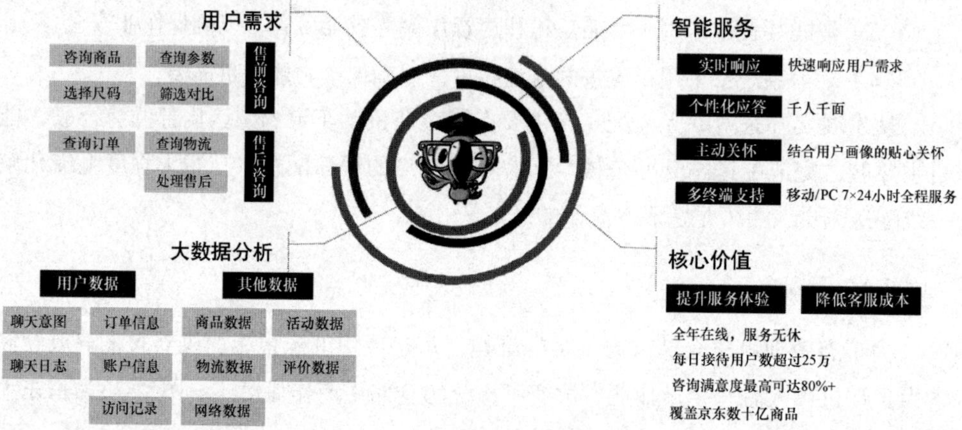

图12-34 京东的智能客服机器人分析

8.6 信息合规机器人

信息合规机器人用于对商品信息进行全面监控，具体承担图片审核、文字审核和视频审核等作业。图12-35为信息合规机器人系统模型。

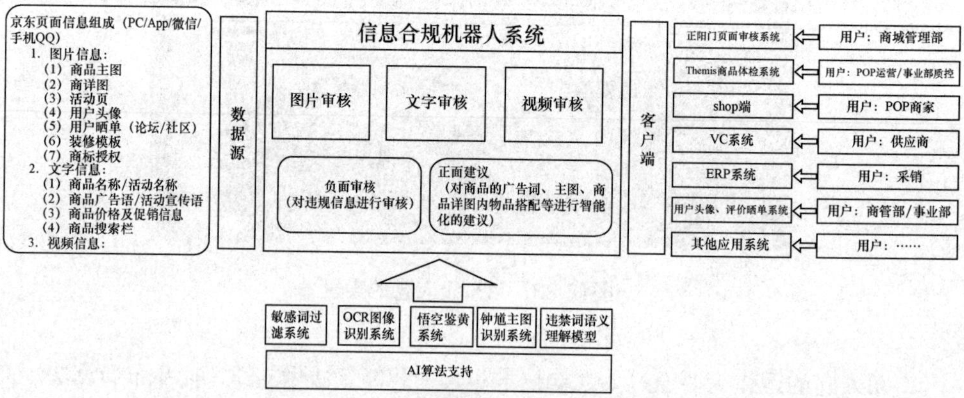

图12-35 信息合规机器人系统模型

信息合规机器人通过深度学习实现了审核的自动化，在自动识别违禁短语方面已经使无效审核减少了73%，显著地提升了人工审核的效率和效果。信息合规机器人的审核流程如图12-36所示。

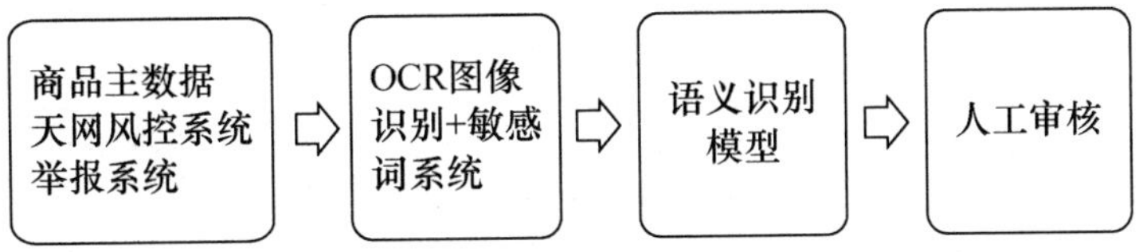

图12-36　信息合规机器人的审核流程

8.7　军演压测机器人

军演压测机器人模拟真实用户，进行全链路大流量压力测试。图12-37为各系统黄金链路覆盖的压力测试，用于测试各种链路压力的高低。

9　京东云

京东云是京东旗下的云计算综合服务提供商，依托企业在云计算、大数据、物联网和移动互联应用等多方面的长期业务实践经验和技术积淀，在服务自身业务发展需要的同时向全社会提供安全、专业、稳定、便捷的云服务。

9.1　业务支撑

京东云作为支撑企业各类业务运行的云计算平台（如图12-38所示），是企业至关重要的基础设施。目前，京东云已成为全球最大规模的Docker集群，容器数量超过20万，日均处理10PB的数据，拥有超过1亿的用户。

京东云作为业界领先的云服务平台，形成了如图12-39所示的典型系统技术架构。

如图12-39所示，典型系统技术架构中的业务系统包括云数据库、云容器、云存储、云网络和端五个部分。底层是云基础设施，提供基础运营环境，中间通过Kafka消息队列和ZooKeeper任务调度等大数据工具为大数据统计分析提供数据输入和业务支持。

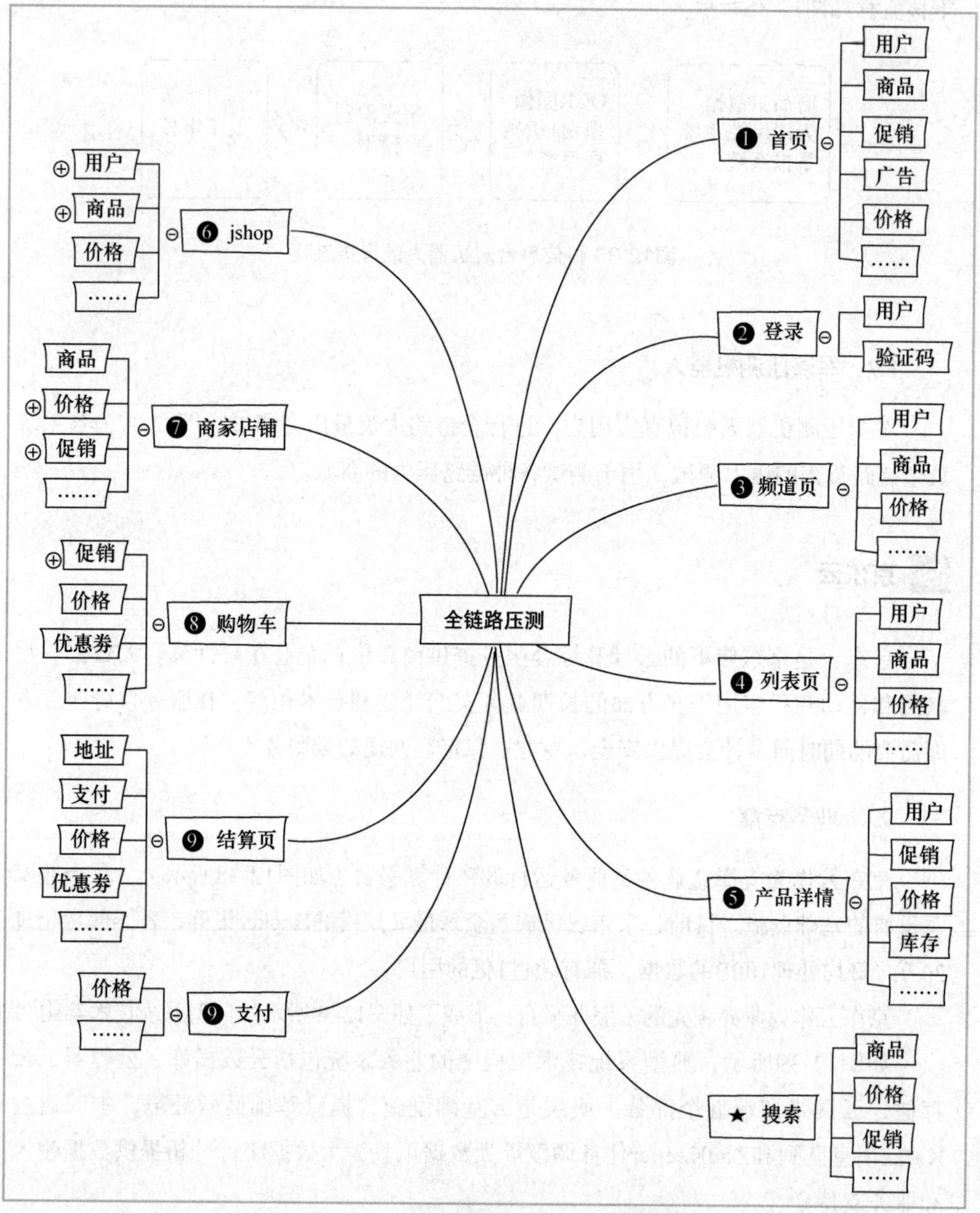

图12-37　黄金链路覆盖的压力测试

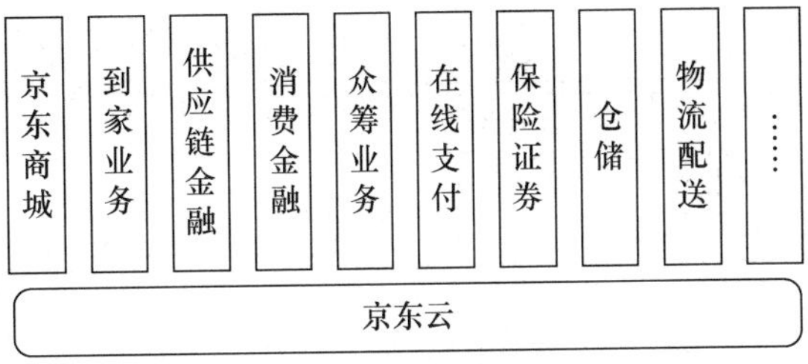

图12-38　京东云集团业务支撑

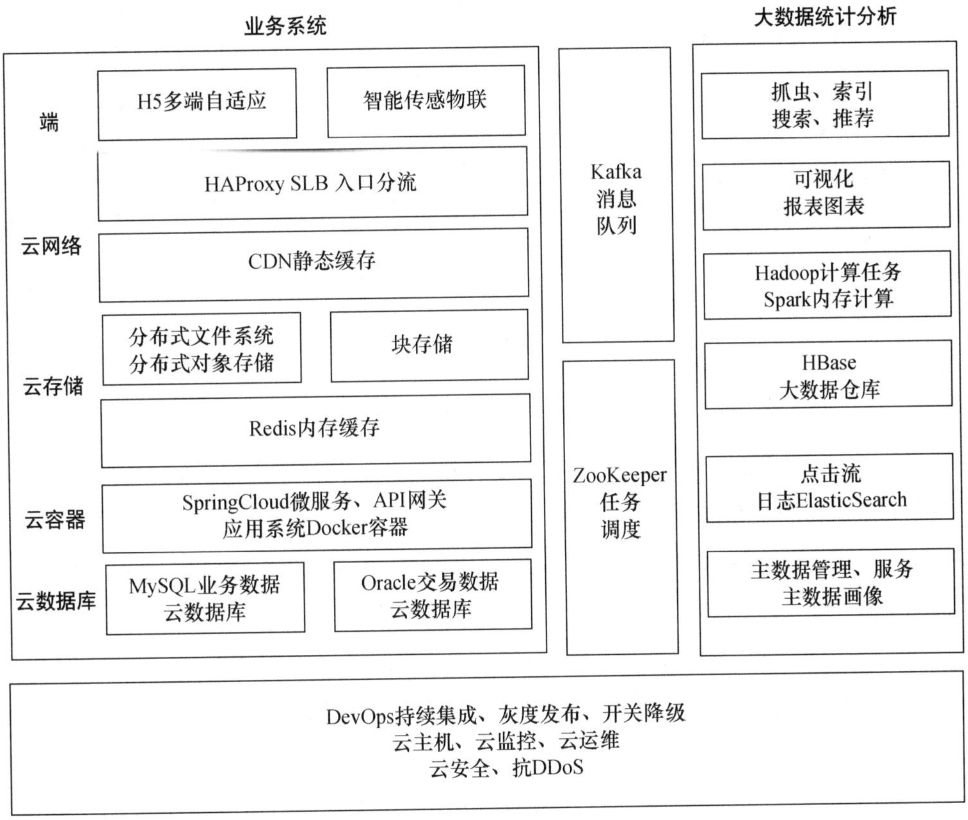

图12-39　典型系统技术架构

9.2　京东云产品

在自身多年发展经验和技术积累的基础上，2016年京东云正式对外开放服务，提供全方位的云产品服务（如图12-40所示）。

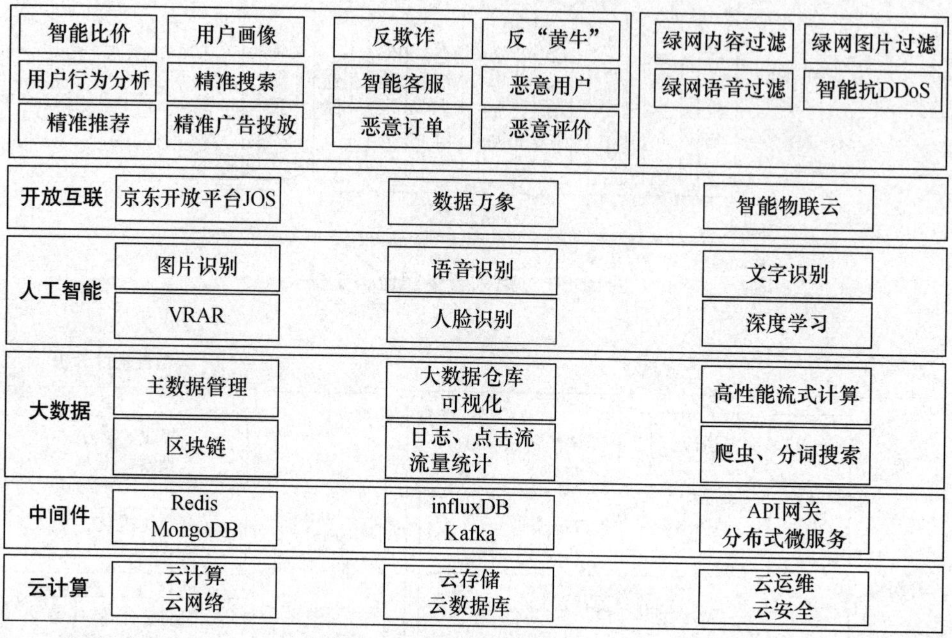

图12-40　京东云产品的组成

围绕京东云产品，京东提供的基础云服务包括：

（1）弹性计算：多种镜像可选，支持快速自定义部署业务环境，提供灵活易用、安全可靠的计算能力。

（2）网络：子网间独立隔离，依托路由器提供子网互联，实现安全高效的混合云，负载均衡实现访问流量分配，能有效应对高流量并发。

（3）存储与CDN（Content Delivery Network，内容分发网络）：海量、安全、多样化的存储服务，用户可以获得对结构化和非结构化数据的数据存储、备份及管理能力。

（4）云安全：自定义防火墙规则，多层安全防护，实时掌握业务动态，及时预警，能有效地降低业务风险。

京东提供的一站式数据分析云服务包括：

（1）数据计算平台：为开发者提供分布式、全托管、批量和实时数据计算服务。

（2）数千工坊：通过拖拽、所见即所得的操作方式对海量数据进行可视化分析。

（3）API网关：为数据所有者提供开放集成服务，使应用及数据快速转化为API。

（4）数据迁移：在京东云存储、数据集群等数据源间批量移动数据。

（5）万象：综合性数据交易平台，提供丰富全面的电商、金融、征信等数据。

9.3 能力输出

京东云提供了IaaS、PaaS和SaaS三类解决方案：IaaS包括计算、存储、网络、CDN等；PaaS包括云数据解决方案等；SaaS包括零售云、物流等。目前，京东向社会提供的能力输出具体包括：

（1）物流云：依托京东物流基础设施提供基于云服务的物流数字化解决方案，快速实现企业仓储系统对接和信息平台搭建，降低了企业自建仓储的成本，满足了仓储、配送需求。

（2）营销云：依托京东海量的大数据优势，提供基于云服务的精准、高效的数字化营销解决方案，实现了更加精准、高效的数字化营销。

（3）零售云：基于线上线下融合，为零售企业提供全流程覆盖、全渠道触达的零售解决方案，实现了全渠道接入和整合能力。

（4）电商云：基于京东多年的电子商务经验，为亟需开展电子商务业务的企业提供电商解决方案，提供以交易为核心的综合电子商务。

（5）运营云：依托京东领先的运营能力，提供基于云服务的高效、移动、智能的运营云服务。

（6）智能云：帮助传统硬件厂商向智能家电领域转型升级。

10 案例评析

京东是我国乃至世界上自营式B2C电商的杰出代表，10多年的超常规发展取得了非凡的成就。京东是电子商务行业的领跑者，拥有从流量、仓储、采购、销售、配送、售后以及商品等全链路的超优质结构化电商数据，覆盖了供应链最前端的供应商到末端最终用户的整个数据链，无论是广度、完整度，还是自营模式所独有的用户数据准确度都独具优势。京东大力开发大数据“金矿”，变资源优势为竞争优势，一跃成为大数据资源开发和技术利用的先行者。我们可以从京东的发展得出以下四个方面的启示：

第一，大数据技术驱动企业业务的快速增长。2009年年底，京东为顺应各业务部门对数据高速增长的需求成立了数据部，为大数据的应用与发展提供了强有力的保障。到了2012年年初，为了更好地应对业务的快速增长，京东的数据部确定了基于Hadoop的分布式开源技术架构，原来的SQL Server和Oracle数据仓库均于2013年退出了历史舞台。技术的转型升级，为业务发展提供了强大的驱动力。

第二，整合化的数据资源开发和利用。京东的业务部门，其数据资源原先分散在各个业务条线上，形成了各自为战的局面，在发展大数据的过程中，京东以建设和运营整合化的大数据平台为抓手，促进了数据资源的整合和利用。在行政归属上，大数据平台直接隶属于京东集团，作为基础数据技术平台，面向京东商城、拍拍、京东金融及海外事业部等提供数据服务，并承担部分对外数据服务的职能。大数据平台致力于海量数据处理技术的研发与应用，以高性能、高稳定性、高安全性的数据治理、数据分析和数据挖掘为基础支撑，真正成为京东大数据成长发展的强大后盾。

第三，基于业务需求的持续创新。京东作为电商领域“巨无霸”型的企业，在大数据发展的早期，因为业务系统复杂而无法找到可靠的合作伙伴来共同开发业务系统，走自主创新道路是其唯一的选择。在创新过程中，技术团队面临着对业务需求了解不足等困难，但紧紧围绕业务需求进行研发，有力地保证了创新不跑偏、不走样。比如，在2014年青龙系统3.0开发的过程中正好赶上企业进行战略调整，开发团队及时跟进并作出相应的调整，最终取得了预期成效。

第四，开放共享，打造大数据生态体系。京东大数据业务涉及面广泛，各类业务关联性强，企业的业务部门和上下游合作伙伴、用户之间有着非常紧密的联系。京东以开放共享为基本出发点，致力于构建了一个能够整合电商、金融、大数据、技术和服务等各方资源协调融合的生态系统，尤其是京东向社会开放的云平台服务和物流业务，在满足社会需求的同时也培育了新的业务，真正做到了双赢。

毫无疑问，京东在大数据发展的道路上锐意进取、一路高歌，取得的成绩令人振奋。展望未来，各种新的问题和困难还不胜枚举，需要百尺竿头更进一步！

案例参考资料

[1] 白贤锋. 京东大数据价值最大化的应用实践［EB/OL］.［2016-06-22］. http://www.ita1024.com/eventlist/view/id/133.

[2] 鲍永成. 京东统一监控平台——自研实践收益［EB/OL］.［2016-12-02］. http://ppt.geekbang.org/slide/download/487/5809c5f776b52.pdf.

[3] 韩婷. 三大系统防作弊，挑战直面用户的困难［J］. 架构师，2016,（6）.

[4] 李大勇. 京东青龙系统数据库架构演进——走向云端 [EB/OL]. [2016-12-17]. http://2016.thegiac.com/giac/9.数据库/GIAC%202016%20-%20京东青龙系统数据库架构演进.pdf.

[5] 李旦. 应对日产140亿条监控数据！京东监控系统战技全解 [EB/OL]. [2017-02-10]. http://dbaplus.cn/news-21-984-1.html.

[6] 李鹏涛. 京东11・11：大数据构建京东智慧物流系统 [EB/OL]. [2016-11-10]. https://www.zybuluo.com/pockry/note/562525.

[7] 李鹏涛. 京东商城是如何利用大数据来构建智慧物流的 [EB/OL]. [2017-02-22]. http://www.iyiou.com/p/39652.

[8] 李鹏涛. 京东物流系统架构演进中的最佳实践 [EB/OL]. [2017-01-21]. http://www.sohu.com/a/124860427_466839.

[9] 李松林. 大数据实时处理技术及其应用 [EB/OL]. [2013-04-01]. http://wot.51cto.com/bigdata2013/pdf/lt03/04lisonglin.pdf.

[10] 刘海锋. 人工智能技术推动京东打造智能商业体 [EB/OL]. [2017-07-14]. http://myslide.cn/slides/643.

[11] 刘海锋. 四大机器人托举京东智能商业体 [EB/OL]. [2016-12-09]. http://robot.ofweek.com/2016-12/ART-8321203-8460-30077186.html.

[12] 刘彦伟. 京东实时数据平台技术实践 [EB/OL]. [2014-12-20]. https://my.oschina.net/u/856019/blog/365007.

[13] 寿如阳. 京东虚假交易识别系统 [EB/OL]. [2017-07-28]. http://sacc.it168.com/ PPT2016/专9-1-寿如阳.pdf.

[14] 王进思. 35张PPT解密京东物流配送分拣系统 [EB/OL]. [2014-12-08]. http://www.199it.com/archives/301374.html.

[15] 王彦明. 京东大数据基础架构和实践 [EB/OL]. [2015-01-11]. http://www.itfront.cn/showtopic-24380.aspx.

[16] 王直. 从实践者到服务者，京东云践行云计算 [EB/OL]. [2016-07-18]. http://cloud.idcquan.com/yzx/93240.shtml.

[17] 邢志峰. 京东大数据分析与创新应用 [EB/OL]. [2014-10-22]. http://www.36dsj.com/archives/15103.

[18] 邢志峰：场景化的大数据应用与创新 [EB/OL]. [2015-12-29]. https://v.qq.com/x/page/v0178hqie1g.html.